健康的心态从这里开始！

心态

是健康的良药

且宁◎编著

个人是否生活得愉快，不仅取决于物质条件，重要的是精神状态。个人具有远大的目标、正确的人生观，有良好的心理素质和良好的心理状态，能拥有美好、健康的人生。

吉林出版集团股份有限公司

图书在版编目（ＣＩＰ）数据

心态是健康的良药 / 张宜宁编著. —长春 : 吉林出版集团股份有限公司, 2018.6

ISBN 978-7-5581-5067-8

Ⅰ. ①心… Ⅱ. ①张… Ⅲ. ①人生哲学－通俗读物 Ⅳ. ①B821-49

中国版本图书馆CIP数据核字(2018)第099451号

心态是健康的良药

编　　著	张宜宁	
总 策 划	马泳水	
责任编辑	王　平　史俊南	
封面设计	中易汇海	
开　　本	880mm × 1230mm　1/32	
印　　张	12.5	
版　　次	2019年3月第1版	
印　　次	2019年3月第1次印刷	

出　　版	吉林出版集团股份有限公司
电　　话	（总编办）010-63109269
	（发行部）010-67482953
印　　刷	三河市元兴印务有限公司

ISBN 978-7-5581-5067-8　　　定　价：45.00元

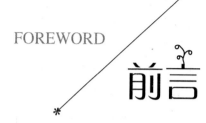

FOREWORD

前言

　　好的心态，表现出一种生命力，表现出一种自信和健康的精神风貌，从这个意义上讲，心态即精神状态、精神支撑。因而，保持良好的心态对于一个人的健康就显得具有不可估量的作用。拥有积极健康的心态，才能有健康的生活态度和健康的工作态度，最终才会有健康的生命质量。当前，心理健康问题已远远超出了医学范畴，成为影响人类健康和社会进步的重要问题，受到社会各界的关注，重视心理健康已成为世界性趋势。

　　心态是人的一种感情状况，犹如天气的晴雨表。愉快的心情能使人精神振奋，忧愁的心情能使人萎靡不振，这是一个关于身心健康的话题。探讨这个话题，对人生价值有着重要意义。

　　在纷繁复杂的现实生活中，许多的人面临着生存考验和工作压力，面临着困难和矛盾，面临着某些事物的不可预知性和突发性，不可能天天有好心情，喜怒哀乐将会伴随人的一生。如何过好每一天，如何面对这个世界，关键是要如何调控自己的心态，使自己生活得更潇洒、更充实、更美好，变被动为主动，变压力为动力，这既是一门学问，又是人生的一门必修课。因而，拥有一个良好的心态越发显得重要。

　　拥有一个良好的心态，就能够从容地面对这个世界，面对坎坷和痛苦，甚至是面对生与死的考验，也不会惊慌失措。拥有良好的心态胜过拥有一个好的医生，而健康的最大决定因素是自己

前言  FOREWORD

的生活方式，健康的钥匙在自己的手中。所以，最好的医生是自己，自己关爱自己；最大的敌人也是自己，自己伤害自己；最好的心情是宁静，一颗平常心胜过万灵药。

正如马克思所言："一种美好的心情，比十副良药更能解除生理上的疲惫和痛楚。"

拥有一个良好的心态，是在长期的生活和实践中逐步积累总结出来的，也是个人素质和修养培养出来的，更是在逆境和困境中磨练出来的，是人生观、价值观和世界观的充分体现。良好心态包括很多方面，例如：面对生活工作，不懈不怠；面对人际关系，不卑不亢；面对突发事件，不急不躁；面对荣誉奖励，不争不要；面对磨难痛苦，不忧不怨；面对歪门邪道，不学不做；面对金钱诱惑，不贪不乱；面对不确定消息，不信不传，等等，包罗万象。

一个人是否生活得愉快，不仅是物质条件，更是精神状态。倘若一个人整天萎靡不振或自我消沉，人活的就很累。无论在什么情况下，拥有一个良好的心态，比什么都重要。

说到底，决定一个人心态的是理想、人生观、世界观。一个人具有远大的目标，正确的人生观，胸怀宽广，执着进取，挑战自我，不屈命运，坚信自己，积极思想，具备良好的心理素质和良好的心理状态，那么，就一定能拥有美好、健康的人生。

人坚持自制，拥有良好的心态，就是投资健康。拥有良好心态的人，身心最健康，也最有力量。

良好的心态是健康、生命和人生的真正主人。做自己心态的主人，你就是永远健康的人。

第三章 好心态更在选择
——改变消极心态是身心健康的基础

第四章 控制好不良情绪
——挣脱自卑的束缚

第五章 心态是一把双刃剑
——嫉妒他人也是损伤自己

第六章 情绪决定健康
——抑郁是身心异常的开始

第七章　心态是健康良药
——忧虑是腐蚀心灵的魔鬼

第十章　把握良好的心态
——自制力是良好心态的体现

第十一章 未来在向你招手

——心动了就要行动

第十二章　自信才能成功

——希望是生命的柱石

第一章

积极进取的人生

——心态是健康的原驱力

现实生活中到处都有人因为他们内在的挫折、怨恨、恐惧或罪恶感，而给自己的健康造成损害。显然，要保持健康身体的秘诀就是，摆脱所有不健康的思想。我们必须洁净自己的心灵。要想拥有健康的身体，先得消除心中的消极念头。

正确运用肯定的态度将有助于改善你的健康，延长你的寿命，使你精力充沛，备感幸福，从而在各方面取得成功，并且还能替你保持一件最主要的东西——那就是心里的平静。

破译健康与心态的密码

身体上的病症很多是由于感情的激发而产生的，怨恨、憎恶、恶意、嫉妒及复仇等，这些心理状态是引起身体不健康的原因。

健康是生命的基石，是一个人可以拥有的最大财富。有了健康，其他一切的拥有才有意义。有这样一个形象的比喻：健康是1，事业、财富、家庭、爱情……是0，有了健康，后面加0，就能成百上千，失去健康，一切归零。因此，健康是别人夺不走的资本，拥有健康，你就能取得更多的财富。

世界卫生组织早在《组织法》中就提出过健康的定义："健康不仅是没有疾病和衰弱，而是保持身体、心理和社会适应上的完好状态。"可见，对于健康，我们不能只把它理解为没有疾病，在精神上，我们也应该让自己的心态保持积极放松。一个人要有一个好身体，首先必须拥有一个好心态。

积极的心态，对你的健康，乃至对你的生活和工作都起着重要作用。积极的心态会促进你的心理健康和生理健康，延长你的寿命；而消极的心态会逐渐破坏你的心理健康和生理健康，缩短你的寿命。有些身患疾病的人由于具备了积极乐观的心态，从而战胜了病魔，赢得了健康。

所以，我们一定要以积极健康的意念来激发出积极健康的心态，只有心态健康了，我们的身体才能健康。

20世纪科学领域发生了一次重要革命，被称为"量子物理学"，它处理的是微观世界。科学家们通过相关实验得出结论：意识可以改变能量波。后来，有科学家再一次证明了意识有可能瓦解能量波的结论。这就是心态确确实实在影响着人的健康和幸福，甚至在决定着人的一切。

科罗拉多医科大学的富兰克林·耶伯博士认为，在一般医院的疾病案例中，有三分之一在性质及发作症状方面是因器官上的障碍，三分之一为感情上和器官上的疾病所造成的结果，剩下的三分之一属于感情因素。

身体上的病症很多是由于感情的激发而产生的，怨恨、憎恶、恶意、嫉妒及复仇等，这些心理状态是引起身体不健康的原因。

许多人认为，在运用积极心态时，多使用积极的表述，也有利于身体健康。如果你经常运用消极的话来描述你的健康，便可能激发对你身体不好的消极力量。你习惯性使用的一些字眼会反映出你内在的某些消极性思想。而你的思想是积极还是消极，会影响你内在的各种器官。

为了获得健康与活力，你必须选择那些积极的态度（如创造性、热情、爱、信念、希望等），同时抛弃那些消极的态度（如憎恨、恐惧、不安、愤怒、忧虑等），保持自己健康的身体。为了做出这样的选择，你需要具备明确的思考和坚毅的信念。信念虚弱就会被怀疑取代，怀疑到最后会伤害所有人。只要一有松懈，消极的态度就会乘虚而入，缠住你不放，一旦被缠住，就会不断地产生消极的结果，也就会使你的活力、创造力或意愿减退，最后夺走宝贵的健康。

查尔斯·梅约博士说："我没有听说过有谁因为工作过多而死亡，但因疑念而死亡的人可就太多了。"

积极的心态，对你的健康起着积极的促进作用。"我每天过得越来越好。"就某种意义而言，说这句话的人正在运用积极的心态，正在把生活中美好的东西吸引到他的身边。

现实生活中到处都有人因为他们内在的挫折、怨恨、恐惧或罪恶感，而给自己的健康造成损害。显然，要保持健康身体的秘诀就是，摆脱所有不健康的思想。我们必须洁净自己的心灵。要想拥有健康的身体，先得消除心中的消极念头。

情绪上的积怨和不满，多年以后会在生理上造成病痛。不过，也有人因为日常生活的不愉快引起头痛、背痛、关节痛。

事实上拥有积极心态，仅是重要的第一步，第二步是将这种积极心态付诸行动。当你在行动的时候，你心里必须想着，这些都是存在的事实。行动有活力而积极，将会使你很惊讶地发现自己可以享有新的充满活力的生命能量。

其实我们的身体并不觉得疲惫、生病或老化，你应该改变对自己的看法。先看清楚其实你是健康的，再遵守并实行各种健康的法则，你就能变得充满活力、精神十足。

因此，如果你的健康情况不甚良好，那么从现在开始慎重地做一下自我分析吧。你必须率直地反省是否有恶意、怨恨及愤怒等情绪，如果有，一定要把这些情绪迅速根除，不要让这些坏情绪影响了你的身体健康。

健康之精神

我们生命中成就的大小，大半要看能否维持我们生活的和谐，能否拒绝一切足以损害能力、减低效率的精神敌人于心脑之外。

良好的身体，不仅包括强健的体格，还包括健康的精神。只有精神健康的人，才会不断战胜自己，创造机遇，把自己推向未来。一个精神健康的人，应是光明磊落、自尊自立、充满活力、热爱生活、风趣幽默、勤恳追求的人。

我们可以使自己的心脑成为"美"的艺术馆，也可使之成为"恐怖"的营垒。我们可以按照自己的心意将我们的心脑布置成任何格式。宁可容许窃贼从你的居室盗去你最有价值的珍宝、窃去你的金银财物，也不可容许精神上的敌人——混乱、病态的思想，忧虑、嫉妒、恐惧的思想——闯入你的心脑，窃去你心中的平安、盗去你心中的恬静。失掉了心中的平安与恬静，生命不过是活坟墓而已！

人的生活总为其精神所支配：精神的意象产生真实的生活；精神的意象复写在每人的生命中，铸印在每人的品格上；人的生活就是不断地将种种精神意象，翻译在我们生命的品格上。

我们生命中成就的大小，大半要看能否维持我们生活的和谐，能否拒绝一切足以损害能力、减低效率的精神敌人于心脑之外。

各种不同的思想或暗示能生出各种不同的影响。我们知道，一个乐观、积极、愉快的思想，是可以给予我们快乐的。幸福、向上、更新的感觉仿佛是一股欢乐的电流，走遍我们的全身，它能带给我们新的希望、勇气与生活动力。

每个人的世界、环境，都是自己造成的，他可以将忧郁、困苦、恐惧、失望等东西塞满他的世界，使他自己的生命变得悲愁、痛苦；也可以驱除一切悲愁、恶意、恐惧等思想，而使自己的环境、空气变得一片清澈。

凡是一个能够掌控自己思想的人，一定能够以希望替代失望，以积极替代消极，以决心替代怀疑，以乐观替代悲观。能够在心中充满各种良好的思想，乐观积极、愉快的思想，就能肃清一切精神上的敌人。他们比一个降为情感的俘虏，为忧郁、颓丧、恐惧等思想所奴隶的人要优越得多。前者生命中的成就，一定可以超过后者，虽然后者的天赋、能力有时常常优于前者。

在任何情形下，你都不应当容许那些悲惨、病态、混乱的思想侵入你的心脑！

假使我们从小就能知道在心中常常怀着种种可以使我们愉快、积极、乐观的思想，而将一切有破坏性、腐蚀性的思想拒于心灵之外，则我们生命中不必要的损害与耗费真不知要减少多少啊！我们知道，有人因几小时的悲愁、忧郁的思想，所蒙受的生命力的损失，竟超过几星期的辛苦工作的损失，这样的例子不胜枚举！

驱赶种种精神上的敌人，是需要不断地、有系统地、坚毅地努力的。没有决心和毅力，决不能成就大事业。我们一定要肃清心中不良的思想，拒之于我们的意识圈之外，使它们不来重叩我们的心扉。

思想观念像别的东西一样，是同性相吸、异性相斥的。心胸为某种思想所占领，则这种思想一定会将与之相反的思想驱逐，乐观会赶走悲观、愉快会赶走悲愁、希望会赶走失望。心中充满了爱的阳光，怨憎与嫉妒的念头自然会逃之夭夭。在"爱"的阳光下，这些黑影不能存在。

不断地充溢心中以良善忠厚的思想、爱人助人的思想、真实和谐的思想，则一切不良的思想自会望风而逃。两种不同的思想，不能同时存在于一个人的心胸中，真实的思想与错误的思想、和谐的思想与混乱的思想、善的思想与恶的思想，是互相克制的。

人助人、善意亲爱的思想，足以唤起我们生命中最高尚的情操。它们能给予我们健康、和谐、力量。它们是生机之给予者。

你应坚决地认定自己表现出的生命应该充溢着爱、美、真，你的生命应该表现出这些而不是与之相反的东西。

丰富自己的"生命产业"

当强大的压力、非常的变故、重大的责任压上一个人的肩膀时，隐伏在他生命最内层的种种能力，往往会突然涌现出来，使他无坚不克地成就种种大事。

拿破仑在谈到他部下的一员大将马赛那时说："在平时，他的真面目是不显露出来的，但是在看到自己军士的尸体堆积如山时，他内在的'狮性'会突然发作，他会像魔鬼一般奋起杀敌。"

人类有几种特性、天赋，除非遭遇极大的打击刺激，否则是永远不会显现出来的。那些极难发现其真正力量的潜力，是隐伏在生命的最内层的，所以普通的刺激不能把它们唤出来，但是在被嘲笑、被挪揄、被欺凌、被侮辱的时候，就会有一种新的力量从生命的最内层迸发出来，成就在平常的情形下不能成就的事业。

艰苦的情形、不利的环境、贫穷及种种缺陷，都是造就人类伟业的因素。拿破仑最镇静、最坚强、最神奇的时候，就是他被困于绝境险地的时候。要炸开一个人内在的"伟大性"的炸药，是需要非常的危险、不测的变故为导火线的。

一位著名商人曾说过，在他的事业中，每一个最得意的胜利都是艰苦奋斗的结果，所以到了现在，对于那些不费力而得来的胜利，他简直有些害怕。他觉得，不需要奋斗而得来的东西总有些靠不住。克服阻碍及种种缺陷，通过奋斗夺取成功，才可以给人喜悦。困难可以增加他的快乐,他喜欢做困难的事情,因为这些事情能够检验他的真力量、真本领。他不喜欢干容易的事情,因为那种事情不能给他真正的喜悦———一种从激战中得到胜利时所感觉到的喜悦。

有一位青年,读大学的时候,因为家境贫寒常被同学取笑。富裕的同学时常嘲笑他的短脚裤子、褴褛上衣以及其他种种寒酸的形象。他的心被那些嘲笑和讽刺刺得痛苦万分,所以他立誓不但要从这种种嘲笑中把自己解救出来,并且要刻苦努力,使自己日后在社会上能成为一个有价值的人。

这位青年后来果然获得了成功。他承认在学生时代所遭遇的贫穷、缺陷,和集于他身上的种种嘲笑,是鞭策他向上的唯一的刺激因素。

遭遇刺激而努力奋斗,可以唤出我们的潜力,激发我们的潜能。没有这种奋斗,许多人永远不能发现他们真正的"自我"。

假如林肯不生于木棚之家,却又能进大学深造,他日后恐怕难以成为总统,开发他内在的"伟大性"的,就是他同不幸环境的激战。

在今日的世界中,不知有多少人,他们的种种成功,都受赐于他们种种缺陷的刺激。这种刺激,使得他们发挥出75%以上的潜在能力,假如没有这种刺激,则连25%的发挥,恐怕也未必!

当强大的动力、非常的变故、重大的责任压上一个人的肩膀时,隐伏在他生命最内层的种种能力往往会突然涌现出来,以使他无坚不克地成就种种大事。

历史上充满着这样的例子:为了要补救自己身体上的缺陷,许多人因此而造就了可敬的品格,实现了成功。感觉到自己其貌不扬,甚至丑陋的女子,往往能在学问事业上英雄般地努力奋斗,实现种种在平常的情形下难以完成的事业，而其动力，就是她们要补救面貌的缺陷的决心！

特殊缺陷的刺激不是人人都为，所以世界上真能发现"自己"，把内在的最好最高的能力发挥出来的人也不多见。我们总是不明白自己"生命产业"的丰富。我们往往搁置自己大部分的"生命产业"，一辈子也不去发现利用它，而这实在是可惜呀！

身体健康以思想为基础

我们的品性或机能之所以有弱点、有缺陷，是因为我们脑神经中控制那种品性的那部分细胞不够发达的缘故。所以要使我们有缺陷和弱点的品性或机能得以补救和加强。

我们的身体，是为我们的思想所支配的。身体是和谐抑或紊乱、是健康抑或疾病，全以我们日常的思想为转移。

我们大都尝到过一种骤然的心灵更新的经验——那突如其来驱除我们心胸中的一切阴霾，照人欢愉幸福的阳光，至少在暂时可以改变我们对于生命意义的看法。

在我们心情沮丧而周遭的一切都显出黑暗、惨淡的时候，假如有某种幸运突然来临，或者有一位渴念已久的知己突然来访，或者到田野间去散一会儿步，则我们的一切精神创伤，可以被那种新的启示治愈。

旅行时，我们遇见了一片令人目眩心迷的景色，抑或见了某种我们闻名已久、急欲一观的艺术品，在那时候，一种强烈的欣慕和兴趣，一种优美、崇高的暗示会暂时把我们心中的烦闷、恐惧等情绪，以及那在不久以前还盘踞在我们心中、毁灭我们幸福的思想全部赶走。

许多人往往一方面感觉到自己具有相当才能，而同时又觉得自己在某一种或在某几种品性或机能上有缺陷。这种缺陷的存在是很有害的，因为它能消灭我们的自信，而自信正是要成就大事业的必需条件。

我们的品性或机能之所以有弱点、有缺陷，是因为我们脑神经中控制那种品性的那部分细胞不够发达的缘故。所以要使我们有缺陷和弱点的品性或机能得以补救和加强。

在一定条件下，人的思想是由于每个人所处的环境及锻炼的不同，其发达程度才有所差异的。

假如你在某种品性或机能上有缺陷、有弱点，需要谋求补救，你就应经常把你的思想集中在那种品性或机能上。思想常常集中在哪一方面，则哪一部分的脑细胞会渐渐地转强，渐渐地发达。怀着积极的、乐观的、坚定的思想，可以使我们的精神机能加强；反之，怀疑与缺乏自信的思想，可以使之转弱。

假如你有不够坚定与寡断的毛病，你只要常常怀着一种坚决的精神态度，相信自己能够做敏捷聪明坚定决断的人，不要以为你是弱者或不能决断。

不但我们的精神缺陷可以补救，弱点可以克服，暗示的力量还可增加我们一般的能力。我们的各种精神品性或精神机能，其易于改变、易于进步、易于发达的程度，简直是令人吃惊的。

许多人的心胸，都为"无知"与"迷信"所拘束，为烦闷、恐惧、不安的思想所蹂躏，使他们的脑部不能发挥出 1/10 以上的固有力量。他们的精神不能完全自由，他们的心胸是为各种恐惧、愤怒、烦闷等情感所控制着，所以健全的思想便消失了。

树立正确的健康观念

人的健康实际上可以概括为两方面：躯体健康和心理健康（包括社会适应良好和道德健康），它们相辅相成，缺一不可。

《论语》曰："知者不惑"，即认知是行为的前提条件。可见，把握全面的健康观念，对于实践健康的行为方式是多么的重要。当我们树立了正确的健康观念，再经过健康信念的中介，那么，健康行为的实现也将为期不远了。

世界卫生组织在1985年提出健康应包括三个方面：身体健康、心理健康、社会适应良好。健康的表现标志是：有足够充沛的精力，能从容不迫地应付日常生活和工作的压力而不感到过分的紧张；态度积极，乐于承担责任，不论事情大小都不挑剔；善于休息，睡眠良好；能适应外界环境的各种变化，应变能力强；能够抵抗一般性的感冒和传染病；体重适当，身材匀称；站立时，头、肩、臂的位置协调；反应敏锐，眼睛明亮，眼睑不发炎；牙齿清洁，无空洞，无痛感，无出血现象，齿龈颜色正常；头发有光泽，无头屑；肌肉和皮肤富有弹性，走路轻松匀称。1989年世界卫生组织又在"健康"定义中增加了"道德健康"的内容："健康不仅仅是躯体没有疾病，而且还要具备心理健康、社会适应良好和道德健康，只有具备了上述四个方面的良好状态，才是一个完全健康的人。"这是对健康更为全面、科学、完整、系统的定义，因为它不仅对人类的健康状态作出了准确的判断，而且对人类健康内涵的理解更加深刻。从世界卫生组织下的"健康"的定义可以看出，人的健康实际上可概括为两方面：躯体健康和心理健康（包括社会适应良好和道德健康），它们相辅相成，缺一不可。从人的身体健康与心理健康的关系看，身体健康是心理健康的基础，心理健康是身体健康的重要体现。若心理不健康，就没有身体健康可言，同样，身体不健康，也就没有良好的心理状态。生理活动与心理活动是相互联系、相互影响的。心理活动往往对人体各器官、系统的活动起重要的调控作用，与人们的正常生活、发病原因、症状和康复密切相关。健康的心理可以维持和增进人的正常情绪，维护人的正常生理状态，能使人适应环境和社会的各种变化的刺激。因此，只有身体健康的人，才是完美的健康人。

1998年世界卫生组织提出了人体健康的新标准，它包括躯体健康和心理的健康状态。躯体健康可用"五快"来衡量：（1）吃得快：进食时有良好的胃口，感觉津津有味，能快速吃完一餐饭。食欲与进餐时间基本相同，快食并不是狼吞虎咽，不辨滋味，而是吃饭时不挑食，不偏食，吃得痛快，没有过饱或不饱的不满足感，说明内脏功能正常。（2）走得快：行走自如、协调，迈步轻松、有力，活动灵敏，反应迅速，说明精力充沛，身体状态良好。（3）说得快：语言表达正确，有中心，说话流利，不觉吃力，没有有话说而又不想说的疲倦感，没有头脑迟钝、词不达意现象，头脑敏捷，中气充足，表示心肺功能正常。（4）睡得快：有睡意，上床后能很快入睡，且睡得好，睡得舒畅，一觉睡到天亮，醒后精神饱满，头脑清醒。睡眠重要的是质量，如睡的时间过多，且睡后仍感乏力不爽，则是心理生理的病态表现。快睡说明中枢神经系统兴奋、抑制功能协调，且内脏无病理信息干扰。（5）便得快：一旦有便意，能很快排泄完大小便，且感觉轻松自如，在精神上有一种良好感觉，便后没有疲劳感，说明胃肠肾功能良好。

心理健康可用"三良好"来衡量：（1）良好的个性：情绪稳定，性格温和，言行举止得到众人认可，没有经常性的压抑感和冲动感，意志坚强，感情丰富，胸怀坦荡，豁达乐观。（2）良好的处事能力：观察问题客观现实，以现实和自我为基础，具有良好的自控能力，与人交往能被大多数人所接受，能适应复杂的社会环境。（3）良好的人际关系：与他人交往的愿望强烈，能有选择地与朋友交往，珍惜友情，尊重他人人格，待人接物能宽大为怀，既善待自己，自爱，自信，又能助人为乐，与人为善，与他人的关系良好。

我国古人的心理健康标准是：

北宋大词人苏轼有词曰："人有悲欢离合，月有阴晴圆缺。"人生在世，喜怒哀乐、酸甜苦辣在所难免。面对诸多困难、挫折、不如意，有的人能很好地调适，有的人则困惑、抑郁，跨不过这道心灵的坎儿。真是剪不断，理还乱……

我国古人没有明确指出心理健康包括哪些标准，但是我们可以从古人丰富的养生思想中得到一些有益的启示，养生方法中基本上都包含"养心"的内容。通过分析这些养心的方法，我们可以总结出古人心目中的心理健康标准，即：

（1）经常保持乐观心情；

（2）不为物欲所累；

（3）不妄想妄为；

（4）意志坚强，循理而行；

（5）有劳有逸，有规律地生活；

（6）心神宁静；

（7）热爱生活，人际关系良好；

（8）善于适应环境的变化；

（9）涵养性格，陶冶气质，克服自己的缺点。

我们知道现代关于健康的看法不仅仅是指身体健康，更重要的是看一个人的心理是否健康。其实，人们对此已达成了共识，曾在电视小品中就有"高禄不如高官，高官不如高寿，高寿不如高兴"的说法。这就说明，人们不仅仅希望活得长，更在意是否获得快乐、心情好。

心理健康的自我维护

积极的自我暗示是一种良好的心理活动，它是一种自己说、自己听的自我沟通过程。当你受到他人的轻视和排挤时，这时你会怀疑自己的价值。

心理健康是指在心理、智能以及感情上与他人的心理健康不相矛盾的范围内，把个人的心境发展成最好的状态。

一般来说，健康的心理应该是全面正确地了解自己与他人的关系，又能够自我评价，能够清楚自己的生活目标，能够做到言行一致，并且经常保持开朗、乐观、愉快、满足的心境，同时能够控制自己的情绪，能积极地适应和改变现状，能够以宽容和理解的态度与人相处等。

拥有良好的心理健康最重要的在于自我维护，维护好了，心理才能健康地向前发展。总的来说，心理健康的自我维护应该做到以下几个方面：

1. 力争成功，改善自我概念

拥有一个积极的自我概念是心理健康的人的核心特质和基本内容。自我概念积极的人，对自己能有一个正确的认识，并以肯定的态度承认自己，既能发挥自己的长处和优点，又能看到自己的缺点和不足。

要想形成积极的自我概念，一个非常重要的条件就是获得成功。因为成功会提升自己的自信心，增强自我的认同感，同时还是摆脱焦虑、烦恼、抑郁等症状的最佳方法。所以，成功不仅是人生的目的，而且也是实现人生目标的一种手段。

无论在什么样的条件下，都要对成功抱有积极的希望，并且积极寻找多方面的成功机会，有时不妨冒一次险。但是无论成功还是失败，都要用一颗平常的心去对待。

2. 提高社交水平，增加社会支持

只有正常的人际交往才能满足个人归属的需要、尊重的需要。同时，人际交往也是建立个人自我价值观的基本渠道。所以，积极正确的人际交往态度和良好的人际关系对于建立心理健康非常重要。

因此，一个人要培养各方面的社会兴趣、学会与他人协调合作，这样才能建立良好的人际关系。为了达到良好的交际目的，要养成换位思考的习惯，对他人不要求全责备，应当积极主动地发现他人的优点，欣赏他人的成功。当自己处于困难的时候，要勇于接受、善于利用他人所能提供的社会支持。养成这样的习惯，就会使你的心理更加健康。

3. 端正认识，树立正确的压力观

人生在世，要面对压力、困难和挫折，这些都是无法回避的。因此，遇到压力没有必要发牢骚抱怨命运的不公。

压力既是对人的威胁，又是挑战，对待压力应该一分为二。压力其实也有多方面的积极意义：激发个人的生命活力，增长人生经验，懂得对自己负责，从而使自己变得更加成熟。

要勇敢地正视压力，同时也要善用各种有利的积极因素，这是有效地化解压力的重要基础条件。当压力过大，个人一时无法承受时，不妨抱着一种宽容的态度，坚信任何压力与困难都是暂时的，一切都会过去。要明白当条件具备时，总能够采取积极的措施给予化解。

4. 承认情绪，适当地发泄情绪

人在压力的环境下会表现出各种消极的、激进的、痛苦的情绪反应，这是一种比较正常的心理。从健康的角度来看，处在压力之下的人应该承认自己的情绪，并且通过适当的方式把自己的情绪发泄出来，而不是去掩饰它，这样才有利于身心的健康成长。

宣泄情绪的方式有很多，如痛哭一场或向家人、朋友倾诉，也可以通过把自己的感觉写在纸上来发泄。另外，还可以参加正当的消遣娱乐、旅游、体育运动，专注于阅读、游戏、整理花木、学习电脑、欣赏音乐等，从而转移自己的注意力。

5. 积极自我暗示，建立内在对话

积极的自我暗示是一种良好的心理活动，它是一种自己说、自己听的自我沟通过程。当你受到他人的轻视和排挤时，这时你

会怀疑自己的价值。此时你要问问自己："他这样看正确吗？对这件事是否还有其他解释呢？"当自己面临着多项任务而感到压力重重时，你可以这样暗示自己："事情总会有解决的时候，我要一步一步地去完成。"

6. 积极采取行动，逐步化解压力

调查发现，那些情绪消极、经常感到痛苦的人，大多是一些只想而不付诸行动的人。由于缺少行动，即便是一些日常生活中并不难处理的事情，也会堆积成大麻烦。所以，要想改变不良的情绪，只有行动才是最好的良药，经常与他人交往，从外界获得积极的力量。面对众多的困难，可以有选择地克服，比如从相对简单的任务入手，从而部分地缓解压力、增强自己的信心，进而为其他任务的完成创造良好的条件。

心态的力量无穷无尽

心灵会接受不管多么荒谬的暗示，一旦接受了它，心灵就会对之做出反应。这就是说，人的理智接受事实，人的心灵则接收暗示。

第二次世界大战时期，德国的纳粹分子曾进行了一次触目惊心的心理实验，他们声称将使用一种特殊的方式来处死人，这种方式就是抽干人身上的血液。实验那天，他们从集中营挑来两个人，一位是牧师，另一位是普通工人。纳粹士兵将俩人分别捆绑在床上，用黑布蒙住双眼，然后将针头插进他们的手臂，并不时

地告诉他们："现在，你已经被抽了多少升血了，你的血将在多少时间内被抽干！"其实，纳粹士兵并没有真的要抽干他们的血，而只是在他们的手臂上插进了一支空针头。结果，普通工人的面部不断抽搐，脸色变得惨白，渐渐地在惊恐万分中死去。显然，这位普通工人内心充满了恐惧，恐惧的心态使他心力衰竭，导致了死亡。而那位牧师却始终神情安详，死神没有夺取他的生命，他活了下来。事后，人们问他当时想些什么，他说："我的内心很平静，我不害怕，我问心无愧，即使死了，我的灵魂也会进入天堂。"

纳粹分子的这个实验虽然残酷，但却告诉了我们一个道理：心态的力量是无穷无尽的，如果你有一个好心态，你就可以选择生；如果你有一个坏心态，你就只能选择死。

西方心理学家反复证实了一个观点：心灵会接受不管多么荒谬的暗示，一旦接受了它，心灵就会对之做出反应。这就是说，人的理智接受事实，人的心灵则接收暗示。人如果给心灵以积极的暗示，心灵就会呈现出积极的状态；人如果给心灵以消极的暗示，那么，心灵就会呈现出消极的状态。

俄国作家契诃夫曾写过一篇小说——《小公务员之死》。小说讲，有一位小公务员一次去看戏，不小心打了一个喷嚏，结果口水不巧溅到了前排一位官员的脑袋上。小公务员十分惶恐，赶紧向官员道歉。那官员没说什么。小公务员不知官员是否原谅了他，散戏后又去道歉。官员说："算了，就这样吧。"这话让小公务员心里更不踏实了。他一夜没睡好，第二天又去赔不是。官员不耐烦了，让他闭嘴、出去。小公务员心想，这下可真是得罪了官员了，他又想法去道歉。小公务员就这样因为一个喷嚏，背上了沉重的心理负担，最后，他……死了。

契诃夫对小公务员死因的描写虽有些夸张，但却说明一个人的心态对其身心健康有着极其重要的作用。

西方一位心理学家给我们讲述了一个故事：他的一位亲戚向一位印度水晶球占卜者卜问吉凶，后者告诉他，他有严重的心脏病，并预言他将在下一个新月之夜死去。

这一消极的暗示进入了他的心灵，他完全相信了这次占卜的结果，他果然如预言所说的那样死了，然而他根本不知道他自己的心态才是死亡的真正原因。这是一个十分愚蠢、可笑的迷信故事。

让我们看看他真正的死因吧：这位心理学家的亲戚在去看那个算命巫婆的时候本来是很快乐、健康、坚强和精力旺盛的，而巫婆给了他一个非常消极的暗示，他则接受了它。中国有句古语：信则灵，不信则不灵。消极的暗示使他的心态变得消极起来，他非常害怕，在极度恐惧和焦虑中不停地琢磨他将死去的预言。他告诉了每一个人，还为最后的了结做好了准备。这种必死无疑的心态终于让他结束了自己的生命。

毫无疑问，不同的人对同一暗示会做出不同的反应。例如，如果你走到船上的一位船员身边，用同情的口吻对他说："亲爱的伙计，你看上去好像病了。你不觉得难受吗？我看你好像要晕船了。"

根据他的性情，他要么对你的"笑话"抱以微笑，要么表现出轻微的不耐烦。你的这次暗示毫无效果，因为晕船的暗示在这位船员的头脑中未能引起共鸣。一位历经风浪的水手怎么会晕船呢？因此，暗示唤醒的不是恐惧与担忧，而是自信。

而对于一位乘客来讲，如果他缺乏自信，晕船的暗示就会唤醒他头脑中固有的对于晕船的恐惧。他接收了暗示，也就意味着他真的会变得脸色苍白，真的会晕起船来。我们每个人的内心都有自己的信仰和观念，这些内在的意念主宰和驾驭着我们的生活。暗示一般是无法产生效果的，除非你在精神上接受了它。

所以，我们一定要以积极健康的意念来激发积极健康的心态，因为只有心态健康了，我们才能有健康的身体。

好身体来自好心态

强烈的失落感意味着什么呢？意味着焦虑和不安，意味着彻夜的失眠，意味着食欲的严重减退，意味着身体的消瘦。

有一位身体很好的老局长，因为无法排遣退休后的寂寞与失落，以致迅速地走向衰老和死亡。

退休是一件十分正常的事，也是社会的规律，然而，这位局长却不能用正确的心态去对待，他始终沉浸在以往的岁月里，留恋昔日的忙碌和辉煌。但现实的情形是他的门庭冷落了，再也无人来请示汇报了，两相对照，他感到无比的苦恼和沮丧。他陷入了极度的失落情绪之中。

强烈的失落感意味着什么呢？意味着焦虑和不安，意味着彻夜的失眠，意味着食欲的严重减退，意味着身体的消瘦，意味着抵抗力的减弱和免疫能力的降低，意味着离幸福越来越远、离死亡越来越近。就这样，这位局长在退休一年后，就离开了人世。这无疑是一场悲剧，这场悲剧揭示出的深远意义就是——心态决定着一个人的健康。

其实，这位局长只要换一种心态，他就完全可以过另一种生活，决不至于使自己的人生走到尽头。

十多年前，有一部轰动一时的电影《芙蓉镇》，影片里有这样一个情节：一位知识分子被打成右派，下放到芙蓉镇去打扫大街。每天早上，天刚蒙蒙亮时，他就拿着扫帚不停地扫起来。他没有怨言，也不感觉疲倦。他为何能承受如此大的打击呢？秘密就在于他有一个好心态。他对别人说，其实扫大街就在于一个心态，如果你感觉到扫大街是一种惩罚，你就越扫越痛苦；如果你将扫大街视为跳舞，那么，你就会从中得到许多乐趣。这位被打成右派的知识分子就是这样，他把扫帚当成了舞伴，在清晨冷清的大街上，跳起了人生的华尔兹，他顶住了命运的不公，顽强地生存了下来。

所以，当人生面临重大变化之时，心态的力量就显得尤其重要。如果我们能调整自己的心态，好心态就会给我们带来幸福和健康；如果我们像前面提到的那位老局长一样，那么，坏心态就会让我们失去幸福和健康。心理学家告诉我们，身体不健康并不一定由食物引起，更多的是由于自己的心态。肉体上的化学反应常常由于感情的激发而产生，如果心灵长期处在沸腾状态，肉体的所有部分均会开始衰弱。譬如，人如果时常处在焦虑过度的心态之中，就会心跳速度加快，导致心律不齐，甚至造成"心绞痛"；人如果时常处在紧张的心态之中，就可能造成心血管血流不畅，即一般所说的"冠状动脉血栓症。"同时，焦虑和烦躁的心态也容易让人感染上细菌或其他微生物。因此，怨恨、憎恶、嫉妒、自卑、失落等一切消极心态，都是引起身体不健康的原因。

一个人要有一个好身体，首先就必须拥有一个好心态。莫茨小姐的故事正说明了这一点。莫茨小姐是新西兰一位建筑商的女儿，于1983年移居美国，开始时在休斯顿一家电视台工作。

1990 年起任 CNN 摄影记者。1992 年 6 月，她被派往萨拉热窝，当时那里正是内战战场，曾有 34 名记者在那里丧生。莫茨逗留六个星期后，已习惯了周围的流弹。一天清早，一颗子弹击穿 CNN 采访车的玻璃，正好击中她的脸部。虽然没有穿过致命的动脉，但却掀掉了她的半边脸，颧骨被打得粉碎，牙齿没有了，舌头被打断，送到诊所时，大夫们直摇头，认为她不行了。经过二十多次手术后，她又奇迹般地回到了工作岗位上。这时的她，下腭仍无感觉，脸部还留着弹片，体重减轻了八公斤。令大家吃惊的是，她还对采访记者说："我已经要求重返萨拉热窝，说不定我还能在那里找回我的牙齿。"

她甚至想认识一下当初袭击她的枪手，"我会请他喝一杯，问他几个问题，比方说当时距离有多远。"

毫无疑问，莫茨小姐之所以能创造出生命的奇迹，就是因为她拥有积极的心态。

有健康才有未来

健康离我们并不遥远，只要你热爱自己，热爱身体，不忽视健康，你就可以得到它！

并没有一样东西是永远属于我们的。生命就好比旅行，也许在旅程中我们会拥有某些东西，但是终究不能带走它。

保证身体健康是人类生命的巨大工程，它需要具有生命全程的最佳设计，将人们生存的优势调整到一流状态。

我们经常可以看到一些人，他们年龄还不到 40 岁，但看起来却显得老态龙钟，精神憔悴。他们开始工作、创立事业时也有着巨大的资本，比如强健的体魄、雄壮的体格和智慧的脑力。但是，他们在功成名就，有一定的经济实力后就不再去追求成功，过起了花天酒地的生活，久而久之，引发许许多多的病症，将原有的资本挥霍得一干二净，最后成为一个失败者，再也无法显示伟大的力量。

还有不少人，由于日趋紧张的生存环境和竞争意识，迫使他们付出高额的健康成本来适应生存的需要。他们终日东奔西走，忙忙碌碌，日夜工作，不注意积蓄自己的体力和脑力资本，不注意保持自己强健的身体，操劳过度，使自己的年龄正处于黄金阶段、事业处于巅峰时期，却大病缠身，卧床不起，最后病逝。比如我国历史上的宰相诸葛亮，日本前首相小渊惠三，都是由于不顾惜自己的身体，过度劳累而早逝的典型例子。

不管是诸葛亮，还是小渊惠三，他们的那种"鞠躬尽瘁，死而后已"的敬业精神，固然值得我们敬仰。但是，如果只顾拼命工作而赔上了自己的健康，生命中的光和热还没有全部发挥出来就过早地离开人世，这就有点得不偿失了。所以，人生存在世间，健康是第一位的。保住身体的健康，你才有资格谈将来。健康离我们并不遥远，只要你热爱自己，热爱身体，不忽视健康，你就可以得到它！

随着科技的进步、医术的发展，现代人对于健康的观念也发生了变化。健康，我们不能只把它理解为没有疾病，在精神上，应该让它也处于饱满状态，为此，联合国世界卫生组织为人的健康制定了10条标准：

（1）善于休息，睡眠良好；

（2）眼睛明亮，眼睑不发炎，反应敏锐；

（3）头发有光泽，无头屑；

（4）肌肉、皮肤富有弹性，走路感觉轻松；

（5）体重合适，身体匀称，站立时头、臂、臀位置协调；

（6）能够抵抗一般性的感冒和传染病；

（7）牙齿清洁，无空洞，无痛感，牙龈颜色正常，无出血现象；

（8）应变能力强，能适应环境的各种变化；

（9）处事乐观，态度积极，乐于承担责任，事无巨细不挑剔；

（10）有足够充沛的精力，能从容不迫地应付日常生活的压力而不感到过分紧张。

这10条健康标准，其中有六条属于身体健康观念方面的内容，有四条属于心理健康方面的内容。新的健康观念要求人们在重视身体健康的同时，也要注意心理健康。

一个珍惜生命的人，有必要经常要求自己去做一些对身体有益的事情，比如：

1. 到医院定期检查

今天的医学十分发达，各种仪器能探测出潜伏在我们身体内的疾病，只要我们定期检查，就可以提前发现问题。

2. 有效地节制欲望

在社会上生存，和各种人打交道就难免应酬，而应酬时要有所节制，不能想怎么做就怎么做，酒、色、财、气、赌等陷阱，更不能跌入其中，否则伤身坏体，害人害己。

3. 忙中偷闲做运动

生活的快节奏，让我们感到疲于应付，你不妨每天根据自己的时间、场所，做一些适量的运动。生命在于运动！运动能充沛精力，增进活力，运动的结果，能促进血液循环系统，排出身体内的有害物质。养成经常运动的习惯，跳舞、散步、跑步或游泳都是很好的选择。运动还能为我们消忧解烦。当我们烦恼时，不妨做些体力活动，体力与脑力互相交替，能令我们的身体充满活力。

4. 餐桌上合理膳食

要身体健康，就要保证摄入足够的营养。平时餐桌上可以选择四大基本类食物：面或饭的谷类制品；肉、家禽或鱼；水果或蔬菜；奶类制品。至于数量方面，由于每个人对各类食物的消耗不同，例如南方人要吃米饭才饱，北方人要吃面食才饱，但只要每餐都包括以上四大类食物，就可以达到饮食均衡的目的。

任何一种有热能的食物都能充沛我们的精力，糖类能迅速补充精力，因此，当我们饥饿时可以吃一些水果，它含有丰富的营养，继续供给身体所需的养料。此外，要对如茶、咖啡、朱古力、可乐饮品少用为佳。虽然茶有提神作用，但副作用亦有不少，特别是作呕及神经紧张。咖啡里含的咖啡因会令人上瘾，习惯了我们就会越饮越多。有时候，我们为了迅速恢复体力，不妨吃些碳水化合物食品，因为它比脂肪及蛋白质更易被身体吸收，马上进入血液。

5. 夜晚充足睡眠

晚上睡得好是健康必需，如果睡眠不足，第二天起床会头痛、疲倦，影响一天的工作，注意力分散。睡眠时间多久才适当？这就看个人而定，有人5个小时就够了，有人需要9个小时，而通常以 8 小时为适中。一个人如果连续 72 小时不睡，身心两方面都会有危险。医生说，一晚不睡会降低你的记忆、判断力及反应能力。

如果你热爱身体，热爱自己，当你感到身心疲惫，生活乏味，遇到事情提不起精神，引不起兴趣时，你不妨用被子蒙住头大睡一觉。

如果你热爱身体，热爱自己，能挤出几天空余时间，去野外散步、旅行、游览，这样，在不知不觉中会使你赶走那些困扰你的不良情绪，让你迅速恢复体力、精神振奋。

如果你热爱身体，热爱自己，懂得自我珍重，你就可以享受健康的幸福，你就可以拥有强健的体魄。

只要你是一个神智清醒的人，你就会懂得，健康对人的生活多么重要。

了解你的健商

思想乃是身体智慧的一部分。如果长久地持有并不断地重复一种思想，就会使之转变成一种信念，信念又会转变为生物机能。

如果你的生理上有了严重的疾病，无论如何都得去看医生。但是，许多小毛病，其引起的原因是自己可以控制的。头痛、胃痛、肌肉酸痛、昏睡等信号，都需引起注意。

仔细想一想你是不是在担心什么，所以导致紧张。你是否以运动来保持身体的健康和活力？不管发生哪些状况，重要的是，你能立即行动，找出问题的原因，并努力纠正它。一旦你这么做了，你就会发现，你有更多的热情与活力去追求你设立的目标。

要保持身体的健康，就要注意预防和保健。事实上，我们有很多严重的健康问题，都可以自我减少，像癌症以及与心脏相关的疾病。抽烟和不良的饮食习惯减缩了百万人的寿命。很不幸的是，这些由长时间的影响所造成的伤害，当人们发觉不对劲时，为时已晚。

医生已经注意到，要维持健康，态度是相当重要的。如果你把维持健康所该做的事做好，不去担心什么事做错了可能影响健康，那么，比起那些一时担心健康问题的人，你会健康得多！你会成为你心中所想的。思想是个神奇的工具，可以在身体上造成极大的影响。先让你的思想强健，那么，你的身体也会自然强壮起来。

想治疗头痛最好从其病因下手：身体有病时绝对要去看医生。不过记住一件事，许多药能治的病其实是可以自己控制的：头痛、恼人的胃痛、肌肉酸痛、倦怠无力等征兆，都是在抗议你忽略了身体的需要和心理问题。

仔细想想你是否曾搁置什么烦恼的事未加以解决，因而造成心神的紧张。问问自己是否有足够的运动量，让身体保持精力充沛的状态。有些时候，我们会觉得身体紧绷，四处疼痛；头痛得像快要裂开了，胃里胀满了食物，背痛更是要命。其实这些原因可能只是单纯的紧张。解决之道也只需好好地放松。每天给自己一些放松的时间，去思考你所喜欢的事。每周有几个小时，享受无忧无虑的时刻，逃离问题，使你找回失去的活力与观念。

思想乃是身体智慧的一部分。如果长久地持有并不断地重复一种思想，就会使之转变成一种信念，信念又会转变为生物机能。信念是一种能量巨大的驱动力，它为个体的生命和健康创造出生理基础。

假如我们不能克服我们的情感创伤，那么也将会引发生理上的疾患，因为压抑的情绪会对我们的免疫系统和内分泌系统发生作用，并产生一种生物化学反应。

破坏性的观念会损害我们的健康。这些观念不仅仅来自于理智——一般认为理智是可以控制的；它们还来自于身体的其他部分——这些部分存在于细胞组织之中，但过去一直不为人知。

随着对医疗知识的不断增加，人们渐渐地形成了一种健商观念。健商观念指的是一个人的健康商数，健康智力，还有更多含义。这是对健康的一种新的认识。它犹如一盏明亮的导航灯，引领我们抵达健康的崭新未来。

我们需要对自己的健康有更多地了解，包括基因组成和生存环境，来确定如何调整自己的生活习惯和方式，以获得身心健康。

健商文化中包含一个最重要的部分就是自我保健，它能确定你的健康方案，并通过重视饮食、注意营养、锻炼身体、控制压力，以及养成良好的生活习惯来实践完成。它需要你认识人生命各个阶段的各种健康问题。

健商文化意味着以崭新的观念、全新的生活和健康方式指导你做每件事、做每一个决定。当你懂得解除疾病，消除身体不适，注意照顾自己，调动机体的抵抗力，并学会用结合和整体的方法来掌管健康的时候，这种健康文化便表现出来了。

观念和记忆是身体中实实在在的生物结构。不妨把你的大脑想象为一座冰山。意识部分是浮出水面的一部分，但这一部分的体积只占整座冰山的25%，所谓的无意识部分则占绝大部分——这75%的部分没于水中。我们的个人历史被存贮在我们的身体、肌肉、器官及其他组织之中。这些信息与冰山的水下部分一样，一般是不会成为冰山的水上部分，即以意识为特征的理智所认识的。细胞是我们存贮记忆的银行——尽管常忽略它们、否定它们。

比如，一个从小就常吃让他讨厌东西的人，长大之后，只要他再次看见类似的东西，就会有一种厌恶感，甚至会发生和小时一模一样的症状。这就是记忆在作怪。

拥有精力充沛、神采奕奕的健康生活，就能维护并保持身心健康，与自己的生存环境和谐相容，使人生充满意义和乐趣。

保持身心健康的秘诀

人的心智是伴随着身体才能存在的，由于你的身体受到大脑的控制，所以，想要得到健康的身体就必须具备积极的心态、健全的意识。

健康是别人夺不走的资本，拥有这笔资本，你就能取得更多的财富，使你终生受用不尽。健康对你的生活和工作都起着重要的作用。

"我的生活过得越来越好。"有些人每天在醒来和就寝前都要把这句话朗诵好几次。对他们来说，这句话并不是华而不实的语言表达，而是说明健康来自积极的心态。对于健康，很多人的体验是，积极的心态会给人体健康带来好处，消极的心态则可能引发疾病。一个人心存消极思想，这是一件危险的事。现实生活中，到处都有人因为他们内心的挫折、仇恨、恐惧或罪恶感，而给自己的健康造成伤害。因此，保持身体健康的秘诀是，首先要摆脱所有不健康的思想。我们必须洁净自己的心灵，为了身体的健康，先除去心中的消极念头。

常有人提起，愤恨不满的情绪常常会引发疾病，如果一个人在他的工作岗位上屡屡失意，他的心理就会向身体发出"生病"的心理暗示，借此来逃避现实。

一位政坛元老曾说过："有两件事对心脏不好：一是跑步上楼，二是诽谤别人。"这两件事不仅对心脏不好，而且对人的身体也有很大的影响。所以，学会宽恕很重要，你会发现，体谅别人对身心会起到奇妙的作用。

许多家报纸曾报道过这样一则新闻：有一名男子在过马路时不幸被车子撞倒而丧命。验尸报告说，这个人有肺病、溃疡、肾病和心脏衰弱。可是，他竟然活到了84岁。给他验尸的医生说："这个人全身是病，一般情况，30年以前早该去世了。"有人问他的遗孀，他怎么能活这么久？她说："我的丈夫一直确信，明天他一定会过得比今天更好。"

还有人认为，在运用积极心态方面，多使用积极的表述，也有利于身体健康。语言文字是有影响力的，如果你经常运用积极的话语来描述你的健康状况，便可能激发对你身体不好的消极力量。你习惯性使用的一些字眼，能反映出你内在的某些消极思想，而你的思想是积极还是消极，会影响你内在的各种器官的健康情况。

曾任美国精神治疗协会会长的卡特博士在谈到一个人所持的肯定态度对健康的影响时，甚至反对人们使用像"我今天不会生病"这样的说法。他认为那只是半积极的态度，应该改为"我今天觉得比昨天好"，这才是非常积极的陈述，因而是一种引导健康的想法。卡特博士说："肯定的态度是以科学的事实为基础的，这些事实得自生物学、化学、医学等。正确地运用肯定的态度将有助于改善你的健康，延长你的寿命，使你精力充沛，倍感幸福，从而在各方面取得成功，并且还能替你保持一件最主要的东西——那就是心里的平静。

你的身体和思想是合一的，实际上是一个"身心"，你的"身心"和自然是合一的。你的身体和思想的健康是不可分的，任何影响到你健全思想的因素，同样会影响你的身体；反之亦然。

同时，你的身心健康也会受到自然法则的规范，自然法则对于你身心的规范和对于树木、山脉、鸟及动物的规范并没有什么不同。因此，想要了解保持身心健康的方法必须先了解自然界的法则，你必须和自然力和谐相处而不是要和它对抗。人的心智是伴随着身体才能存在的，由于你的身体受到大脑的控制，所以，想要得到健康的身体就必须具备积极的心态、健全的意识。务必在工作、娱乐、休息、饮食和研究方面，都能培养出良好而且平衡的健康习惯。

为了保持健康的意识，应从良好的生理健康，而不应从病态或不健全的角度进行思考。无论你的思想集中在哪个方面，它都能使这方面的事情成真——包括经济上的成就和身体的健康。为了使自己能以积极的态度培养及保持健全的意识，使你的内心远离消极思想和消极影响因素，必须创造和保持平衡的生活。

工作之后娱乐，思想活动之后从事体力活动，严肃之后保持幽默。如果能持之以恒，必能保持良好的健康状况和快乐的心情。如果你能以积极心态生活，将能得到健全的思想和健康的身体，有了健康的体魄之后，我们才可以享受健康长寿的生活。

第二章

好心态才更健康
——积极心态是身心健康的基础

　　积极心态能让你获得财富、拥有幸福、健康长寿；消极心态能让这些东西远离你，或剥夺一切使你生活变得有意义的东西。在这两种力量中，前者——积极心态可以使你达到人生的顶峰，并且逗留于此，尽享人生的快乐与美好；后者——消极心态则使你处于底层的地位，困苦与不幸缠绕着你。还有一种情况，当某些人已经到达顶峰的时候，也许会让后者将他们从顶峰拖滑而下，跌入低谷。

培养积极心态的方法

每个人都有一种欲望，即感觉到自己的重要性，增强别人对他的需要与感激。这是普通人的自我意识的核心。

也许有些人的积极心态是天生的，他们注定会成功，而有些人却不得不去学习掌握这种积极心态，他们也已逐步走向成功之路。许多人认识到了自身的缺陷，却苦于无头绪，下面的一些方法可以教你培养自己的积极心态。

1. 先让自己积极地行动起来

许多人总是等自己有了一种积极的感受再去付诸行动，这些人在本末倒置。积极行动会导致积极思维，而积极思维会导致积极的人生心态。心态是紧跟行动的，如果一个人从一种消极的心态开始，等待着感觉把自己带向行动，那他就永远成不了他想成为的积极心态者。

2. 要心怀必胜、积极的想法

卡耐基说："一个对自己的内心有完全支配能力的人，对他自己有权获得的任何其他东西也会有支配能力。"当你积极地把自己看成成功者时，那么你也就开始走向成功了。

谁想收获成功的人生，谁就要当一个好"农民"。绝对不能仅仅播下几粒积极乐观的种子，就指望不劳而获，你必须不断给这些种子浇水，给幼苗培土施肥。要是疏忽这些，消极心态的野草就会丛生，夺去土壤的养分，直至"庄稼"枯死。

3. 用美好的感觉、信心与目标去影响别人

随着你的行动与心态日渐积极，你就会慢慢获得一种美满人生的感觉，信心日增，人生中的目标感也越来越强烈。紧接着，别人会被你吸引，因为人们总是喜欢跟积极乐观者在一起。运用别人的这种积极响应来发展积极的关系，同时帮助别人获取这种积极态度。

4. 使你遇到的每一个人都感到自己重要、被需要

每个人都有一种欲望，即感觉到自己的重要性，增强别人对他的需要与感激，这是普通人的自我意识的核心。如果你能满足别人心中的这一欲望，他们就会对自己，也会对你抱积极的态度，一种你好我好大家好的局面就将形成。正如美国19世纪的哲学家兼诗人拉尔夫·沃尔都·爱默生说的："人生最美丽的补偿之一，就是人们真诚地帮助别人之后，同时也帮助了自己。"

使别人感到自己重要的另一个好处，就是反过来会使你感到自己很重要。在大多数情况下，你怎样对别人，别人就怎样对你，就像那个讲述两个不同的人迁移到同一小镇的故事一样。

第一个人到了市郊就在一个加油站停下来问一位职员："这个镇里的人怎么样？"

加油站职员反问："你从前住的那个镇的人怎么样？"第一个人回答："他们真是糟透了，很不友好。"

于是加油站职员说："我们这个镇的人也一样。"

就在此时，第二个驾车人驶进同一加油站，问职员同一个问题："这个镇的人怎么样？"

那个职员同样反问："你从前住的那个镇上的人怎么样？"

第二个人回答："他们好极了，真的十分友好。"

加油站的职员也回答："真是好极了，我们这个镇的人也会对您十分友好。"

5. 对人对事心存感激

拿破仑·希尔认为，如果你常流泪，你就看不见星光。对人生对大自然的一切美好的东西，只有心存感激，人生才会显得美好许多。

有这么一句话："一个女孩因为没有鞋子而哭泣，直到她看见了一个没有脚的人。"世间很多事情，常常是由于你没有珍惜身边所拥有的，而当失去它时，才又悔恨。

6. 学会称赞别人

莎士比亚曾经说过这样一句话："赞美是照在人心灵上的阳光。没有阳光，我们就不能生长。"心理学家威廉姆·杰尔士也说过这样一句话："人性最深切的需求就是渴望别人的欣赏。"在人与人的交往中，适当地赞美对方，会增强这种和谐、温暖和美好的感情，你存在的价值也就被肯定，你就会得到一种成就感。丘吉尔曾经说过这样一句话："你要别人具有怎样的优点，你就要怎样地去赞美他。"当然，这里指的是实事求是而不是夸张的赞美。真诚的而不是虚伪的赞美，会使对方的行为增加一种规范。同时，为了不辜负别人的赞扬，他会在受到赞扬的这些方面全力以赴。赞美有一种不可思议的推动力量，对他人的真诚赞美，就像荒漠中的甘泉一样让人心灵滋润。

因此，生活和工作中，以鼓励代替批评，以赞美来启迪人们内在的动力，自觉地克服缺点，弥补不足，这比去责怪、去埋怨会有效得多。这样将会使人们都怀着一种积极的心态，创造出一种和谐的气氛，而有利于事业的成功和生活的幸福。由衷的赞美所带给对方的愉快及被肯定的心情，也使你分享了一分喜悦和生活的乐趣。

7. 学会微笑

微笑是上帝赐给人的专利，微笑是一种令人愉悦的表情。面对一个微笑着的人，你会感到他的自信、友好，同时这种自信和友好也会感染你，使你油然而生出友好来，使你和对方亲切起来。微笑是一种含意深远的身体语言，微笑是在说："你好，朋友！我喜欢你，我愿意见到你，和你在一起我感到愉快。"微笑可以鼓励对方的信心，微笑可以融化人们之间的陌生和隔阂。当然，这种微笑必须是真诚的，发自内心的。正如英国谚语所说："一副好的面孔就是一封介绍信。"微笑，将为你打开通向友谊之门，发展良好的人际关系，建立积极的心态。

8. 寻找最佳的新观念

有积极心态的人时刻在寻找最佳的新观念。这些新观念能增加积极心态者的成功潜力。正如法国作家维克多·雨果说的："没有任何东西的威力比得上一个适时的主意。"

有些人认为，只有天才才会有好主意。事实上，要找到好主意，靠的是态度，而不是能力。一个思想开放有创造性的人，哪里有好主意，就往哪里去。在寻找的过程中，他不轻易扔掉一个主意，直到他对这个主意可能产生的优缺点都彻底弄清楚为止。据说，世界上最伟大的发明家之一的托马斯·爱迪生的一些杰出发明，是在思考一个失败的发明，想给这个失败的发明找一个额外用途的情况下诞生的。

9. 放弃鸡毛蒜皮的小事

有积极心态的人不把时间和精力花在小事情上，因为小事使人们偏离主要目标和重要事项。如果一个人对一件无足轻重的小事情做出反应——小题大做的反应——这种偏离就产生了。以下这种小事情的荒谬反应就值得参考：瑞典于 1654 年与波兰开战，原因是瑞典国王发现在一份官方文书中他的名字后面只有两个附加的头衔，而波兰国王的名字后而有三个附加头衔。

虽然普通人不大可能因为一点小事而发动一场战争，但肯定能因为小事而使自己周围的人不愉快。要记住，一个人为多大的事情而发怒，他的心胸就有多大。少一些计较，放弃鸡毛蒜皮的小事，许多不愉快也就会烟消云散。

总之，积极的心态要靠培养，就像酒一样愈久愈香，而心态愈经培养和磨炼就会变得更坚强、更向上、更乐观。

对自己的健康满怀信心

有些时候需要用你的机智和忍耐才能找到效果好的疗法。聪明的办法是坚持用积极的心态继续探索治疗。

康罗是一位年轻的电脑销售经理。他有一个温暖的家和高薪的工作、在他的面前是一条充满阳光的大道，然而他的情绪却非常消沉。他总认为自己身体的某个部位有病，快要死了，甚至为自己选购了一块墓地，并为他的葬礼做好了准备。实际上他只是感到呼吸有些急促，心跳有些快，喉咙梗塞。医生劝他在家休息，暂时不要做销售工作。

康罗在家休息了一段时间，但是由于恐惧，他的心里仍不安宁。他的呼吸变得更加急促，心跳得更快，喉咙仍然梗塞。这时他的医生叫他到海边去度假。

海边虽然有使人健康的气候，壮丽的高山，但仍阻止不了他的恐惧感。一周后他回到家里，他觉得死神很快就要降临。

康罗的妻子看到他的样子，将他送到了一所有名的医院进行全面的检查。医生告诉他："你的症结是吸进了过多的氧气。"他立即笑起来说："我怎样对付这种情况呢？"医生说："当你感觉到呼吸困难，心跳加快时，你可以向一个纸袋呼气，或暂且屏住气。"医生递给他一个纸袋，他就遵医嘱行事。结果他的心跳和呼吸变得正常了，喉咙也不再梗塞了。他离开这个诊所时是一个非常愉快的人。

此后，每当他的病症发生时，他就屏住呼吸一会儿，使身体正常发挥功能。几个月后，他不再恐惧，症状也随之消失。自那以后，他再也没有找医生看过病。

当然，并非所有的治疗都这样容易奏效。有些时候需要用你的机智和忍耐才能找到效果好的疗法。聪明的办法是坚持用积极的心态继续探索治疗。这样的决心和乐观精神通常是要有毅力的。

有一位商人，在一家宾馆登了记，当他要进房间时，不小心跌了一跤，跌坏了腿。宾馆派车把他送到了附近的一家医院，住院后医生给他接合了他的腿。几天后他可以走动了，医生允许他回家休养。

在家里经家庭医生的护理，他似乎感觉恢复了健康，其实他的腿并没有好。有一天家庭医生告诉他，他的腿正在日趋恶化，有可能要成为跛子。这位商人听后立刻就站不起来了，感到受伤的腿疼痛无比，他绝望了。

在这位商人最痛苦的时候，他的朋友告诉他，"不要相信家庭医生的话！总会有一种方法能治好你的腿，不要怀疑，立即行动！"大家把他送到了当地最好的一家医院治疗。医生告诉他："你的身体缺钙，我们可以给你补钙，但你每天要坚持喝一杯牛奶。"他做到了。经过一段时间治疗，他那条受伤的腿痊愈了。

有益于健康的七种心态

人生总有许多让人心烦的琐事。如果你不善于调整心态，日积月累就会使你的身体处于亚健康状态，并引起各种各样的心理疾病。那么什么样的心态才有益于健康呢？

1. 保持乐观情绪

俗话说，"笑一笑，十年少"。乐观的情绪不仅能使你保持青春活力，还将有助于增强机体免疫力，使你免受疾病的侵袭。

2. 面对现实

在快节奏的都市生活中，人们会面临种种压力，勇敢地面对现实，把压力当作是一种挑战，将更有利于人的身心健康。

3. 能抛弃怨恨，学会原谅

怀有怨恨心理的人情绪波动较大，不是整天抱怨，就是后悔；

不是对人怀有敌意，就是自暴自弃。这样容易患心理障碍。所以，平时应学会能抛弃怨恨，要原谅别人，更要原谅自己。

4. 要热爱生活

当一个人患病时，热爱生活的人会多方听取医生的意见，积极配合治疗，并能消除紧张情绪。

5. 富有幽默感

有人称幽默是"特效紧张消除法"，是健康人格的重要标志。许多健康的成功者，都具有幽默感。

6. 善于宣泄感情

不善于用语言来表达自己的忧伤或难过等感情的人容易患病，而压抑愤怒对身体也同样有害，更不能用酗酒、纵欲等不健康的生活方式来逃避现实。伤心的人痛哭一场，或与知心朋友谈谈心，或参加剧烈的体育运动后，常会感到心情舒畅，这就是宣泄感情的意义。

7. 拥有爱心

拥有爱心不仅会使世界变得更美好，而且会更有助于自己的身心健康。乐于助人还可使你广交朋友，这不仅是人生的一大乐事，还会使人更长寿。

怀有怨恨心理的人情绪波动较大，不是整天抱怨，就是后悔；不是对人怀有敌意，就是自暴自弃。这样容易患心理障碍。所以，平时应学会能抛弃怨恨，要原谅别人，更要原谅自己。

8. 采取健康的法则

这是一些采取肯定态度对待健康的法则，你不妨也试试。记住要每天坚持，训练自己按积极思想考虑问题。

这些法则就是：

（1）肯定自己是健康的人。告诉自己："我觉得今天很好。上帝创造了我的身体、心情和灵魂，所以，今天我的感觉，如同上帝要我感觉的一样，充满活力及健康。"

（2）经常在心中保持你是一个健康者的形象。

（3）每天都为你心情愉快、精力充沛而充满感激。

（4）努力消除任何不健康的思想。所有的消极思想和仇恨、后悔、卑鄙、狡辩、失望等都应该根除。然后代之以健康、仁慈、积极的思想。

（5）不要做任何会衰弱和退化心志的事。

（6）维持体重。问问医生你正常的体重应该是多少，尽量维持正常体重。解决体重问题，特别需要精神力量的控制。饮食要特别注意控制口腹之欲。口腹之欲与人的性格有关，而性格完全是受精神影响的。

（7）每天运动，有益于身体健康。

（8）定期找医生检查。身体有任何不适，及时发现，立刻治疗，就会很快恢复健康。

（9）最重要的保健之道是敞开心胸，让生命的力量源源进入。

积极的心态被应用于维护健康时，要考虑到发生事故的可能性。事实上，安全第一是积极心态的象征。由此，你该听取这个建议：要机敏，要有强烈的安全意识和生存愿望。

冲破心理制高点

很多人不敢去追求成功，不是追求不到成功，而是因为他们的心里也默认了一个"心理高度"。

失败常常不是因为我们不具备这样的实力，而是在心理上默认了一个不可跨越的高度限制。

一些有实力的职业人在职业发展过程中，特别是求职时，由于受到"心理高度"的限制，常常对一些合适的职业发展机会（如合适的用人单位、升职发展机会等）望而却步，结果往往痛失良机，甚至导致经常性的职场挫败。向阳职业顾问发现，突破心理高度的限制是职业发展成功的关键，那么我们如何突破自身的心理高度呢？

有这么一个经典的实验很好地说明了"心理高度"现象。

实验者往一个玻璃杯中放进一只跳蚤，发现跳蚤立即跳了出来。再重复几遍，结果还是一样。根据测试，跳蚤跳的高度一般可达身体的 400 倍左右，所以说跳蚤可以称得上是动物界的跳高冠军。

接下来实验者再次把这只跳蚤放进杯子里，不过这次是立即在杯上加一个玻璃盖，"嘣"的一声，跳蚤重重地撞在玻璃盖上。跳蚤十分困惑，但是它不会停下来，因为跳蚤的生活方式就是"跳"，一次次被撞后，跳蚤开始变得聪明起来了，它开始根据盖子的高度来调整自己所跳的高度。过了一会儿，发现跳蚤再也没有撞击到这个盖子，而是在盖子下面自由地跳动。

一个小时后，实验者开始把这个盖子轻轻拿掉，跳蚤不知道盖子已经去掉了，它还是在原来的这个高度继续地跳；三个小时后，她发现这只跳蚤还在那里跳。

一天以后发现，这只可怜的跳蚤还在这个玻璃杯里不停地跳着——其实它已经无法跳出这个玻璃杯了。

难道跳蚤真的不能跳出这个杯子吗？绝对不是。问题在于只是经过几次碰撞，它心里已经默认了这个杯子的高度是自己无法逾越的。

在职业发展过程中，有许多人也在过着这样的"跳蚤人生"。屡屡去尝试成功，但是往往事与愿违，屡屡失败。几次失败以后，便开始不是抱怨这个世界不公平，就是怀疑自己的能力，他们不是不惜一切代价去追求成功，而是一再地降低成功的标准——即使原有的一切限制已取消。就像刚才的"玻璃盖"，虽然被取掉，但他们早已经被撞怕了，不敢再跳，或者已习惯了，不想再跳了。结果就有相当一部分人因为害怕成功高度的限制，而甘愿忍受失败者的生活。

很多人不敢去追求成功，不是追求不到成功，而是因为他们的心里也默认了一个"心理高度"，这个高度常常暗示自己的潜意识：去这家公司是不可能的，这个是没有办法做到的。

其实，让这只跳蚤再次跳出这个玻璃杯的方法十分简单，只需拿一根小棒子突然重重地敲一下杯子；或者拿一盏酒精灯在杯底加热，当跳蚤热得受不了的时候，它就会"嘣"地一下，跳了出去。正如兵法上所说"置于死地而后生"。

这种方法对人也同样产生作用。当然，这种作用只有当我们自我觉醒并强烈要求改变，或有他人意识到问题的严重性并帮助其改变时才会产生作用。问题是很多人对于自己的各种不顺、失败根本就不知道原因所在，特别是心理高度这种比较隐性的因素是比较难以发现的。这时很多人恐怕就会变成正在加热的温水中的青蛙了——等死。

可见，在职业发展过程中，若能够摆脱"心理高度"的限制，冲破常人望而却步的"心理制高点"，那么我们的职业发展空间和成功率将会大大提高。

智商高不如心态好

心态是横在人生之路上的双向门，人们可以把它转到一边，进入成功；也可以把它转到另一边，进入失败。

一个高智商的人未必就能完全掌控自己的命运，没有良好的心态做辅助，智商再高的人也只会受到生活的嘲弄。

这是一个真实的故事。

随着经济改革大潮的冲击，山城有一家纺织厂因经济效益不好，决定让一批人下岗。在这一批下岗人员里有两位女性，她们都四十岁左右，一位是大学毕业生，工厂的工程师，另一位则是普通女工。就智商而论，这位工程师的智商无疑超过了那位普通工人，然而，在下岗这件事上，她们的心态却大不一样，而正是这种不同的心态决定了她们以后不同的命运。

女工程师下岗了！这成了全厂的一个热门话题，人们议论着、嘀咕着。女工程师对人生的这一变化深怀怨恨。她愤怒过、骂过、吵过，但都无济于事。因为下岗人员的数目还在不断增加，别的工程师也下岗了。尽管如此，她的心里不平衡，始终觉得下岗是一件丢人的事。她整天闷闷不乐地呆在家里，不愿出门见人，更没想到要重新开始自己的人生，孤独而忧郁的心态抑制了她的一切，包括她的智商。她本来血压就高，身体弱，再加上下岗的打击，没过多久，就被忧郁的心态打败，孤寂地离开了人世。

而那位普通女工的心态却大不一样，她很快就从下岗的阴影里解脱了出来。她想别人下岗能生活下去，自己也能生活下去。她平心静气地接受了现实，并在亲戚朋友的支持下开起了一个小小的火锅店。由于经营有方，火锅店生意十分红火，仅一年多，她就还清了借款。现在，她的火锅店的规模已扩大了几倍，成了山城里小有名气的餐馆，她自己也过上了比在工厂时更好的生活。

一个是智商高的工程师，一个是智商一般的普通女工，她们都曾面临着同样的困境——下岗，但为什么她们的命运却迥然不同呢？原因就在于她们各自的心态不同。

女工程师的心态始终处在忧郁之中，这样的心态使得她对自己的人生不可能做出一个理智的评价，更不可能重新扬起生活的风帆。她完全沉溺在自己的不幸之中，一个人一旦拥有了这样的心态，其智商就犹如明亮的镜子蒙上了一层厚厚的灰尘，根本就不可能映照万物。所以，尽管女工程师的智商高，但在面对生活的变化时，她的心态却阻碍了智商的发挥，不仅如此，她的心态还把她引向了毁灭。另一位普通女工的智商虽然一般，但她平和的心态不仅使自己的智商得到了淋漓尽致的发挥，而且还使其以后的生活更加幸福。

正如西方一位心理学家所说："心态是横在人生之路上的双向门，人们可以把它转到一边，进入成功；也可以把它转到另一边，进入失败。"

所以，智商高不如心态好，只有好的心态才能调动智商向着成功的方向迈进。

明人陆绍珩也说："敢于世上放开眼，不向人间浪皱眉。"

一个人生活在世上，就要敢于"放开眼"，而不要动不动就皱眉头。

"放开眼"和"浪皱眉"就是面对人生的两种不同的心态。你选择正面，你就能乐观自信地舒展眉头，笑对一切；你选择背面，你就只能是眉头紧锁，郁郁寡欢，最终成为人生的失败者。

台湾著名女作家三毛小时候是一个非常勇敢而又活泼的小女孩，她喜欢体育，常常一个人倒吊在单杠上直到鼻子流出血来。她喜欢上语文课，课本一发下来，她只要大声朗读一遍，便能够熟练地掌握其中的内容。有一次她甚至跑到老师那里，很轻蔑地批评说："语文课本编得太浅，怎么能把小学生当傻瓜一样对待呢？"

三毛12岁那年，以优异的成绩考取了台北最好的女子中学——台北省立第一女子中学。初一时，三毛的学习成绩还行，到了初二，数学成绩一直滑坡，几次小考中最高分才得50分，三毛感到很自卑。

然而一向好强的三毛发现了一个考高分的窍门。她发现每次老师出小考题，都是从课本后面的习题中选出来的。于是三毛每到临考，都把后面的习题背过。因为三毛记忆力好，所以她能将那些习题背得滚瓜烂熟。这样，一连六次小考，三毛都得了一百分。老师对此很是怀疑，他决定要单独测试一下三毛。

一天，老师将三毛叫进办公室，将一张准备好的数学卷子交给三毛，限她十分钟内完成。由于题目难度很大。三毛得了零分，老师对她很是不满。

接着，老师在全班同学面前羞辱了三毛。这位数学老师，拿起蘸着墨汁的毛笔，叫她立正，非常恶毒地说："你爱吃鸭蛋，老师给你两个大鸭蛋。"老师用毛笔在三毛眼眶四周涂了两个大圆饼，因为墨汁太多，它们流下来，顺着三毛紧紧抿住的嘴唇，渗到她的嘴巴里。

老师又让三毛转过身去面对全班同学，全班同学哄笑不止。然而老师并没有就此罢手，他又命令三毛到教室外面，在大楼的走廊里走一圈再回来，三毛不敢违背，只有一步一步艰难地将漫长的走廊走完。

这件事情使三毛丢了丑，由于她缺少调整心态的能力，于是开始逃学。当父母鼓励她正视现实，鼓起勇气再去学校时，她坚决地说"不"，并且自此开始休学在家。

休学在家的日子里，三毛仍然不能从这件事的阴影中走出来，当家人一起吃饭时，姐姐弟弟不免要说些学校的事，这令她极其痛苦，以后连吃饭都躲在自己的小屋，不肯出来见人了，就这样，三毛患上了少年自闭症。

可以说少年自闭症影响了三毛的一生，在她成长的过程中，甚至在她长大成人之后。她的性格始终以脆弱、偏颇、执拗、情绪化为主导。这样的性格对于她的作家职业可能没有太多的负面影响，但却严重影响了她人生的幸福。1991年1月，三毛在台北自杀身亡。

三毛的陨落源于心态的脆弱。没有人愿意拒绝生命的美好，没有人愿意错失温暖的阳光。人生有时需要你学会忘却，忘却阴雨、忘却黑暗，只有忘却了攀爬生命之峰的艰险和恐惧，才能够站在顶峰饱览你脚下的风光。人生之路没有人可以一帆风顺。你所看见的他人的成功和光亮，永远都只是命运赐予他们的美好的一面，而那个并不光亮的一面镌刻的却是他们流过的血汗，受过的委屈，甚至是近乎绝望的悲痛。

人生如梦一场，匆匆来去。快乐是一生，悲哀是一生，站在生命的十字路口，你去推哪扇门？

跳出心灵的牢狱

跳出心灵牢狱的方法在你自己的手里，没有人可以左右你的思想，如果你依然用烦恼自扰，别人也不可能帮上你的忙。

其实每一个人的心都是自由的，如果你感叹心太累，那么一定是你自己锁住了自己。"世上本无事，庸人自扰之"，何必做一个自筑牢狱的庸人呢？跳出来吧，快乐正在等着你。

三伏天，禅院的草地枯黄了一大片。"快撒点草种子吧！好难看呀！"小和尚说。

师父挥挥手："随时！"

中秋，师父买了一包草籽，叫小和尚去播种。

秋风起，草籽边撒、边飘。"不好了！好多种子都被吹飞了。"小和尚喊。

"没关系，吹走的多半是空的，撒下去也发不了芽。"师父说："随性！"

撒完种子，跟着就飞来几只小鸟啄食。"要命了！种子都被鸟吃了！"小和尚急得跳脚。

"没关系！种子多，吃不完！"师父说："随遇！"

半夜一阵骤雨，小和尚早晨冲进禅房："师父！这下真完了！

好多草籽被雨冲走了！"

"冲到哪儿，就在哪儿发！"师父说："随缘！"

一个星期过去了。原本光秃秃的地面，居然长出许多青翠的苗。一些原来没播种的角落，也泛出了绿意。

小和尚高兴得直拍手。

师父点头："随喜！"

"随时、随性、随遇、随缘"概括了人生多少自然，多少豁达！不妄求、不贪恋、不慌乱、不躁进，一切自然随意，人生还会有太多的东西可以让你寝食难安，愁眉不展吗？很多的东西都是人人想要的。为此，世事纷争、你恨我怨，但有几人可以如愿？为何不开释自己的心灵，无私无欲？让自己跳出心灵的圈子，卸下包袱，心境恬静一点？

不要幻想生活总是那么圆圆满满，也不要幻想在生活的四季中享受所有的春天，每个人的一生都注定要跋涉沟沟坎坎，品尝苦涩与无奈，经历挫折与失意。

洒脱一点，得失存乎于世，弃之于心，人生难免看尽落英缤纷，风华早谢。停留与驻足不应该是你人生失意时的选择，抬眼望天，太阳永远光彩夺目，月亮永远以暗夜做幕。生活不可求全责备，披着阳光的色彩前行，生活才会有光明照耀。细细想来，其实你完全可以很快乐。就像这个烦恼少年的经历一样。

有一天，他来到一处山脚下。只见一片绿草丛中，一位牧童骑在牛背上，吹着悠扬横笛，逍遥自在。

烦恼少年看到了很奇怪，走上前去询问："你能教给我解脱烦恼之法么？"

"解脱烦恼？嘻嘻！你学我吧，骑在牛背上，笛子一吹，什么烦恼也没有。"牧童说。

烦恼少年试了一下，没什么改变，他还是不快乐。

于是他又继续寻找。走啊走啊，不觉来到一条河边。岸上垂柳成荫，一位老翁坐在柳荫下，手持一根钓竿，正在垂钓。他神情怡然，自得其乐。

烦恼少年又走上前问老翁："请问老翁，您能赐我解脱烦恼的方法么？"

老翁看了一眼忧郁的少年，慢声慢气地说："来吧，孩子，跟我一起钓鱼，保管你没有烦恼。"

烦恼少年试了试，不灵。

于是，他又继续寻找。不久，他路遇两位在路边石板上下棋的老人，他们怡然自得，烦恼少年又走上前去寻求解脱之法。

"喔，可怜的孩子，你继续向前走吧，前面有一座方寸山，山上有一个灵台洞，洞内有一位老人，他会教给你解脱之法的。"老人一边说，一边下着棋。

烦恼少年谢过下棋老者，继续向前走。

到了方寸山灵台洞，果然见一长髯老者独坐其中。

烦恼少年长揖一礼，向老人说明来意。

老人微笑着摸摸长髯，问道："这么说你是来寻求解脱的？"

"对对对！恳请前辈不吝赐教，指点迷津。"烦恼少年说。

老人答道："请回答我的提问。"

"有谁押住你了吗？"老人问。

"……没有。"烦恼少年先是愕然，尔后回答。

"既然没有人捆住你，又谈何解脱呢？"老人说完，摸着长髯，大笑而去。

烦恼少年愣了一下，想了想，有些明白了：是啊！又没有任何人捆住我，我又何须寻找解脱之法呢？我这不是自寻烦恼，自己捆住自己了吗？

少年正欲转身离去，忽然面前成了一片汪洋，一叶小舟在他面前荡漾。

少年急忙上了小船，可是船上只有双桨，没有渡工。

"谁来渡我？"少年茫然四顾，大声呼喊着。

"请君自渡！"老人在水面上一闪，飘然而去。

少年拿起木桨，轻轻一划，面前顿时变成了一片平原，一条大道近在眼前。少年踏上大路，欢笑而去。

跳出心灵牢狱的方法在你自己的手里，没有人可以左右你的思想，如果你依然用烦恼自扰，别人也不可能帮上你的忙。没有人可以把他的意志强加在你的头上，境由心造，要想快乐，何不自己跳出来？

一切成就始于积极的心态

积极心态的本质是帮助你在一时一事中学会积极的思想。它使我们在面临恶劣的情形时仍能寻求最好的、最有利的结果。

一个积极心态者常能心存光明远景，即使身陷困境，也能以愉悦和创造性的态度走出困境，迎向光明。

积极心态能让你获得财富、拥有幸福、健康长寿；消极心态能让这些东西远离你，或剥夺一切使你生活变得有意义的东西。在这两种力量中，前者——积极心态可以使你达到人生的顶峰，并且逗留于此，尽享人生的快乐与美好；后者——消极心态则使你处于底层的地位，困苦与不幸缠绕着你。还有一种情况，当某些人已经到达顶峰的时候，也许会让后者将他们从顶峰拖滑而下，跌入低谷。

因此，对一个生活和事业都想取得成功的人来说，你的心态非常重要。如果你保持积极的心态，掌握了自己的思想，并引导它为你明确的生活目标服务的话。你就能享受到以下的优待：

为你带来成功的环境和成功的意识；

生理和心理的健康：

独立的经济；

出于爱心而且能表达自我的工作；

内心的平静；

没有恐惧的自信心；

长久的友谊；

长寿而且各方面都能取得平衡的生活；

免于自我设限；

了解自己和他人的智慧。

相反，如果你抱着一种消极心态，而且使之渗透到你的思想之中，将会使你尝到下列苦果：

贫穷与凄惨的生活；

生理和心理的疾病：

使你变得平庸和自我设限；

恐惧以及其他心理；

限制你帮助自己的方法；

敌人多，朋友少；

产生各种烦恼；

成为所有负面影响的牺牲品：

屈服在他人的意志之下；

过着一种毫无意义的生活。

既然如此，那么你是选择积极的心态还是消极的心态呢？如果你不选择前者，并且紧紧地抓住它的话，后者就会被迫自动送上门来，二者之间没有折中和妥协的余地，你必须在两者中选择其一。

也许有人会反驳说："事实果真如此吗？我一生中就碰到过许多困难与挫折，每当这些时候，我也读过不少有关积极心态的书，可是仍解决不了问题。"也许还有人会说："是的，我也认为那一套没用。我的事业正陷入低潮，我也试过积极心态这一招，但我的生意依旧毫无起色。积极思想无法改变事实。要不然我怎么还会遇到失败呢？如果你不承认这一点，那你就像鸵鸟一样，只顾把头埋在沙堆里，不肯面对现实罢了。"

一个持有积极心态的人并不会否认消极因素的存在，他只是学会不让自己沉溺其中。积极心态的本质是帮助你在一时一事中学会积极的思想。积极思想是一种思维模式，它使我们在面临恶劣的情形时仍能寻求最好的、最有利的结果。换句话说，在追求某种目标时，即使举步维艰，但仍有所指望。谁放弃，谁就成不了最后的赢家。

比如说一个人练习长跑。每天都跑相等的距离，那么他总是在经历新的进步。如果跑指定的一段平路，一开始很可能经常停下来休息片刻，喘喘气，然后继续跑下去。第一次跑的时候停了三次，但如长期坚持，停下来休息的次数可能会降到两次或者一次，这个时候他也许挺满意。在一个阳光明媚的日子里，通过紧张的训练，他终于能够一口气跑完全程，而且一次比一次跑得快。可突然有一天，他连这段路瞧也不愿意再瞧一眼，他厌烦透了。他希望能不断地向自己挑战，这是个很好的念头。精神训练也是同样的道理，必须坚持不懈地经历各种艰难困苦，毫不气馁，永不放弃。

积极心态的力量

心态是人生态度的具体化，是人生态度的现实反映。积极乐观的人生态度决定了人的心态环境，一个人需要有积极的心态。

很多人都认为自己是生活中某一领域的失败者，他们步入社会后经常提及和讨论一些问题，如"你为什么要不断地调整心态呢""你为什么没有取得你打算取得的成功呢""你认为自己最大的长处是什么"等。

他们所讲的故事、所给出的理由当然都是些关于自己失败的原因和悲剧性的故事，如"我从来就未曾真正有过一个奔向好前程的机会。你知道，我的父亲是个酒鬼"，"我是在贫民窟中长大的，你从你的社会结构中绝对领会不到那种生活"，"我只受过小学教育"，"我机遇不好"等。

实质上，这些人都在表明：世界给了他们不公平的待遇。他们是在责备他们身外的世界和境况，责备他们的生活环境。其实，他们之所以得出这样的结论，完全是因为他们都有一种不良的心态——消极。正是由于这种心态，才阻碍了他们的成功。

心态是人生态度的具体化，是人生态度的现实反映。积极乐观的人生态度决定了人的心态环境，一个人需要有积极的心态。你也许听过这样的谚语："成功吸引更多成功，而失败带来更多失败。"这句话真是一语中的。为成功而努力会使你更有能力迈向成功；如果你什么也不做，坐等失败，只会使你遭受更多的失败。

比尔·盖茨认为如果你以积极心态发挥你的思想，并且相信成功是你的权利的话，你的信心就会使你成就所有你所制定的明确目标。但是如果你接受了消极心态，并且满脑子想的都是恐惧和挫折的话，那么你所得到的也只是恐惧和失败而已。

这就是心态的力量，为什么不选择积极心态呢？

一个人，如果他一生信奉这种理论，认为世事随时会有转变，都可能否极泰来，这就是真正的积极心态。这种积极的心态一定会发挥功效。当你面对难题时，如果你期待能拨云见日，并能乐观以待，事情最后终将如你所愿，因为好运总是站在积极思想者的一边。具有积极心态的人心中常能存有光明的远景，即使身陷困境，也能以愉悦、创造性的态度走出困境，迎向光明。

人生难免会遇到无数挫折、困难及烦恼，但这并不意味着你注定要被打败。如果你秉持真诚的信念，勇敢面对人生，坚信好运必来，就能突破重围，任何难题都将迎刃而解。这一点适用于每一个人，每一种场合。

这就是积极心态的力量，它会使人意志坚强，使人拒绝被打败，使人尽其一生所有的勇气来面对人生。

你究竟想做一个英雄还是一个懦夫？你是个意志坚强的人，还是个心志柔弱的人呢？一个具有积极心态的人绝不是一个懦夫，他相信自己，他了解自己的能力，一点也不畏惧困难，相信自己能永远立于不败之地。他会从所发生的一切事情中掌握对自己最有利的结果。他所坚持的原则是，不断将弱点转化为力量。

积极能使一个懦夫成为英雄，从心志柔弱变为意志坚强，由软弱、消极、优柔寡断变成积极的人。

积极心态具有改变人生的力量，虽然人人皆可达成，但有些人在实行时会发生困难。这是因为某些奇怪的心理障碍会导致积极思想的无效。一个人若是不断地怀疑、质问，那是因为他不让积极思想发生作用。他们不想成功，事实上他们害怕成功。因为活在自怜的情绪中安慰自己，总是比较容易的。我们的大脑必须被训练成积极思考的模式。

积极思想只有在你相信它的情况下才会发生作用，并且产生奇迹。而且你必须将信心与思想过程结合起来。很多人发现积极思想无效，原因之一便是他们的信心不够，怀疑和犹豫，不停地给它泼冷水。因为他们不敢完全相信一旦你对它有信心，便会产生惊人效果。

勇敢而大胆地信仰——这是一切成功的法则，没有任何东西可以永远阻拦它。信仰可以集中一切力量，不要迟疑，不要怯懦，不要猜测，要勇敢而大胆地相信这一切，勇敢就是胜利。

只要你愿意耕耘培养它，积极心态便能发挥力量。但养成它并不容易，它需要艰苦的工作和坚强的信仰，它需要你诚实地生活，拥有想成功的欲望。同时，运用积极思想时，你必须坚持才能成功。当你确定已经掌握它时，你应再进一步发展积极的心态。

当别人提出新的建议（例如积极思想），且有助于我们渡过难关时，我们总是下意识地使这些方法不起作用，认定是这个原则无效，而不是我们自己有问题。一旦我们了解正是这种不健康的心理因素作祟时，积极思想便开始发挥它的功用。

事实上，人的整个生命可以变得更坚强、更快乐。当我们仔细研读并应用各项原则后，内心便会有重大的突破。更坚强的信仰、深刻的理解和无畏的奉献精神将会为你开启另一扇人生之门。你不仅会精力充沛，可以应付各种问题，你还有足够的余力和远见，对许多人产生创造性的影响。

不会再有失败，不会再有挫折，不会再有绝望，人生不会在瞬间变得轻松或浮华。人生是真实永恒的，有各种问题存在。以积极的心态去思考、去行动，就不会再被任何难题所控制、阻挠。积极心态一定有惊人的效果。

保持积极心态的秘诀

你希望立刻启动你深藏在内心的神奇力量吗？那么就请你下意识地去模仿那些受你尊敬且推崇之人的生理状态吧！

如果你认为人生枯燥无味，则很可能此生再也无法产生积极态度。为了避免消极态度的惩罚，你必须改变自己，让希望与信心填充你的心，长期坚持如此，你会感到，生活正在悄悄地发生变化。以下就是一些保持积极心态的有益方法。

1. 像真正的成功者一样思考和行动

美国的《OMNI》杂志刊登了一篇报道，两位学者发现语言在脑子里呈电波的形式，并且相同的语言在每个人的脑子里都呈相同的电波反应。在另一个实验中，他们还发现即使用不同国家的语言说同一个意思的话时，也都呈现相同脑波。目前他们已经在进行电脑识别脑波的研究，以便在人还没有说出话之前，便能辨明他的想法。既然连电脑都能够分辨别人的心意，那么我们通过心理状态的模仿，便更能辨明人的心意。

有些突出的神情、语气、举止往往具有十分惊人的力量，像潜能学家金恩博士、总统罗斯福就拥有这种能力。如果你能模仿他们独特的生理状态，你就能跟他们一样启动自己大脑中最有力量的那一部分，使你能像他们一样处理事情。由于呼吸、举止、语气是产生相同状态所不可少的生理状态，所以看电影及录像带比看照片更为理想。只要你能尽量学得相似，你就能和他们有相同的感受。

你希望立刻启动你深藏在内心的神奇力量吗？那么就请你下意识地去模仿那些受你尊敬且推崇之人的生理状态吧！你将能产生和他们相同的心态，并且可能取得相同的成就。当然你是不可能去模仿沮丧之人的生理状态的，你要模仿的是有能力、有干劲的人，因为从对他们的模仿中，你可以开启你从未使用过的某些脑力，发挥你的潜能，让你的人生有更多的选择。

2. 保持积极愉快的心情

以下这种恶作剧，也许并不是一种非常好的游戏，但是却能为我们证明一个道理。请你选择一个对象，当这场恶作剧的牺牲品，但是你要确定这个朋友具有迅速恢复常态的能力才行。

然后再找三个朋友帮你玩这个游戏。接下来，安排你们四个人都能在同一个早上见到这位"牺牲品"，设法使他感到很难堪，很难受，好像很虚弱的样子——对他说："你今天看起来好苍白啊！你一定是生病了。""你好像是得传染病了。""你在发高烧吗？""你的样子真可怕，赶快去医院看看吧！"

你们要以很逼真的方式来说这些话，那么那位"牺牲品"不久将会真的生起病来。

这种力量真的十分管用，同样一句话被人反复诉说以后，就会变成好像是真的一般。如果你告诉自己"我很穷"，别人也一再对你说"你很穷"，而且你周围的人也很穷的话，那么你就会在心理上变得极度地困窘了。

一种思想如果进入心中，就会盘踞成长，如果那是一粒消极的思想种子，就会长出消极的果实；如果那是一粒积极的思想种子，就会长出积极的果实。

你经常会听到好多人以不同的方式对你说他们感到心绪不宁。有的人可能会抱怨种种病痛——头痛、背痛、腰痛或胃痛；另一些人却抱怨不幸的事情，诸如"我工作过多""我过度疲劳"等。

现在让我们来仔细研究一下，假定你今天遇到了某某人，并且在你们刚开始谈话，你就说："我觉得很可怕，真是太糟了。"这时的状况是：

（1）你是在说"我需要同情"，但是人们并不喜欢那些要求同情的人。

（2）你把焦点集中在自己身上，但是一位领导人物，应该是将焦点集中到"你的谈话对象"身上。

（3）你本人已经变成一种痛苦的象征，变成人们极欲避开的对象了。诉苦就等于是把你心里的痛苦转移到别人身上，但人们并不喜欢接受别人的痛苦。古代希腊人，就有寻找快乐、避开痛苦的哲学，现代人仍不能脱离这种思想。

（4）只要你一说出"我觉得心绪不宁"，就会真的使你自己"很糟糕"。

假定你改说："我觉得很愉快，今天真是一个非常美好的日子。"那么：

一是你已经代表着欢乐、幸福与繁荣，人们都很喜欢这种人，也想分享你的乐趣。

二是你确实会感到更好一些。

三是在积极愉快的心情下，你将做出积极的行动。

3. 经常清除消极思想

别忘了，我们必须每日清除心里的莠草。要常常怀抱乐观，如果你光看自己生命中的灰暗面，强调各种可能的困难，那你就把自己置于会滋生上述现象的心态中。例如，你是善嫉妒的人吗？不，你不是，或许在以往你曾有过嫉妒的心态和行为，然而你和嫉妒并不是一体。就因为你曾有过这种心态，因此嫉妒在以后的日子里会挟制和牵引你的行动。但是，别忘了，行为是心态的反映，心态是内心储忆和生理状态的结果，而此两者都是你可以在短时间内改变的。不错，以前你曾经嫉妒过，但那仅表示你是用会产生那种心态的方式来储忆，而现在你可以用新的方式储忆，带出新的心态和行为来。记住，我们永远具有选择储忆方式的权力，如果你认为爱人欺骗了你，很快你就会发现自己处于愤怒的心态中，可是你并未把握真凭实据，只不过凭空猜想，所以当对方回了家，你是既怀疑又生气，在这种心态下，你会怎样对待他（她）？八成不会太好。也许你会咕咕哝哝或怒斥他（她），或者心存不悦，日后再报复。

别忘了，你所爱的人或许根本就没做什么，但是你这种猜疑心态却极有可能就此把他（她）推到别人的怀抱里。如果你嫉妒，那是你产生的心态，你可以改变这种不良的画像，把它想成所爱的人因加班工作而无法赶回来，那么，这个新的臆想过程就能把你置于相信对方一工作完就会赶回家的心态，而你对他（她）的态度会让他（她）归心似箭，更急于和你厮守一块。也有可能你的爱人正如你所想的，那么你又何必浪费心思瞎猜呢？通常，你所猜疑的是子虚乌有，并且因此造成的痛苦会伤害了双方，何苦来哉？还是尽快清除无用的消极杂念，回到积极的心态中吧。

第三章

好心态更在选择
——改变消极心态是身心健康的基础

　　长期生活在以消极失败心态为主的社会里的人，不管他阅历多么丰富，都难以摆脱消极心态的影响，并很可能成为消极心态的带菌者和传播者："我的经历证明……不可能，不要白费工夫。世道就这样，我们是不能改变的。"而事实正好相反，消极心态是可以改变的。而改变消失心态，首先要从认识消极心态开始，改变消极情绪。

负性情绪使人营养不良

较长时间处于抑郁状态中的人，因为中枢神经系统指令传导受阻，胃中消化液分泌大量减少。

美国著名家庭经济学家海伦·科特雷克在《通向健康之路》中，较为详尽地剖析了负性情绪影响体内营养素吸收利用的机制。

1. 紧张

在紧张状态下，入的心跳加快，血流加速，必然消耗大量的氧和营养素。在消耗比平时多的同时，又会产生比平时多的废物。要排除这些废物，内脏器官必须加紧工作，又要消耗氧和营养素，从而造成恶性循环。

2. 抑郁

较长时间处于抑郁状态中的人，因为中枢神经系统指令传导受阻，胃中消化液分泌大量减少。缺少消化液对胃壁的刺激，进食这种生理反应已不再是必然，故食欲锐减，即使勉强进食，也会出现消化不良或腹泻。由此产生的体内营养素缺乏，会发生种种生理不适，而这些生理不适，又会加重心理不适，使抑郁更为严重。

3. 愤懑

愤懑发怒者，会使体内分泌系统功能失调，胃中消化液分泌过多，对胃黏膜的刺激症状加重，进食就更少，体内营养素缺乏就更为严重。

克服思想上的僵化

积极而主动地保持良好的心理，会促进你生活和工作的成功，会促进你的身体健康。

积极而主动地保持良好的心理，会促进你生活和工作的成功，会促进你的身体健康。对客观事物产生消极反应，对自己的情绪失去应有的控制，我们称之为一种思想上的僵化。这种僵化对你的身心健康极为不利。

有一位病人，4年来，每天早上头总要痛。一到早上6点，他就等着头痛的到来，然后服用止痛片。他让所有的朋友和同事都知道他是多么难受。实际上，这位病人是把头痛当作引人注意的招牌或接受同情与怜悯的借口。医生告诉他不要消极地等待头痛，而是当头痛时试着想别的事以分散注意力。他采纳了医生的建议，终于治愈了头痛病。

许多实例表明，肿瘤、感冒、关节炎、心脏病以及其他疾病，包括癌症。这些疾病总是突如其来地发生在人们身上。在治疗被认为患有"不治之症"的病人时，一些研究人员逐渐地认识到，协助病人排除疾病的意念，可能是一种消除疾病的办法。许多医生都见过病人生病的起因是非生理性的，当他们遭受某种困难或危险时，便会突然生病。有一位36岁的男子，因为夫妻关系不和，决定在某年3月1日和妻子离婚。这个决定是2月25日做出的，然而到了 2 月 28 日，这位男子突然发起高烧，呕吐不止。在以后的几天里，病情不断反复，拖了很久才治愈。离婚所导致的羞耻、忧虑等情绪是他遭此大病的根本原因。

现在，很多人已经相信心理可以导致病痛，也能消除疾病。当人们的肿瘤发生某种变化的时候，大脑都是在高度兴奋之中，此时的血压、心率、代谢等都会相应发生变化。有人甚至认为大多数的病症是可以自我控制的。只要你保持乐观轻松的情绪，积极配合医生的治疗。多数病症的治愈也并不是全仰仗医生的高明，病人自己就是一个不容忽视的重要因素。人们都知道。相当多的患者，一旦明白自己的患病情况，病情就会急剧恶化。

因此，不论遇到什么事都要始终保持心情的愉快、乐观。要知道只有自己不放弃自己，才有战胜困难、战胜疾病的机会。

做自己的心理医生

现代社会要求人们心理健康、人格健全，不仅要拥有良好的智商，还要有良好的情商。

生活中的每一个人，承担着各自的社会责任，都存在不同程度的心理卫生问题。随着社会不断变革，人们的情感、思维方式、知识结构、人际关系在发生变化，引发心理问题的因素也是多种多样的。据专家介绍，由于现代人的生活方式的改变，生活节奏的加快，一些人的盲目行为增多，加之过分追求短期效益，因而失败的几率较高，内心失去平衡，容易产生心理问题。心理专家认为："一个人的心理状态常常直接影响他的人生观、价值观，直接影响到他的某种具体行为。因而从某种意义上讲，心理卫生比生理卫生显得更为重要。"

从理论上讲，一般的心理问题都可以自我调节，每个人都可以用多种形式自我放松，缓和自身的心理压力和排解心理障碍。面对"心病"，关键是你如何去认识它，并以正确的心态去对待它。虽然我们找心理医生看病还不能像感冒发烧那样方便，但提高自己的心理素质，学会心理自我调节，学会心理适应，学会自助，每个人都可以在心理疾患发展的某些阶段成为自己的"心理医生"。

首先，掌握一定的心理卫生知识，正确认识心理问题出现的原因。

其次，能够冷静清醒地分析问题的因果关系，特别是主观原因和缺欠，安排好对己对人都负责任的相应措施。

另外，恰当地评价自我调节的能力，选择适当的就医方式和时机。

现代社会要求人们心理健康、人格健全，不仅要拥有良好的智商，还要有良好的情商。在出现心理问题时，人们开始引起重视并寻求咨询和医疗，这是社会文明进步和人们文化素质提高的一种表现。据专家介绍。生活条件越好，文化层次越高，人们对心理卫生的需求也就越迫切。随着文化科学知识的普及和心理卫生服务的完善，解决"心病"会有更多更好的渠道和办法。

心理素质的重要作用

心理素质的高低表明了个体人格的强度和力量，而心理健康程度则是指人的心理卫生水平的高低。

心理素质和心理健康不是一个概念，它们既有区别，又有联系。心理素质的高低表明了个体人格的强度和力量，而心理健康程度则是指人的心理卫生水平的高低，两者存在着非常密切的关系，但却并不是一回事。一般地讲，一个人的心理素质越高，他的心理就越健康；但一个人具有健康的心理却不一定具有较高的心理素质。这究竟是为什么呢？

一个人的心理健康水平和需要满足程度与生活经历有关。心理问题和心理障碍的经验标准就是个体有太多的抑郁、焦虑、恐惧等负性情绪体验，而情绪是人对客体是否满足自己的需要而产生的，凡能满足自己需要的事物引起愉快的情绪，反之，则引起不愉快的情绪。试想，一个心想事成的人会有心理问题吗？马斯洛把人的需要分为生理需要、安全需要、爱与归属的需要、尊重的需要、认知需要、审美需要和自我实现的需要。其中，生理需要、安全需要、爱与归属的需要以及尊重的需要属于缺失性需要。所谓"缺失性需要"，就是它必须获得一定程度的满足，否则，就会产生心理问题。另外，一个人的心理健康程度与生活经历也有十分密切的关系。一帆风顺的生活经历往往能使个体保持一种比较健康的心理。

然而，心理素质却往往完全相反，心理素质并不是与心理的满足程度有关，相反，心理素质的高低在于能够承受需要得不到满足的程度。所谓挫折耐受力，就是从生活经历讲，坎坷的经历反而会促进心理素质的提高。西方心理学家有言，有一个幸福的童年，往往会有一个不幸的成年。孟子曰："天将降大任于斯人也，必先苦其心志，劳其筋骨，饿其体肤，空乏其身，行弗乱其所为，所以动心忍性，增益其所不能。"

心理素质对人的成长和发展具有多方面的重要作用。

首先是保健作用。"人生不如意事常八九"，在充满竞争、复杂多变的现代社会中，在几十年跨度的人生历程中谁能保证自己不会遇到难以预料的打击和挫折？谁又能在"鱼和熊掌不可兼得"的两难困境中从容选择？拥有良好的心理素质，就可以应对人生历程中不可避免的挫折和打击，就可以在互相冲突的价值观念和生活方式中进行明智的选择。由于生存环境过于优越和成长过程过分顺利，不少人根本没有经历真正意义上的打击和挫折，他们当前的心理状态也许比较良好，但却缺乏应付挫折和打击的潜在心理力量，缺乏必要的挫折耐受力。一旦遇到难以避免的挫折和打击就容易出现心理问题，进而发展为心理障碍或有一些不恰当的极端反应。几十年改革开放的历程，使中国人民的物质文化生活水平有了较大的提高，但80年代以来的多项调查研究表明，人们心理卫生状况不良的比例却一直居高不下，其中的主要原因之一就是，好多人的心理素质难以适应现代社会的要求。这也正是心理咨询一经出现便受到人们热烈欢迎的重要原因之一。

其次是辅助作用。这里的辅助作用是指心理素质对道德品质的辅助作用。毫无疑问，我们培养的人才，既要有高尚的道德品质，又要有良好的心理素质。心理素质和道德品质是相辅相成的，心理素质是道德品质的必要基础，如果没有良好的心理素质作为基础和辅助，那么道德品质就会成为建立在沙滩上的空中楼阁，就无法发挥道德品质使人向善的积极作用，就不能使人作出有利于他人和社会的实际道德行为。与违法犯罪和损人利己、损公肥私的缺德人物不同，相当一部分心理障碍患者都是一些道德观念比较强的人，但是，由于缺乏良好的心理素质，他们却没有也不可能有真正的利他行为，有的只是自我的折磨和自我的消耗。道德品质在他们身上，更多地发挥了压抑自我的作用，而不是发展自我的作用。在拥有良好的心理素质的基础上，道德品质才会限制个人去做一些缺德的事情，也会促使个人有真正意义上的利他性的道德行为。这样的道德品质才是真正意义上的道德品质。多年来，我们在对学生进行道德教育方面投入了大量的精力，但德育的效果却始终不如人意，其中的重要原因之一就是，没有把道德教育和心理素质教育有机地结合在一起，没有实现道德教育和生活教育的有机统一。

最后是促进作用。良好的心理素质对人才的成长具有巨大的推动作用。从目标确立到功成名就，成才和成功的过程是一个长期的、充满矛盾和挫折的过程，在这样的过程中，如果没有顽强的意志和坚持到底的决心，事业的成功只不过是空中楼阁、海市蜃楼罢了。爱因斯坦早就深刻地指出，智力上的成就，在很大程度上依赖于性格上的伟大。这里的"性格上的伟大"既指高尚的道德品质，也包括良好的心理素质。美国著名心理学家特尔曼对1528名智力超常儿童的研究表明，个性心理品质与事业成就的关系十分密切。调查研究发现，被调查测试的800个男性之中，成就最大和成就最小的各占20%，他们的主要区别不是在智力因素方面，而是在非智力方面。成就最大的一组在自信、进取心、谨慎以及在完成任务的坚持性方面，明显高于成就最小的一组。中国科技大学对该校少年班大学生的测查表明，少年班的大学生在人格特点的敢为性、创造性、自律性和情绪稳定性等方面的品质优于一般大学生。

总之，心理素质在人的素质结构中居于基础地位，强化人才的心理素质教育，对于人才的健康成长，对于人才的学业成功和事业成功，都具有十分重要的作用。

谨防患上孤独症

"孤独症"这个词在精神病学中意思是：退缩与自我专注，源自希腊语"avtos"意即"自我"。孤独症又被人们称为自闭症。

提起孤独症，除了专门研究这方面的专家和患者的父母，一般人很少听到这个名字，甚至连一些医生对此都不了解。其实，孤独症可不是什么简单的儿童行为异常，它是一种严重的心理精神疾患。它的确可怕，甚至于目前的医疗科技都没有很好的办法治好这种病，它给患儿家人带来巨大的痛苦和几乎终生的无奈。

有这样一组数据：据1999年3月24日《北京科技报》上登载："年龄在8～10岁的孩子中每10000人就有4～5个带有孤独症行为的患者。在15岁以上的每10000人中就有12～20……"这些数据令人震惊。据各国有关人士反映，这种病症在不同国家，不同地区都在以不同形式增多。目前，我国孤独症患儿有50万人左右。

孤独症究竟是一种什么怪病呢？儿童心理行为问题包括多动症、注意力不集中、孤独症等，但最严重的要算孤独症。它的临床表现以人际交往障碍，语言障碍，沟通交流异常，兴趣和活动内容局限，刻板与重复为特征。孤独症儿童常表现为语言发育障碍，两三岁时连爸爸妈妈都不会叫，不能说正常孩子会说的话，人称代词也分不清，而只是重复别人的问话；社会交往存在障碍，通常表现在不合群。喜欢自己玩，对参加一些集体游戏，特别是一些角色游戏感到不理解，另外还表现多动不安。我行我素，不听话，不模仿，不学习等；兴趣范围狭窄，刻板，不喜欢大多数孩子喜欢的东西；另外还有知觉异常，如摔倒不知道疼；有些存在智力和认知方面异常。

"孤独症"这个词在精神病学中意思是：退缩与自我专注，源自希腊语"avtos"意即"自我"。孤独症又被人们称为自闭症，是一种严重的身心发育障碍性疾病，多数始于婴幼儿期，通常在3岁以前就出现发育异常和受损，男孩发病率显著高于女孩，它目前还是一种终身疾病。据国内外专家初步研究证实，儿童孤独症与遗传因素，神经生物学因素，社会心理因素等有关，是多种生物学原因引起的广泛发育障碍导致的异常行为综合征。孤独症的特点是自我封闭，没有与外界交往的欲望，拒绝接受外界的信息，患儿生活在自己的世界里。

1949年，外国医生凯诺教授第一次把这些孩子描述为了一个特殊的群体。在我国，早在80年代初，北京的陶国泰教授就曾报道过4例，但孤独症这一名称，在进入90年代以来才为人们逐渐熟悉。1993年12月27日，北京市成立了以杨晓玲教授为会长的道家孤独症儿童康复协会，标志着攻克孤独症这一顽固性堡垒的战斗在我国揭开了序幕，也标志着这种严重影响儿童感知、声音、情感和社会交往等多种功能的精神系统疾病开始受到社会的关注。

近些年来，随着社会经济，人际关系以及各种因素的不断变化，这一特殊群体越来越不容人们忽视。近年来，我国一些医疗人员在各个方面都做了不懈的努力，进行了多年的临床观察，取得了大量宝贵的经验。目前，国内治疗孤独症的地方有北京、青岛、重庆、南京和上海。主要治疗手段有三种：一对一的训练；集体训练；感觉综合训练。

一对一的训练是指医生和孩子对坐在一张桌子前，通过强迫孩子和你对视，用眼神来交流思想，主要提高孩子的认知能力，理解能力和注意力。主要包括认知学习，让孩子听指令，指出一些带有简单图形的卡片和实物来，从而达到认识这些东西的目的；手眼协调训练，主要通过一些精神动作，如串珠子，剪图形等活动来进行；相配木卡训练，在几个实物中，让孩子找出两个简单一样的，然后再逐渐增多相同东西的数目，依次来锻炼孩子的观察能力；还有通过书本和实物认颜色，认形状等。再大一些的孩子，便可以做一些认数字和简单的加减法、语音交流、讲故事等事情。

集体训练主要通过让孩子在一起做游戏，提高孩子的社交能力。让十几个孤独症的孩子学习拉起手，一起来走路、蹦跳，增强他们的集体意识。譬如采取让他们一边听音乐，一边进行唱歌表演，大家共同进行发声训练等；让他们一起做早操，模仿小动物跳等。

感觉综合训练则主要通过走平衡木、玩滑梯、滑板爬、跳蹦蹦床等一些运动，提高孩子的注意力和身体平衡协调能力。

对于那些不能在医院接受系统训练的患儿，家长要定期来医院咨询，通过医生制定的训练计划，在家对孩子进行训练。这样的训练主要有认知训练，孩子通过家长指令来认识一些简单的图片、颜色和数字；找出孩子的强化物（孩子特别感兴趣的东西），在让孩子接受指令过程中，进行一些表扬和鼓励；训练的时间要从 10 分钟逐渐延长到 45 分钟，在这一过程中，一旦发现孩子接受了某项指令，必须立即进行强化。在家庭训练中，家长一定要有足够的耐心和爱心，训练中孩子出现暴躁时，可以暂停一会儿；要多鼓励少批评。

对于孤独症患儿，如果能做到早发现，早干预，进行行为矫治，都会有不同程度的提高或明显提高，其中部分智商较高的孩子甚至可以获得正常人的学习和生活。

消除心理疲劳的良方

医学心理学研究表明，心理疲劳是由长期的精神紧张、反复的心理刺激及复杂的恶劣情绪逐渐影响形成。

高血压、冠心病及肿瘤等已成为严重威胁人类健康的疾病。这些疾病的病因、病理较为复杂，但一般与精神心理、社会环境及生活方式等因素有密切关系。不久前，世界卫生组织在一份报告中指出：工作紧张是威胁许多在职人员健康的因素。这一结论明确指出了过度劳累对人体的危害。随着经济的高速发展，生活节奏的不断加快，太累、太疲劳已是人们日常生活中的"流行词"了。心理疲劳正在成为现代社会、现代人的"隐形杀手"。

医学心理学研究表明，心理疲劳是由长期的精神紧张、反复的心理刺激及复杂的恶劣情绪逐渐影响形成。如果得不到及时疏导化解，长年累月，在心理上会造成心理障碍、心理失控甚至心理危机；在精神上会造成精神萎靡、精神恍惚甚至精神失常，引发多种心身疾患，如紧张不安、动作失调、失眠多梦、记忆力减退、注意力不集中、工作效率下降等，以及引起诸如偏头痛、荨麻疹、高血压、缺血性心脏病、消化性溃疡、支气管哮喘、月经失调、性欲减退等疾病。

心理疲劳是不知不觉潜伏在人们身边的，它不会一朝一夕就致人于死地，而是到了一定的时间，达到一定的"疲劳量"，才会引发疾病，所以往往容易被人们忽视。那么，怎样才能有效地消除心理疲劳呢？下列 8 种方法值得一试：

（1）健康的开怀大笑是消除疲劳的最好方法，也是一种愉快的发泄方法。

（2）高谈阔论会使血压升高，而沉默则有助于降压，在没必要说话时最好保持沉默，听别人说话同样是一件惬意的事情。

（3）放慢生活节奏，把无所事事的时间也安排在日程表中。

（4）沉着冷静地处理各种复杂问题，有助于舒缓紧张压力。

（5）做错了事，要想到谁都有可能犯错误，从此不再耿耿于怀，继续正常地工作。

（6）不要害怕承认自己的能力有限，学会在适当的时候说"不"。

（7）夜深人静时，悄悄地讲一些只给自己听的话，然后酣然入梦。

（8）既然昨天及以前的日子都过得去，那么今天及往后的日子也一定会安然度过，牢记"车到山前必有路"。

消极心态是成功的绊脚石

世上没有懒惰的人，只有没有目标的人。世界上最贫穷的人就是没有目标的人，因为连"梦想"都没有，还会拥有什么？

1. 妨碍成功的八种"劣根性"

据说人类大致有 54 种消极情绪的表现。而其中的任何一种情况都足以毁坏我们生活中某一方面，甚至对整个人生历程产生不好的影响。我们将这种种不好的表现的形成归结为八个原因，即人类的八种"劣根性"：

一是缺乏目标。世上没有懒惰的人，只有没有目标的人。世界上最贫穷的人就是没有目标的人，因为连"梦想"都没有，还会拥有什么？

二是害怕失败。当人们在作出一个新的决定时，心态消极的人往往想到曾经遭受过的失败景象，于是忧虑畏缩，裹足不前。

三是害怕被拒绝。害怕遭到耻笑和打击，害怕失去自我信心的恐惧，妨碍了人们开口求助，妨碍了他们的前进。

四是埋怨和责怪。这些人不能正视困难、面对自我，就自然而然选择了一种逃避行为，即把责任归咎给别人。他们对自我的认识和把握不够，总认为自己是受害者，是可怜者。

五是否定现实。这些人面对不如意、不利的情况时。就找借口来逃避，这是一种懦弱、胆怯和无能的表现。

六是做事半途而废。这些人不明白人生的过程实质上就是克服困难的过程，所以他们对事业没有坚强的信念和决心，不能坚持到底。

七是对未来悲观。悲观与前面提到的几大习性有关，可称作是一种消极的"并发症"。

八是好高骛远。这些人的想法不切实际，把成功寄托于一些不可能发生的荒唐想法上。

2. 消极心态者不能成功的六项理由

消极的心态为什么使人不能成功？成功学大师们认为这里面有六个原因：

一是丧失机会。因为消极心态会散布疑云迷雾，即使出现了机会也会让人看不清抓不到。

二是使希望破灭。因为消极心态会使人的自信心受到摧毁，使希望泯灭。而看不到将来的希望，也就激发不出任何活力。

三是限制了潜能的发挥。人若不相信自己所能达到的成就，他便不会去争取。

四是消耗掉90%的精力。消极的情绪容易恶性循环，变本加厉，使消极者日复一日地在消极的境遇中挣扎。

五是失道寡助。没有人会喜欢消极者，得不到别人（特别是成功者）的支持和帮助，成功即是奢谈。

六是不能充分享受人生。在人生的整个航程中，消极心态者一路上都在晕船，无论目前境况如何，他们对未来总是感到失望、恶心，那么还何谈快乐、成功、健康，更谈不上充分享受人生旅程中美好的风光。

要知道，消极心态像恶魔一样阻碍着你的成功之旅，而消极心态，并非"命中注定"，而是"后天养成"的。通过有意识地培养积极心态，我们可以逐步地消除消极心态的影响，加上我们不懈地努力，一定能够到达成功的彼岸。

警惕致命心态缺陷

在竞争日趋激烈的今天，我们应该积极向上，努力成才。认清自己，调整心态，排除障碍，才能最终立于不败之地。

在竞争日趋激烈的今天，我们应该积极向上，努力成才。认清自己，调整心态，排除障碍，才能最终立于不败之地。从心理学角度看，现在有不同程度心理障碍的人，大致有以下8种类型：

（1）理想型：沉浸在理想的王国里，眼高手低，不愿脚踏实地地做平凡的工作。这山望着那山高，一件事没有做完，又想到第二件事，不切实际。

（2）自卑型：自以为事事不如人，受到冷遇更受不了，总觉得自己是一个局外人，郁郁寡欢，自暴自弃。

（3）闭锁型：有些人意识到自己的思想情感与别人不同，又不易为别人理解，因而他们倾向于把自我体验封闭在内心，而不愿向他人表白。

（4）失意型：失意，是当人的期望不能实现，某种需要得不到满足时所感到沮丧的心理体验。它使有些人产生不正常的自我评价和期望，将导致个人与社会适应的失调。

（5）嫉妒型：这不但有碍于别人，而且害己，对成长是极为有害的。

（6）唯分型：考试流于重本本、条文的弊端，牢牢地打下"分数第一"的心理基础。在这种唯分心理支配下，人们只得为"分"而奋力拼搏。

（7）怯懦型：这种心理的人过于谨慎，小心翼翼，常多虑，犹豫不决，稍有挫折就退缩，不想有所作为。有这种心理的人一般都气质脆弱，无所谓创新、成才。

（8）情绪型：青年情绪的变化带有两极性，容易动情、喜悦、激动和振奋。同时，也容易悲观、消沉、忧愁和苦闷。对于青年的这种正常心理活动，重要的是在行为过程中加以正确引导，以减少不良影响。

人格缺陷的表现

自卑的人往往具有强烈的自尊。自尊不能满足，于是就又产生自卑，所以自卑的人往往生活在自尊与自卑的夹缝中。

1. 寡人有疾

1980 年美国出版了轰动一时的畅销书《寡人有疾》，作者蒙西和克劳斯对美国历任总统的健康状况进行了分析，结果发现，他们中的许多人在生理上和心理上都有不同程度的疾病。生理疾病暂且不讲，在心理上有失常现象甚至心理疾病的总统为数不少。如林肯在第一位夫人去世时，曾沮丧、抑郁，近乎疯狂；第七任总统杰克逊患有精神沮丧病；麦迪逊总统患有歇斯底里性的癫痫症等，但这并不影响他们成为声名赫赫的总统。另外，德国著名精神病专家兰格曾对世界历史上 35 名"一流优秀人物"，如苏格拉底、莫扎特、牛顿、卢梭、拿破仑、尼采等，进行调查研究，发现他们中的 32 人有人格上的缺陷。他的结论是，天才式的出众人物多少都有点"狂气"，他们的行为举止往往表现为"不合常态"，给人以"反常""古怪""怪癖"的印象。正如莎士比亚所说，"疯狂与伟大的灵魂仅是一墙之隔。"

有人说生活中有 80% 以上的人具有人格缺陷，这似乎有些夸大，但许多正常人也会有短暂的或某方面的失常，我们称之为人格缺陷。人格缺陷如果得不到及时调整，可能会进一步恶化，影响人的健康成长，影响人的学习、生活、工作，并且干扰家庭生活和事业发展。

2. 最常见人格缺陷的类型

第一种是自卑。这是一种轻视自己，认为自己不如别人的心态。其实我们每个人都有不如别人的方面，但我们都清楚，某一方面的不如人并不一定代表自己是个不行的人。但自卑的人并不这样认为，他们往往由于某一方面不行，而认为自己就是不行的人。所以有人说，自卑并不是由于我们技术上或知识上不如人，而是由于我们有不如人的感觉。

自卑的人自我贬低，自我轻视，对自己不信任，遇事退缩，不敢尝试。他们嘴上讲的、心里想的，往往是"我不行""我不能""我不会"，这是缺乏自信的表现。经常拿这种负面的信息来暗示自己，自己的才能、优点被忽视、被压抑。由于自己的才能、优点不能表现，自卑的人不能获得成功感，结果更加自卑，形成一种恶性循环。

自卑的产生往往是由于不用科学的标准来评判自己，而用某些人的标准来衡量自己，认为应该向某些人看齐，这样只能产生一种不如别人，低人一等的感觉，使自己无端忧虑。

自卑似乎是许多东方人的共性。东方文化的特点是谦虚、含蓄和矜持。在家庭中，父母对孩子否定的次数往往要比肯定的次数多，如当外人称赞孩子漂亮、聪明时，做父母的总要谦让一番："不好，不好"，"不行，不行"；而西方的父母总是愉快地接受别人的赞扬，并表示感谢。假如我们能换一种做法，经常去肯定自己，用正面的信息来暗示自己，"我能行"，"我有能力做好这件事"，事情可能会有很大的改观。

自卑容易导致行为的退化。心理学家曾研究过自卑感如何影响人解决问题的能力。一位教师对学生进行了一项解决问题的测验，测验开始后郑重宣布：一般能力的人能够用测验所需的五分之一时间做完测验，测验时间到五分之一时会响一次铃。结果发现，测试中有些聪明的学生变得非常慌张，而且显得不能胜任，原因是他们心想自己是低能者。

自卑的人往往具有强烈的自尊。自尊不能满足，于是就又产生自卑，所以自卑的人往往生活在自尊与自卑的夹缝中。如鲁迅笔下的孔乙己是唯一站着喝酒而穿长衫的人，他虽然穷困潦倒，但依然穿着又脏又破的长衫来表明自己读书人的身份，来维持自己强烈的自尊。也正是由于这份"昂贵"的自尊，自卑有时又会成为人积极进取的动力，去积极补偿、超越自我。心理学上的"矮人综合征"，就是指某方面有缺陷的人，通过发奋努力，取得了突出的成就，如个矮的拿破仑成为著名的军事指挥家，结巴的德莫斯迪尼竟成为古希腊著名的演说家等。

第二种人格缺陷是嫉妒。俗称"红眼病"，这是由他人引起的并指向他人的，包含恐惧、愤怒等的一种复杂情绪。嫉妒的人往往把别人的优越之处视为对自己的威胁，常常受到绝望和恐惧感的袭击，进而发展为憎恶、敌意、怨恨和复仇等恶劣的情绪，以至于对对方恶语中伤。

嫉妒发生在竞争中，在双方年龄、能力、地位、资格旗鼓相当，即具有可比性时，由于竞争会一分高低，决一雌雄，如果处于下风，便感到不服气，产生嫉妒。如果双方差别悬殊，一般不会产生嫉妒。一个平民百姓不会去嫉妒撒切尔夫人，也不会去嫉妒克林顿。

嫉妒可能会导致攻击性的行为，给对方乃至社会造成极大的伤害。李斯因嫉妒同学韩非的才能，向秦王进谗言而致韩非死于狱中；庞涓因嫉妒孙膑学识超过自己，用毒计陷害孙膑，使其致残；1991年美国依阿华大学的中国留学生卢刚因嫉妒他的同学山林华，开枪打死包括校长在内的6人，重伤致残1人。

嫉妒无论对他人还是对自己都是有害的。嫉妒的人一生都不得安宁，今天害怕别人超过自己，明天又担心某人走在自己前头。始终生活在痛苦中，不安、忧郁、消沉、恐惧、绝望一起向他袭来。所以康德说："嫉妒是忍着痛苦去看别人的幸福。"

当今社会，处处充满着竞争和较量，每个人都应当正视自己，寻找差距，扬长避短，勇于吸收别人的长处，不断充实自己，才能在竞争中取胜。

第三种是抑郁。抑郁是一种过度忧虑和伤感的情绪体验。其特点是：在情绪上表现为持久的低落、悲观和苦闷，甚至是绝望。常常感到忧愁、孤单，觉得生活没有意思。因而不愿参加活动，对任何事都不感兴趣。在行为上，表现为常常无精打采、乏力，言语和活动减少，整日呆坐或躺卧床上，无食欲，失眠，做事不能集中精力等。因而无法继续日常学习和工作。在认识上表现为一些不合理的念头，如觉得自己无能，处处不如别人，生活充满艰难，前途没有希望，自己毫无价值，永远不会受人重视等。

抑郁是青少年中比较普遍的一种不良情绪，它的产生往往与自身所感到的失败有关。这种失败可能是真实的，也可能是不真实的，有的甚至只是一种幻觉。它往往是由学习成绩落后、失恋、自尊受挫、地位与声望的丧失等引起。但这些东西的丧失只是产生抑郁的诱发因素，抑郁产生的直接原因是对这些丧失的不合理评价。抑郁的人往往夸大地认为这些丧失，把它看成是一成不变的，不可逆转的，并会把它扩散到生活的其他方面，从而自我否定，感到自己毫无价值。

抑郁这种不良情绪危害是巨大的，最终可能导致自杀行为。抑郁使人常常感到自己是毫无价值的，只能成为他人的负担，若是自己死了可能对别人有好处等。

第四种是焦虑。焦虑的情感成分比较模糊，这主要因为它是由几种情绪混合而成的。而且焦虑也没有特定的对象，它不像恐惧、忧虑等情绪。恐惧的对象可能是蛇，或某个人，某件事等，忧虑的对象可能是钱、物等具体的东西，焦虑却是对一种即将来临的模糊的厄运的感觉，即预期到一些可怕的、可能会造成危险的事物或情景将要来临，但又说不出究竟会发生什么样的灾难或不幸。因而感到无法采取有效的措施加以预防和解决，心理上有一种不明原因的忧虑和不安。

焦虑是青少年中常见的负面情绪。因为在他们所处的人生阶段上，对于自己的责任、义务、未来等都不很明确，对于如何解决成长中遇到的各种问题感到没有办法，因而易感到焦虑和不安。

焦虑产生的原因是多方面的，有因对生活、学习新环境适应困难而产生的焦虑，有因学习困难造成的对前途的焦虑，有对身体发育、健康的关注所造成的焦虑等。其中，青少年中最为常见的是考试造成的考试焦虑。即由于担心考试失败或渴望获得更好的分数而产生的一种忧虑、紧张的心理状态。严重者甚至出现头痛、腹泻等生理疾病。考试结束，症状自然消失。有个学生曾这样描述自己对考试的焦虑："我每次都是听着自己咚咚的心跳声，用颤抖的手接过试卷，心想，这回肯定又考不好。"焦虑影响考试成绩，成绩不好又会加重焦虑，雪上加霜，使人难以自拔。

驾驭你的消极心态

凡是理智和意志能有效地节制情绪的人，也就能基本保持情绪的平静和稳定，这是取得成功的关键。

如果你经历过许多失败，却没有找到正确客观的原因，也没得到合适的帮助指点，你可能就会滑向消极："我说过，人是不能相信的。相信人你就倒霉。……努力有什么用？还是需要后台。我就努力过，可结果呢？"有这种想法的人，说明他已经被消极心态控制了。驾驭自己的消极心态，努力发掘，利用每一种积极的心态，是一个成功者所需的基本素质，也是一个人成功的基本保证。

1. 消极心态是成功的拦路虎

长期生活在以消极失败心态为主的社会里的人，不管他阅历多么丰富，都难以摆脱消极心态的影响，并很可能成为消极心态的带菌者和传播者："我的经历证明……不可能，不要白费功夫。世道就这样，我们是不能改变的。"而事实正好相反，消极心态是可以改变的。而改变消失心态，首先要从认识消极心态开始，改变消极情绪。

提高辨别积极心态和消极心态的能力，关键在于多学习，观察成功卓越人物的思想、心态和行为方式以及他们的成功经历和成功技巧。同时，对照生活中的失败平庸者，观察思考他们的心态与行为，想想他们为什么会失败。把成功卓越人物与失败平庸者的心态进行对照比较，可使你明辨是非，洞察一切，增强抵制消极心态的能力。

2. 把握住自己的情感智力

保罗在一家夜店做事，收入不多，然而，他总是过着非常快乐的生活。

保罗很爱车，但是，凭他的收入想买车是不可能的事，与朋友们在一起的时候，他总是说："要是有一辆车该多好啊！"眼中尽是无限向往之情。

后来有人说："你去买彩票吧，中了大奖就可以买车了！"

于是保罗买了两块钱的彩票。可能是上天过于垂青他了，朋友们几乎不敢相信，保罗就凭着两块钱的一张彩票，果真中了大奖。

保罗终于实现了自己的愿望，他买了一辆车，整天开着车兜风，夜店也去得少了，许多人看见他吹着口哨在林荫道上行驶，车子擦得一尘不染。有一次保罗把车泊在楼下，半小时下楼后，发现车被盗了。

刚开始，保罗有些遗憾，但更多的是气愤，他恨透那个偷车贼了。他晚上思考了很久，到了第二天早晨，他又变得很开心了。

几个朋友得到消息，想到他那么爱车，这么多钱买的车，眨眼工夫就没了，都担心他受不了，就相约来安慰他。

保罗正准备去夜店上班，朋友们说："保罗，车丢了你千万不要悲伤啊！"

保罗却大笑起来："嘿，我为什么要悲伤啊？"

朋友们互相疑惑地望着。

"如果你们谁不小心丢了两块钱。会悲伤吗？"保罗说。

"那当然不会！"有人说。

"是啊，我丢的就是两块钱啊！"保罗笑道。

是的，不要为两元钱而悲伤。保罗之所以过得快乐，就因为他能够驾驭生活中的消极情绪。

消极情绪会成为前进道路上的桎梏，如果对消极情绪采取放任自流的态度，就会很容易影响生活。一个不能丢掉消极情绪的人，不可能成功。

保持健康的情绪状态，还需要在头脑中装上一个控制情绪活动的"阀门"，让情绪活动听从理智和意志的节制，而绝对不能任其自流。

凡是理智和意志能有效地节制情绪的人，也就能基本保持情绪的平静和稳定，这是取得成功的关键。

许多不善于利用自己情感智力的人，面对消极情绪侵扰的时候，总感到无所适从，心灵任其啃噬。

契诃夫的小说《小公务员之死》中，那个可怜的小公务员在看戏时，不幸与部长大人坐到了一起，把唾沫星子弄到了部长的大衣上，他就神经质般地变得惶惶不安起来。无论他如何解释，部长大人好像都没有原谅他的意思，这个小公务员在巨大的精神压力下，竟然一命呜呼了。

其实在生活中有很多小事根本不值一提，别人根本没有在意或早已忘却，只有你还记在心里耿耿于怀，这就是人们无法战胜自己的体现。人们总是努力地想去扮演一个完美主义者的形象，然而这几乎太苛刻了，只会加重我们情绪的负面影响，给自己的心理造成障碍。

3. 排解消极情绪

生活中，同样有不少人把不经意的小事装在心里，寝食难安，成为影响自己的消极情绪。

生活中小小的失误不妨由它去吧，丢掉你心中的消极情绪，学会轻松地生活，那样，一切都将美好起来。但我们如何去排解消极情绪呢？心理专家给我们提供了几个方法，你不妨试试：

（1）转移。当火气上涌时，有意识地转移话题或做点别的事情来分散注意力，便可使情绪得到缓解。在余怒未消时，可以用看电影、听音乐、下棋、散步等有意义的轻松活动，使紧张情绪松弛下来。

（2）宣泄。人在生活中难免会产生各种不良情绪，如果不采取适当的方法加以宣泄和调节，对身心都将产生消极影响。因此，如果有不愉快的事情或委屈，不要压在心里，而要向知心朋友和亲人说出来或大哭一场。这种发泄可以释放积于内心的郁积，对于人的身心发展是有利的。当然，发泄的对象、地点、场合和方法要适当，避免伤害他人。

（3）自我安慰。当追求某个理想而无法实现时，为了减少内心的失望，常为失败找一个冠冕堂皇的理由，用以安慰自己，就像狐狸吃不到葡萄就说葡萄酸的童话一样，因此，称作"酸葡萄心理"。

（4）自我调节。运用对人生、理想、事业等目标的追求和道德法律等方面的知识，提醒自己为了实现大目标和总任务，不要被繁琐之事干扰。

（5）语言节制法。在情绪激动时，自己默诵或轻声警告"冷静些""不能发火""注意自己的身份和影响"等词句，抑制自己的情绪；也可以针对自己的弱点，预先写上"制怒""镇定"等条幅置于案头上或挂在墙上。

（6）自我暗示。估计到某些场合下可能会产生某种紧张情绪，就先为自己寻找几条不应产生这种情绪的有力理由。

（7）愉快记忆法。回忆过去经历中碰到的高兴事，或获得成功时的愉快体验，特别是回忆过去的那些与眼前不愉快体验相关的愉快体验。

（8）环境转换。处在剧烈情绪状态时，暂时离开激起情绪的环境和相关的人、物。

（9）幽默化解。培养幽默感，用寓意深长的语言、表情或动作，用讽刺的手法，机智、巧妙地表达自己的情绪。

（10）推理比较。把困难的各个方面进行解剖，把自己的经验和别人的经验相比较，在比较中寻觅成功的秘密，坚定成功的信心，排除畏难情绪。

（11）压抑升华。不受重用、身处逆境、被人瞧不起、感到苦闷时，可把精力投入到某一项你感兴趣的事业中，通过成功来改变自己的处境和改善自己的心境。

（12）认识社会，保持达观态度。古人云："人有悲欢离合，月有阴晴圆缺。"确实，人生不如意的事时常有之，历史上和现实中没有几件事是圆满的。为几件家中或单位上不顺心的事就悲观，情绪低落，甚至厌世，显然是不合适的。

（13）只以成功者为榜样，不向失败者学习。尽可能选择具有积极氛围的环境，选择积极乐观的朋友。避免消极的细菌感染，是保持健康心理的一个重要方法。

一个人若有消极思想作祟，内心就会沉寂畏缩，热情被压抑在心中，不再相信自己的能力，总是自怨自艾，这样的人怎么能成大事呢？所以，我们必须认真审视自己，一旦发现有消极情绪就努力消除它，让积极心态充满你的内心，使自身强大的精神力量自由地飞翔。

第四章

控制好不良情绪
——挣脱自卑的束缚

　　自卑是一种可怕的消极情绪。其实，任何人都无须自卑，每个人都有自己的特点，重要的是要认识到自身的长处。怀有自卑情绪的人，往往遇事总是认为"我不行""这事我干不了""这项工作超过了我的能力范围"，没有开始尝试就给自己判了死刑。所以，我们一定要克服自卑的情绪，只有这样才能更好地将自己塑造成为一个自信的人。

自卑缘于过度的自尊

要克服自卑，就要培养坚强的个性。一个人的自卑心理往往是由于对自己不正确的评价造成的。

自卑自怜者因幼时的过分依赖和竞争中的失败，得出的结论是"你行我不行"，于是束缚自我，贬抑自我，结果是增加焦虑，毁了自己。自暴自弃者不甘心说"我不行"，而又无正确的方向，亦缺乏能力来表现自己，于是放纵自我、践踏自我，结果害人害己。自傲自负者自命不凡、自吹自擂，却连自己也不认识，结果是欺人一时，欺己一世。自信自强者了解自己的动机和目的。正确估计自己的能力，对自己充满自信，对他人深怀尊重，他们认为在认识自己的前提下，没有什么是不可战胜的，于是走上了"我行你也行"的康庄大道，结果是充分认识了自我，发挥了自身具有的最大潜力。

有一位农夫整天埋怨自己的命运不好，一辈子都是农夫，被别人看不起，他感觉自己的地位很卑微。

有一天。他弓着腰在院子里清除杂草，因为天气很热，他脸上不停地冒汗，汗珠一滴一滴地流了下来。

"可恶的杂草，假如没有这些杂草。我的院子一定很漂亮，为什么要有这些讨厌的杂草，来破坏我的院子呢？"农夫这样嘀咕着。

有一棵刚被拔起的小草，正躺在院子里，它回答农夫说：

"你说我们可恶，也许你从来就没有想到过我们也是很有用的。现在，请你听我说一句吧，我们把根伸进土中，等于是在耕耘泥土，当你把我们拔掉时，泥土就已经是耕过的了。下雨时，我们防止泥土被雨水冲掉；在干涸的时候，我们能阻止强风刮起沙土。我们是替你守卫院子的卫兵，如果没有我们，你根本就不可能享受赏花的乐趣，因为雨水会冲走、狂风会吹走种花的泥土……你在看到花儿盛开时，能不能记起我们的好处呢？"

一棵小草并没有因为自己的渺小而自卑，农夫对小草不禁肃然起敬。他擦去额上的汗珠，然后微笑了。

自卑是一种可怕的消极情绪。其实，任何人都无须自卑，每个人都有自己的特点，重要的是要认识到自身的长处。怀有自卑情绪的人，往往遇事总是认为"我不行""这事我干不了""这项工作超过了我的能力范围"，没有开始尝试就给自己判了死刑。所以，我们一定要克服自卑的情绪，只有这样才能更好地将自己塑造成为一个自信的人。

要克服自卑，首先要克服的是过分的自尊。从心理学角度讲，人在青年时思维敏捷，富于幻想，喜欢追求美好的东西，希望自己能够成为最优秀的人。但是，由于本身的追求与实际能力之间存在着差距，有的人怕被别人发现自己的弱点，于是形成一种心理上的自我保护。这种自我保护的表现就是不愿意暴露自己的缺点，不愿意与比自己优秀的人交往，更不愿意听到自己不如别人的话，或者如何如何不行这样的贬义词。可是在实际中，他一旦发现自己确实有不如别人的时候，就可能会产生失望，由过分自尊一下子转变为自卑甚至自我封闭。

要克服自卑，就要看到自己的长处。

一般情况下，每个人都是根据他人对自己的评价和通过自己与他人比较来认识自己的长处和短处的。有的人，在与他人比较的过程中，多习惯用自己的短处与他人的长处相比较。结果，越比较越觉得自己不如人，越比较越泄气。只看到自己的不足，而忽视自己的长处，久而久之就会产生自卑感。

要克服自卑，就要正视挫折。

在人生的旅途中，人会经历各种挫折，如遭受打击、失恋及学习、工作屡遭失败等。挫折会使人有各种反应，有的人从挫折中经受住了锻炼，增强了对环境的适应能力，有的人则变得消沉、冷漠。更有甚者，对微弱的挫折也难以忍受，这就会很容易给自己蒙上自卑的阴影。

要克服自卑，就要培养坚强的个性。一个人的自卑心理往往是由于对自己不正确的评价造成的。人的能力有大小之分，这是事实。但人的能力是由固定的智力组成的，它还和人的个性相联系。中国古代就有人提出"勤能补拙"的道理。能力和自信心也是分不开的，自信心强的人，能够充分利用自己的长处，有效地避免短处。他们永远朝气蓬勃，乐观向上，信心百倍，即使遇到困难也表现出巨大的勇气和力量。他们在自信心的推动下，能够充分挖掘自己的潜力，顺利地把工作开展下去。

不为自卑心所缠绕，在事业上有所成就，就必须具备坚强的个性。心理学家认为：一个人如果自惭形秽，那他就不会成为一个美人；如果他觉得自己心地不善良，即使在心底隐隐地有此种感觉，那他也成不了善良的人：如果他不相信自己的能力，那他就永远不会是事业上的成功者。很难想象，一个缺乏自信心的运动员能够登上世界冠军的领奖台。正如拿破仑说的那样："默认自己无能，无疑是给失败创造机会。"从这个意义上说，树立自信心是战胜自卑感的根本方法。

心理学家建议，自卑感强的人，不妨多做一些力所能及、有较大把握的事情。这些事情即使很不显眼，也不要放弃争取成功的机会。任何成功都会增加人的自信，对于自卑的人来说尤其如此。而且，任何大的成功，都蕴含于小的成功之中。只要循序渐进地锻炼能力，自信心就会取代自卑感，这是合乎逻辑的结果。

自卑往往伴随着懈怠

在人生攀登的崎岖小路上，自卑这条毒蛇随时都会悄然出现，特别是当人劳累、困乏、困惑的时候，更要加倍警惕。

自卑的心态就像一条啃啮心灵的毒蛇，不仅吸取心灵的新鲜血液，让人失去生存的韧劲儿，还在其中注入厌世和绝望的毒液，最后让健康的肌体死于非命。

在人生攀登的崎岖小路上，自卑这条毒蛇随时都会悄然出现，特别是当人劳累、困乏、困惑的时候，更要加倍警惕。德国哲学家黑格尔说："自卑往往伴随着懈怠"，它是你前进道路上的绊脚石，可以使一个人的活动积极性与能力大大降低。偶尔短时间地滑入自卑状态是正常现象，但长期处于自卑之中就是一场灾难了。自卑的根源是过分否定和低估自己，过分重视别人的意见，并将别人看得过于高大而把自己看得过于卑微。

只有控制住自卑心态，人们才会敢于积极进取，成为一个有主动创造精神的人，才能开拓事业的新局面，也才会有积极的人生态度，才会活得开朗、开心，才会勇于承担责任，成为一个有责任心的人。而任何一个在事业上有所作为的人，都是有责任心的人。只有扔掉自卑，才会在平时积极思考，才会产生奇迹；才会积极跨越各种障碍，成为一个不怕困难的人；才会积极主动地去结交新朋友，改善和旧朋友的关系，才会取得成功。

自卑心理所造成的最大问题是不论你有多成功，或是不论你有多能干，你总是想证明自己是不是真的如此多才多艺。换句话说，许多人都倾向于为自己没有一个形象，而不肯承认真正的自我是什么。因为他们的想法总是倾向于自我认定的多。举个例子，如果你一直担心自己瘦不下来，每次在量腰围时就会嘀咕一下，而完全忘了你的身体正处在最佳的健康状态。

你总是把自己认为的劣势时刻放在脑子里，提醒着自己的不足，并把这些不足和他人的优势相比较。因而，越比越觉得己不如人，越比越觉得无地自容，从而忽略了自己的优势，打击了自信心。事实上，"金无足赤，人无完人"。在你的眼里比较优秀的人并不一定占优势。相反，在他人的眼里可能你比他更优秀。

所以，有时你需要一点阿Q精神。况且你也该知道自卑往往会让你更消极、更萎靡，长期下去会形成自我压抑。

如果让自卑控制了你，那么你在自我形象的评价上会毫不怜悯地贬损自己，不敢伸张自己的欲望，不敢在别人面前申诉自己的观点，不敢向别人表白自己的爱情，行为上不敢挥洒自己，总是显得拘谨畏缩。另一方面，对外界、对他人，尤其是对陌生环境与生人，心存一种畏惧。出于一种本能的自我保护，便会与自己畏惧的东西隔离和疏远，这样便将自己囚禁在一座孤独的城堡之中了。如果说别的消极情绪可以使一个人在前进路上暂时偏离目标或减缓成功速度，那么一个长期处于自卑状态的人根本就不可能有成功的希望，甚至已有的成绩也不能唤起他们的喜悦、兴奋和信心，只是一味地沉浸在自己失败的体验里不能自拔，对什么都不感兴趣，对什么都没有信心，不愿走入人群，拒绝别人接近，整个与丰富多彩的生活隔绝，与人群疏远，自囚于孤独的城堡中。

有自卑情结的人可能会很胆小，由于要避免可能使他感到难堪的一切，他就什么也不做；由于害怕别人认为自己无知，就忍住不去征求别人的意见；由于担心受到拒绝，就不敢去找个好工作。由于压抑，自卑的人会变得更加敏感。日益敏感，再加上日益怯懦，精神状态就会日益低落。一个有自卑情结的人不能长时间把精力集中在任何事物上，只能集中在他本人身上，因而常常不能实现自己的愿望。

严重的自卑和自我压抑会导致自杀，这种惨痛的结局在年轻人中极其常见。

1983 年。长沙某学院的一名男生卧轨自杀。他来自边远山区一个贫寒之家，父母含辛茹苦将他拉扯大，他却走向了自我毁灭之路，留给亲人无限的悲痛，后来根据对其他同学的调查和他的日记发现，他的自杀只是源于自卑。因为他的身高不足一米六，虽然他身体健康，但只是出于审美习惯的缘故。他觉得自己在别人的眼里是个二等残废，是社会的弃儿，活着已经没有什么意思了。

依正常人看来，这根本就算不了什么，如果这也可以成为自杀的理由，那么这个世界上该有多少人走向毁灭，这种对生命极不负责的行为源于自卑。

长期被自卑情绪笼罩的人，会导致心理活动失去平衡，引起生理变化，对心血管系统和消化系统产生不良影响。生理上的变化反过来又会影响心理变化，加重自卑心理。

长期这样恶性循环下去，必将毁了你。因此，认识自己，摆脱自卑更有利于你的成长。

战胜自卑就要战胜自己

我们给"自卑感"所下的定义是一种阻碍自己成功的心理障碍。自卑感是无形的敌人，你必须设法战胜它。

有句话说："天下无人不自卑"。无论圣人贤士，富豪王者，抑或贫农寒士，贩夫走卒，在孩提时代的潜意识里，都是多少会有自卑感的。但你若想成大事，就必须战胜自卑感。

产生自卑的两种原因，一是孩提时代，都有自己"弱小"的感受；二是社会对男女体格、品格有一种过于完美的追求倾向，使每一个男孩女孩都有一种自愧不如的自卑感。还有一些实际产生自卑的原因，如家境不好，教育不当，或是受压抑，身心不畅，或是受蒙昧，心身未得到开发，很少有条件和机会培养自信心，再加上后来在人生道路上遭受挫折和失败的打击过多，就会感到自我的渺小和无奈，因而怀疑自己的力量，产生自卑感。

自卑的特点是感觉自己不如人，低人一等，怀疑乃至轻视自己的力量和能力。

1. 战胜自卑就是战胜自己

战胜自卑的心态，就是战胜一种丧失信心的自我。

丧失自信通常可分为两种情形：一种是前面所说的暂时性丧失信心；一种则来自从小养成根深蒂固的自卑感。这种自卑感若不加以克服，就容易在不知不觉中使人生蒙上一层阴影。自卑感并非无法克服；就怕你不去克服，反观这个世界，许多成功者都是在克服了自己的自卑后走向成功的。他们能，你也能。

我们给"自卑感"所下的定义是一种阻碍自己成功的心理障碍。自卑感是无形的敌人，你必须设法战胜它，否则它所造成的危害及丧失信心、自我意识过强、不安、恐惧等种种并发症，都会为你带来不必要的困扰。

自信与自卑是两种不同的心理激素。

如何才能知道自己的信心是否坚定呢？当你做完以下的测验，结果马上知晓。

（1）你是否会将过失转嫁别人？

（2）你是否常在家里、办公室里发脾气？

（3）在人前，你是否会十分在意别人的想法，甚至变得胆怯？

（4）你是否常在回忆光荣的过去？

（5）面对陌生人时，你是否会害羞？

（6）你是否会对陌生的事情感到害怕？

（7）你是否害怕失去工作？

（8）和上司交谈时，你是否感到局促不安？

以上答案中只要有一处是肯定的，就表示你的自信正亮起红灯。此时，你必须立即替自己谋求更高更坚强的自信。

我们建议你不妨利用以下所提供的方法开始培养技巧：

（1）正确认识自卑感的利与弊，提高克服自卑感的自信心。

有的人把自卑心理看作是一种有弊无利的不治之症，因而感到悲观绝望，自暴自弃。这种认识，不仅不利于自卑者的前途，反而会加重自卑心理。其实，比起狂妄自大的人来说，自卑者更加讨人喜欢。因为，自卑的人都很谦虚，善体谅人，不会与人争名夺利，安分随和，善于思考，做事小心谨慎，稳妥细致，重感情，重友谊。自卑者应当充分利用这一有利位置，增加生活勇气和信心。若克服了心理上的这种障碍，将更有前途。

（2）正确评价自己。

不仅要看到自己的短处，也要客观地看到自己的长处；既要看到自己的不如人之处，也要看到自己的过人之处。俗话说："比上不足，比下有余"。谁都有缺点和不足，只要能够想方设法克服缺点和不足，就会增强自信心，减轻心理压力，扔掉包袱轻装前进。

（3）正确表现自己。

有自卑感的人不妨多做一些力所能及、把握较大的事情，并竭尽全力争取成功。成功后，及时鼓励自己："别人能做到的事，我也做到了！"当对某种情况感到信心不足时，"豁出去"的自我暗示会放松心理压力，反倒能够激发自己的潜力，获得成功。

（4）正确补偿自己。

为了克服自卑感，可采取两种积极的补偿途径。一是以勤补拙。知道自己在某些方面赶不上别人，就不要再背思想包袱，而应以最大的决心和顽强的毅力，勤奋努力，多下工夫，下苦工夫。二是扬长避短。有些残疾人虽然生理缺陷很大，失去自由活动和交际的空间，发展的空间似乎极为有限。但有志者事竟成，高位截瘫的张海迪的成功之路就是一个明显的例证。她身残志坚，酷爱音乐、医学、文学，以十倍于常人的毅力在这几方面都有所建树。

（5）要正确对待挫折。

遭受挫折和打击，人人难免。但人的承受能力不同。性格外向的人过后就忘，内向的人容易陷入其中。凡事不要期望过高，要善于自我满足，知足常乐。无论学习或工作，目标不要定得太死太高，不然就容易受挫。

2. 找到自卑的原因

为何一个看起来正常、健康、聪明的人会背着自卑感的沉重负担呢？为了寻找答案，让我们先来看看心理学家的说法。

曾有一本心理学书籍提到，一般所谓的自卑感多半来自孩提时代——约 6 岁以前，而根本原因则多半源于父母对小孩的态度。

譬如：父母原本想生女孩，结果生出来的却是男孩，让他们十分失望。又如，如果你长得不似其他兄弟姐妹那般讨人喜爱，那么你可能就得不到父母的宠爱，且常成为家人责备、嘲弄的对象。相反地，太受宠也不好，因为过分溺爱会严重影响到你的独立判断能力。这些都是造成自卑的主要原因。

除了来自家庭的影响之外，在学校里，老师及同学的态度对一个人的心理建设影响也颇大。例如：当你因为家境贫穷、衣服破旧或父母只受过小学教育而经常遭到同学冷嘲热讽，在你变得愤世嫉俗之同时，自卑感也在你身上逐渐扩大。

除上述之外，还有一种十分常见的心病，就是与人相处时的自卑感。

譬如，你在与比你强的人相处时总觉得自己矮半截而坐立难安，便是这种心病所造成的。若不设法加以克服，这种想法会经常带给你困扰。

曾经有一位推销员，在开始从事这份工作之前，也常为自卑感所苦。每当他站在某位大人物面前，就会变得局促不安，结结巴巴地不知道在说什么，但最后他终于利用下面的方法克服这种困难。

他在开始从事推销工作之初，非常胆怯，虽然对方亲切地接待，但他总觉得站在人家面前自己变得很渺小。他透露当时的心情说："在那些人面前，我觉得自己好像是个小孩。由于自卑感作祟，当时我脑袋里一片空白，原已演练多遍的推销辞令变成毫无章法的喃喃自语。坐在大人物面前，我只觉得自己不断地缩小，他们一个个都变成了可怕的巨人！"

"但这种现象我没让它持续下去，因为我惊觉到如果不想办法扭转，这种工作再干下去没什么意思，而且那时候我也快被自卑感逼至接近崩溃边缘，但我又一想，把大人物看成是穿开裆裤的小娃儿又会是什么情况？"

"从我开始有了这种想法起，便开始尝试，没想到效果出奇得好。当然，他们并不是真正变成小孩子。只是在我眼里他们都成了十四五岁的毛头小伙子。不过，事情真的是有所转变，他们都像朋友一般，说起话来非常自然。我也一样，自从能站在平等立场与他们言谈之后，我的心情就变得轻松自然多了。从此之后，我的观念就有了 180 度大转变，自卑感也不见了！"

自卑是自信的晴雨表，当你树立了自信之后，自卑也就自然而然地化为乌有。

自信其实很简单

试着比以前更顺应你的意愿和直觉去做事。如果你一直很想去尝试新的花样，就去做吧，去享受这种经验。

只要对自己充满信心，就会在未来的广阔空间里，获得自己的生存方式和发展方式。未来的世界充满了无数成功的可能，这种机会对于每个人而言，都是均等的，重要的是对自己要有信心。

那么我们怎么样才能让自己更自信呢？

事实上，要获得自信也很简单，那就是从现在的每一天、每一点做起：

1. 相信你的欲望和想法

试着比以前更顺应你的意愿和直觉去做事。如果你一直很想去尝试新的花样，就去做吧，去享受这种经验。逛街买衣服的时候，去试穿一些新的款式，不要老是挑那些你一向习惯穿着的衣服。买那些对你胃口的衣服，不要让店员左右你的想法。当你产生一种由衷的感觉或想法的时候，不要依赖你的朋友或伴侣来证实你的看法。你越能信任自己的价值观和好恶感，你就越不会去为自己辩护。

每天早上梳洗时，快乐地对镜中的自己说："早上好！你今天的信心会比昨天多一分。"这样你至少会以积极的态度开始新的一天。记着讲这句话的时候要神经振作、有说服力，要说地让自己相信。

不要怕照镜子，一有照镜子的机会便不要放过。仔细端详镜子中的自己。自己对自己说："你这个人长得真不错。"如此持续地做数个星期后，你会更能真正地接受自己。列一张清单，将自己应该做但由于胆怯而没有做的事情写下来，然后依照每一件事情的难易程度来给它们排序。

选择一样你喜欢做、做得好、自己欣赏而别人也表示赞赏的事情，有系统地发展它。一个人如果有一样事情是他能够完全掌握、喜欢做，并且自己和旁人都欣赏的，他的自我价值必然会有增长的趋势，随之而来的，是他的信心必会增加。

选择最容易处理的一件事，清楚地考虑你在这件事情里面应该拥有但被入侵了的权利。写下你希望对侵犯者怎样表明态度，然后搬来一张空凳，装作侵犯者坐在那里，练习你准备对他讲的话或者想要用的身体语言。你每练习一次，信心自然便会增加一点点，练得滚瓜烂熟后，你会不自觉地向侵犯者表露你内心的不满，做出维护自己权益的举动。有了一个成功的开始后，再处理难一点的事情便完全不成问题了。

2. 发挥你最大的长处

天生我材必有用。有大成就的人知道把精力放在自己最擅长的地方，当精神集中在你能表现得最好的事情上时，你会感到自信心的膨胀。如果你表现得很有自信，别人就会更尊重你的决定和感觉。

3. 不断地扩大视野

不间断地扩大视野，让所学的新知识能够活用，通过自身的实践，我们会更明白内外环境的变化，并借以培养我们的自信。

做一只烈火中的凤凰

凤凰能够在烈火中得到重生，所以我们必须使劲站起来重新齐步走，因为我们身体中的每一个细胞都是为了在生命中奋斗而安排的。

生命中，失败、内疚和悲哀有时会把我们引向绝望。但不必退缩，我们可以爬起来，重新开始——也许，你心爱的人儿离开了你；也许，你被迫离开了一个使你的生存有价值的工作；也许，一个你钟爱的孩子遇到了麻烦；也许，你做了错事，而被内疚的包袱压得喘不过气来。

最糟的事情莫过于当这些危机来临时，找不到一个摆脱的办法。我们有种种逃避的方法——饮酒、操起毫无意义的嗜好，或者干脆无精打采地转悠以消磨时光。

凤凰能够在烈火中得到重生，所以我们必须使劲站起来重新齐步走，因为我们身体中的每一个细胞都是为了在生命中奋斗而安排的。生命是一支越燃越亮的蜡烛，是一笔留给后代的遗产。

怎样学会站起来重新走？怎样战胜内疚、忧伤、失败带来的疲惫而热爱生活？

怎样坚持到光明重新来临？怎样才能到达那个时刻，在绝望中仍能够说："也许，我能再试一次！"

1. 原谅自己，也原谅别人

不管造成麻烦的原因是什么，我们总能在自己身上发现一些事实上和想象出来的错误。

但是，有一种治疗我们已犯过错的现成药物——首先，正视它，诚心诚意决不做第二次。如果可以弥补，就弥补起来；然后，把自己的过失和错误抛至脑后，用新的计划和新的热情，重新注满生活的水池。

同样，不要责备别人对你做的事。别人对你的伤害，如果是你应得的，就从中学一些东西；如果是委屈的，就忘掉它。

2. 恢复自尊

要从放弃防御面具开始，我们中的许多人正是戴着它生活的。

相信自己的价值；对自己说话要好言好语，响亮而刚强；努力做到对自己像对别人一样宽宏大量。

然后停止"会失败"的考虑。多想你拥有的，少想你缺少的。在失败的深渊中，这是尤为重要的，相信自己能给生活增添一些美的东西。

3. 回到众人的世界

我们害怕别人的关心会刺痛我们的伤疤，我们确实需要孤独的时光。但我们不能在那孤岛上待太长的时间，因为重新生活的路最终要通过我们与别人的亲密关系和共同努力才能获得。为了站起来重新走，我们必须爱。没有什么东西比爱更能唤醒那跟随灾难而来的痛苦。

4. 伸出手去帮助别人

当别人有困难的时候，你可以伸出援助之手，花时间去帮助别人，借此也可以治疗自己的创伤。

5. 相信奇迹

许多人曾陷于极度迷惘的困境中，可一旦摆脱了它，却得到了意想不到的欢乐和力量。

欢迎奇迹的来临吧！准备新生不是一次，而是多次。到生活最接近你的地方去——海边、山巅，倾听它们蕴藏着新生和重回生活的声音。

6. 一次迈一步

如果你身上没有出现奇迹，定下心来做接着会到来的事情，因为一次只能迈一步。

7. 学会感谢

每天，特别是心绪不好时，要寻找感谢的理由："谢谢上帝，四季运转无穷无尽；谢谢书本、音乐和促使我们成长的生活之力。"

这样赞美，有时你会发现自己说："谢谢上帝，你创造的生活正像它应该是的那样——痛苦伴随着欢乐。"你会发现自己在想：出生，生活，这是多么美好啊！

自信是练出来的

要让你的眼睛为你工作，就是要让你的眼神专注别人，这不但能给你信心，也能为你赢得别人的信任。

你心里想什么，就会成什么。征服畏惧，征服自卑，建立自信最快、最确实的方法，就是去做你害怕的事，直到你获得成功的经验。

1. 挑前面的位子坐

你是否注意到，无论在教堂或教室的各种聚会中，后面的座位是怎么先被坐满的吗？大部分占据后排座位的人，都希望自己不会"太显眼"。而他们怕受人注目的原因就是缺乏信心。

坐在前面能建立信心。把它当作一个规则试试看，从现在开始就尽量往前坐。当然，坐前面会比较显眼，但要记住，有关成功的一切都是显眼的。

2. 练习正视别人

一个人的眼神可以透露出许多有关他的信息。某人不正视你的时候，你会直觉地问自己："他想要隐藏什么呢？他怕什么呢？他会对我不利吗？"

不正视别人通常意味着：在你旁边我感到很自卑；我感到不如你；我怕你。躲避别人的眼神意味着：我有罪恶感；我做了或想到什么我不希望你知道的事；我怕一接触你的眼神，你就会看穿我。这都是一些不好的信息。

正视别人等于告诉他：我很诚实，而且光明正大。我相信我告诉你的话是真的，毫不心虚。

要让你的眼睛为你工作，就是要让你的眼神专注别人，这不但能给你信心，也能为你赢得别人的信任。

3. 把你走路的速度加快 25%

当大卫·史华兹还是少年时，到镇中心去是很大的乐趣。在办完所有的差事坐进汽车后，母亲常常会说："大卫，我们坐一会儿，看看过路行人。"

母亲是位绝妙的观察行家。她会说："看那个家伙，你认为他正受到什么困扰呢？"或者"你认为那边的女士要去做什么呢？"或者"看看那个人，他似乎有点迷惘。"

观察人们走路实在是一种乐趣。这比看电影便宜得多，也更有启发性。

许多心理学家将懒散的姿势、缓慢的步伐跟对自己、对工作以及对别人的不愉快的感受联系在一起。但是心理学家也告诉我们，借着改变姿势与速度，可以改变心理状态。你若仔细观察就会发现，身体的动作是心灵活动的结果。那些遭受打击、被排斥的人，走路都拖拖拉拉，完全没有自信心。

普通人有"普通人"走路的模样，做出"我并不怎么以自己为荣"的表白。

另一种人则表现出超凡的信心，走起路来比一般人快，像跑。他们的步伐告诉整个世界："我要到一个重要的地方，去做很重要的事情，更重要的是，我会在 15 分钟内成功。"

使用这种"走快25%"的技术，抬头挺胸走快一点，你就会感到自信心在滋长。

4. 练习当众发言

拿破仑·希尔指出，有很多思路敏锐、天资高的人，却无法发挥他们的长处参与讨论。并不是他们不想参与，而只是因为他们缺少信心。

在会议中沉默寡言的人都认为："我的意见可能没有价值，如果说出来，别人可能会觉得很愚蠢，我最好什么也不说。而且，其他人可能都比我懂得多，我并不想让他们知道我是这么无知。"

这些人常常会对自己许下很渺茫的诺言："等下一次再发言。"可是他们很清楚自己是无法实现这个诺言的。

每次这些沉默寡言的人不发言时，他就又中了一次缺乏信心的毒素了，他会愈来愈丧失自信。

从积极的角度来看，如果尽量发言，就会增加信心，下次也更容易发言。

所以，要多发言，这是信心的"维他命"。

不论是参加什么性质的会议，每次都要主动发言，也许是评论，也许是建议或提问题，都不要有例外。而且，不要最后才发言。

要做破冰船，第一个打破沉默。

不要担心你会显得很愚蠢。不会的，因为总会有人同意你的见解。所以不要再对自己说："我怀疑我是否敢说出来。"

用心获得会议主席的注意，好让你有机会发言。

5. 咧嘴大笑

大部分人都知道笑能给自己很实际的推动力，它是医治信心不足的良药。但是仍有许多人不相信这一套，因为在他们恐惧时，从不试着笑一下。

真正的笑不但能治愈自己的不良情绪，还能马上化解别人的敌对情绪。

如果你真诚地向一个人展颜微笑，他实在无法再对你生气。

拿破仑·希尔讲了一个自己的亲身经历："有一天，我的车停在十字路口的红灯前，突然'砰'的一声，原来是后面那辆车的驾驶员的脚滑开刹车器，他的车撞了我车后的保险杆。我从后视镜看到他下车，也跟着下车，准备痛骂他一顿。

"但是很幸运，我还来不及发作，他就走过来对我笑，并以最诚挚的语调对我说：'朋友，我实在不是有意的。'他的笑容和真诚把我融化了。"

"我只有低声说：'没关系，这种事经常发生。'转眼间，我的敌意变成了友善。"

咧嘴大笑，你会觉得美好的日子又来了。但是要笑得"大"，半笑不笑是没有什么用的，要露齿大笑才能见功效。

我们常听到："是的，但是当我害怕或愤怒时，就是不想笑。"

当然，这时，任何人都笑不出来。窍门就在于你强迫自己说："我要开始笑了。"然后，笑。

要有控制运用笑的能力。

想一想，别的还有哪些建立自信的方法呢？一旦发现，就下意识地去重复，自信就会自然地来到你的身上。

成功的路在自己脚下

成功者能克服自卑、超越自卑，其重要原因是他们善于运用调控方法提高心理承受力，使之在心理上阻断消极因素的交互作用。

几年前的某一天，我正批阅学生的考卷，一位叫保罗的学生的试卷令我困扰。保罗在以前的几次讨论与测验中显示的实力比这份试卷要好得多，我认为他在课程结束时会名列前茅。可是，他的试卷显然会使他的成绩降低。

碰到这种情况，我照例叫秘书请他来跟我谈谈。

不多久保罗来了，他看起来好像刚做了一场可怕的梦。等他坐定，我便对他说："保罗，你是怎么啦？这实在不是你该有的成绩。"保罗显出内心的挣扎，两眼看着自己的脚回答："先生，当看到你瞧见我在作弊以后，我都要崩溃了，根本无法集中精神去做任何事。老实说，这是我在大学第一次作弊。我想无论如何一定要得到甲等的成绩，所以暗地里偷看了一本参考书。"他极度沮丧。但是他既然已经讲出来了，就会接着说下去。"我想你一定会要我退学，因为任何欺骗行为都会被学校开除。"保罗又诉说这次事件会给他的家庭带来耻辱，会毁了他的一生，以及其他种种不良后果。最后我说："停一下，先听我解释，我并没有看到你作弊。"

　　在他进来谈话以前，我根本不知道这就是问题所在。他这种行为实在令人遗憾。然后我继续说："保罗，告诉我，你到底想要从你的大学生活里学到什么？"他现在比较冷静了，停了一会儿说："我想我最终的目的是学习如何生活，但是我想我败得很惨。"我告诉他："我们可以通过各种方式来学习。我想你一定能够从这次经验中学到真正的教训。当你作弊时，你的良知严重困扰你，使你有罪恶感。这种罪恶感摧毁了你的信心，就像你所说的你都要崩溃了。保罗，人们判断是非多半是根据道德或宗教的观点。我现在并不是要跟你说教，教你明辨是非，可是我们来看它实际的一面。当你做任何违背良知的事情时，罪恶感就会阻碍你的思考过程，使你无法顺畅地思考，因为你内心会不时地问：我会不会被逮住？我会不会被逮住？保罗。"我继续说："你是这样迫切要得甲等的成绩，才做出违背良知的事来。同样地，在你一生中，也会遇到许多你迫切想要获得甲等成就的情况，而试图去做一些有违良心的事来。例如，有一天你因迫切地想促成一项交易，而不择手段地诱使客户掏腰包。这样做，成功的机会可能很大，但会产生什么后果呢？罪恶感缠住你，等你再碰到这位顾客时，你会感到很不自在，怀疑他是否发现你已做了手脚。你的表现也因为心神不定而乱成一团，很可能就无法再做第二、第三、第四笔不断而来的生意。结果，使用诈术做成的生意反而挡了许多财路。"我继续告诉保罗："一位曾经显赫一时的社交名流，因为深深恐惧他的太太会发现他有外遇而心神不定。结果恐惧消蚀他的信心，什么事都做不好。"

　　我也提醒保罗，许多犯人被捕，并不是因为留下什么线索，而是他们表现出有罪的样子。他们的罪恶感使他们列入嫌疑犯的名单。

我们每一个人都有向善的意愿。当我们违背这种意愿时，就会有所反馈。但值得注意的是，并非所有劣势和挫折都会给人带来沉重的心理压力，导致自卑。

成功者能克服自卑、超越自卑，其重要原因是他们善于运用调控方法提高心理承受力，使之在心理上阻断消极因素的交互作用。

一般情况下，成功者运用的调控方法主要有以下几种：

（1）认知法——就是通过全面、辩证地看待自身情况和外部评价，认识到人不是神，既不可能十全十美，也不会全知全能这样一种现实。人的价值追求，主要体现在通过自身智力，努力达到力所能及的目标，而不是片面地追求完美无缺。对自己的弱项或遇到的挫折持理智的态度，既不自欺欺人，也不将其视为天塌地陷的事情，而是以积极的方式面对现实，这样便会有效地消除自卑。

（2）转移法——将注意力转移到自己感兴趣也最能体现自己价值的活动中去，可通过致力于书法、绘画、写作、制作、收藏等活动，从而淡化和缩小弱项在心理上的自卑阴影，缓解心理的压力和紧张。

（3）领悟法——也叫心理分析法，一般要由心理医生帮助实施。其具体方法是通过自由联想对早期经历的回忆，分析找出导致自卑心理的深层原因，使自卑症结经过心理分析返回意识层，让求助者领悟到：有自卑感并不意味着自己的实际情况很糟，而是潜藏于意识深处的症结使然，让过去的阴影来影响今天的心理状态，是没有道理的。从而使人有"顿悟"之感，从自卑的情绪中摆脱出来。

（4）作业法——如果自卑感已经产生，自信心正在丧失，可采用作业法。

方法是先寻找某件比较容易也很有把握完成的事情去做，成功后便会收获一份喜悦，然后再找另一个目标。在一个时期内尽量避免承受失败的挫折，以后随着自信心的提高逐步向较难、意义较大的目标努力，通过不断取得成功使自信心得以恢复和巩固。一个人自信心的丧失往往是在持续失败的挫折下产生的，自信心的恢复和自卑感的消除是从一连串小小的成功开始，每一次成功都是对自信心的强化。自信恢复一分，自卑的消极体验就将减少一分。

（5）补偿法——即通过努力奋斗，以某一方面的突出成就来补偿生理上的缺陷或心理上的自卑感（劣等感）。有自卑感就是意识到了自己的弱点，就要设法予以补偿。强烈的自卑感，往往会促使人们在其他方面有超常的发展，这就是心理学上的"代偿作用"。即是通过补偿的方式扬长避短，把自卑感转化为自强不息的推动力量。耳聋的贝多芬，却成为了划时代的"乐圣"。

少年坎坷艰辛的霍英东，没有实现慈母的期望成为一代学子，"不是读书的材料"的他，后来却在商界大展宏图。许多人都是在这种补偿的奋斗中成为出众的人。古人云"人之才能，自非圣贤，有所长必有所短，有所明必有所蔽"，故从这个角度上说，天下无人不自卑。通往成功的道路上，完全不必为"自卑"而彷徨，只要把握好自己，成功的路就在脚下。

学会自我补偿

要想不被周围的环境所俘虏，走出自卑，就需要敢于面对挑战，迎接它、战胜它、超越它。补偿心理就是自卑心理的法宝。

自卑感较强的人，常常通过牺牲自己的权力而让旁人来证实自己。自卑感的产生，往往并非认识上的差异，而是感觉上的差异，其根源就是人们不喜欢用现实的标准或尺度来衡量自己，而是相信或假定自己应该达到某种标准或尺度。如："我应该如此这般"、"我应该像某种人一样"等。这种追求只会滋生更多的烦恼和挫折，使自己更加抑制和自责。实际上，你自己就是你自己，不必"像"别人，也无法"像"别人，更没有别人要求你"像"。

因此，要想不被周围的环境所俘虏，走出自卑，就需要敢于面对挑战，迎接它、战胜它、超越它。补偿心理就是自卑心理的法宝。

什么是补偿心理呢？补偿心理是一种心理适应机制（机能）。个体在适应社会环境的过程中总有一些偏差，为了克服这些偏差，于是从心理方面寻找出路，力求得到补偿。自卑感愈强的人，寻求补偿的愿望往往也就愈大。

从心理学上看，这种补偿，其实就是一种"移位"（变位），为克服自己生理上的缺陷或心理上的自卑感（劣等感），而发展自己其他方面的特征、长处、优势，赶上或超过他人的一种心理适应机制。事实上，也正因为如此，自卑感就成了许多成功人士的动力，变成他们超越自我的"涡轮增压"。

而"生理缺陷"愈大的人，他们的自卑感也愈强——而成就大业的本钱就愈多。

解放黑奴的美国总统林肯，补偿自己不足的方法就是通过教育及自我教育。他拼命自修以克服早期的知识贫乏和孤陋寡闻，他在烛光、灯光、水光前读书，尽管眼眶越陷越深，但知识的营养却对自身的缺乏做了全面补偿，最后使他成了有杰出贡献的美国总统。贝多芬从小听觉有缺陷，耳朵全聋后还克服自卑写出了优美的《第九交响曲》。

自卑感具有使人前进的反弹力，由于自卑，人们会清楚甚至过分地意识到自己的不足，这就促使你努力纠正或者以别的成就（长处）弥补这些不足。

这些经历将使你的性格受到磨砺，而坚强的性格正是获取成功的心理基础。

自卑能促使成功，令人难堪的种种因素往往可以作为发展自己的跳板。

所以，一个人的真正价值，首先取决于能否从自我设置的陷阱里超越出来，而真正能够解救你的这个人——就是你自己。即所谓"上帝只帮助那些能够自救的人。"

欲要摆脱自己心理或生理方面带来的自卑感，就要善于寻找运用别的东西来替代、弥补这种自卑意识。一代球王贝利通过补偿心理克服自卑的经历或许会对你有所启示。

球王贝利的名声早已被世界众多球迷所称道，但如果说，这位大名鼎鼎的超级球星曾是一个自卑的胆小鬼，许多人肯定会觉得不可思议。

时间倒退 30 年。

"我为什么总是这样呆呢？"那时的贝利可一点也不潇洒，

当他得知自己已入选巴西最有名气的桑托斯足球队时，竟然紧张得一夜未眠。他翻来覆去地想着："那些著名球星会笑话我吗？万一发生那样尴尬的情形，我有脸回来见家人和朋友吗？"他甚至还无端猜测："即使那些大牌球星愿意与我踢球，也不过是想用他们绝妙的球技，来反衬我的笨拙和愚昧。如果他们在球场上把我当作戏弄的对象，然后把我当白痴似地打发回家，我该怎么办？怎么办？"

一种前所未有的怀疑和恐惧使贝利寝食不安，因为他根本就是缺乏自信。

分明自己是同龄人中的佼佼者，但忧虑和自卑，却使他情愿沉浸于希望中，也不敢真正迈进渴求已久的现实。真是不可思议，后来在世界足坛上叱咤风云，称雄多年，以锐不可当的勇气踢进了一千多个球的一代球王贝利，当初竟是一个优柔寡断、心理素质非常脆弱的自卑者。

贝利终于身不由己地来到了桑托斯足球队，那种紧张和恐惧的心情，简直无法形容。"正式练球开始了，我已吓得几乎快要瘫痪。"他就是这样走进一支著名球队的。原以为刚进球队只不过练练盘球、传球什么的，然后便肯定会当板凳队员。哪知第一次，教练就让他上场，还让他踢主力中锋。紧张的贝利半天没回过神来，双腿像长在别人身上似的，每次球滚到他身边，他都好像是看见别人的拳头向他击来。在这样的情况下，他几乎是被硬逼着上场的，而当他一旦迈开双腿便不顾一切地在场上奔跑起来时，他便渐渐忘了是跟谁在踢球，甚至连自己的存在也忘了，只是习惯性地接球、盘球和传球。在快要结束训练时，他已经忘了桑托斯球队，而以为又是在故乡的球场上练球了……那些使他深感畏惧的足球明星们，其实并没有一个人轻视他，而且对他相当友善。

如果贝利的自信心稍微强一些，也不至于受那么多的精神煎熬。

问题是贝利从小就太自尊、自视太高，以致难以满足。他之所以会产生紧张和自卑，完全是因为把自己看得太重。一心只顾虑别人将如何看待自己，而且还是以极苛刻的标准为衡量尺度。这又怎能不导致怯懦和自卑呢？极度的压抑会淹没本身所具有的活力和天赋。

通过忘掉自我，专注于足球，保持一种泰然自若的心态，正是贝利克服紧张情绪，战胜自卑心理的法宝。

强者不是天生的，强者也并非没有软弱的时候，强者之所以成为强者，正在于他善于战胜自己的软弱。贝利战胜自卑心理的过程告诉我们：尽量不要理会那些使你认为你不能成功的疑虑，勇往直前，拼着失败也要去做做看，其结果往往并非真的会失败。久而久之，你会从紧张、恐惧、自卑的束缚中解脱出来。医治自卑的对症良药就是：不甘自卑，发愤图强，予以补偿。

学会自我补偿，自卑的阴影就不会再将你纠缠。每个人的天赋不同，处境不同，面临的机遇不同，成功的程度和方向也不会相同。用自己的本色和真实的感情来创造前程，这就是一个人的成就。所谓成就，无非扬长避短，尽力而为的结果。即使没有成就，没有建树，只要你充分发挥了生命，你就享受了成功的人生。不怀疑自己的能力，不迷信他人，这是生命得以发挥的心理基础。

另外，在自我补偿的过程中，还须正确面对失败。人的发展离不开失败与成功。由于失败对人是一种"负性刺激"，总会使人产生不愉快、沮丧、自卑。那么，一个人一旦面对失败，该如何自我解脱（补偿）呢？拿破仑·希尔认为，关键是要用理性的态度：

（1）做到矢志不改，不因挫折而放弃追求；

（2）注意调整、降低原先不切实际的"目标值"，及时改变策略（方式）再作尝试；

（3）用"局部成功"来激励自己；

（4）采用自我心理调适法，即采取一点"自我调侃"、"自嘲"之类的精神胜利法。

要使自己不成为"经常的失败者"，就要善于挖掘、利用自身的"资源"。

虽然有时个体不能改变"环境"的"安排"，但谁也无法剥夺其作为"自我主人"的权利。应该说当今社会已大大增加了这方面的发展机遇，只要你敢于尝试，勇于拼搏，是一定会"东方不亮西方亮"的。许多鸿篇巨著逆境而生，许多伟人磨砺而出，就是因为他们无论什么时候都不气馁、不自卑的意志。有了这几点，就会挣脱困境的束缚，获得使用生命的主动权。

此外，作为一个现代人，也应时刻具有迎接失败的心理准备。世界充满了成功的机遇，也充满了失败的可能。所以要不断提高自我应付挫折与干扰的能力，调整自己，增强社会适应力，坚信成功在失败之中。若每次失败之后都能有所"领悟"，把每一次失败当作成功的前奏，那么就能化消极为积极，变自卑为自信，失败就能领你进入一个新境界。

相信自己一定能行

爱默生说："自信是成功的第一秘诀。"自信能够产生一种巨大的力量，它的确能推动我们走向成功。

爱默生说："自信是成功的第一秘诀。"自信能够产生一种巨大的力量，它的确能推动我们走向成功。

美国学者查尔斯12岁时，在一个细雨霏霏的星期天下午，在纸上胡乱画，画了一幅菲力猫，它是大家喜欢的喜剧连环漫画上的角色。他把书画给了父亲。当时这样做有点鲁莽，因为每到星期天下午，父亲就拿着一大堆阅读材料和一袋无花果独自躲到他们家的客厅里，关上门去忙他的事。他不喜欢有人打扰。

但这个星期天下午，他却把报纸放到一边，仔细地看着这幅画，"棒极了，查克，这画是你徒手画的吗？""是的。"父亲认真打量着画，点着头表示赞赏，查尔斯在一边激动得全身发抖。父亲几乎从没说过表扬的话，很少鼓励他们五兄妹。他把画还给查尔斯，重新拿起他的报纸。"在绘画上你很有天赋，坚持下去！"从那天起，查尔斯看见什么就画什么，把练习本都画满了，对教师所教的东西毫不在乎。

父亲离家后，查尔斯只有自己想办法过日子，并时常给他寄一些认为吸引他的素描画并眼巴巴地等着他的回信。父亲很少写信，但当他回信时，其中的任何表扬都让查尔斯兴奋好几个星期，他相信自己将来一定会有所成就。

在经济大萧条那段最困难时期，父亲去世了。除了福利金，查尔斯没有别的经济来源，他17岁时只好离开学校。受到父亲的鼓励，画了三幅画，画的都是多伦多枫乐曲棍球队里声名大噪的"少年队员"，琼·普里穆、哈尔维、"二流球手"杰克逊和查克·康纳彻，并且在没有约定的情况下把画交给了当时《多伦多环球邮政报》的体育编辑迈克·洛登，第二天迈克·洛登便雇用了查尔斯。在以后的四年里，查尔斯每天都给《环球邮报》体育版画上一幅画，那是查尔斯的第一份工作。

查尔斯到了55岁还没有写小说，也不打算这样做。在向一个国际财团申请电缆电视网执照时，他才有了这样的想法。当时，一个在管理部门的朋友打电话来，说他的申请可能被拒绝，查尔斯突然面临着这样一个问题："我今后怎么办？"查阅了一些卷宗后，查尔斯偶尔为自己写下备忘录，期中是十几句字体潦草的句子，写下了一部电影的基本情节。他把自己想写电影的想法告诉他的朋友，小说家阿瑟·黑利。但阿瑟说："这条路成功的机会几乎等于零。"查尔斯放下电话，漫步走了好长一段路："我有写小说的天赋和耐心吗？"当他这样深思时，他越来越有信心办成。他看见自己进行调查、安排情节、描写人物、开始撰写、然后润色……，他要为它赌上一年时间。

一年零三个月后小说完成了，它在加拿大的麦克莱兰和斯图尔特公司得到出版，在美国的西蒙公司、舒斯特和艾玛袖珍图书公司得到出版，在大不列颠、意大利、荷兰、日本和阿根廷得到出版。结果，小说被拍成电影——《绑架总统》。此后，查尔斯又写了五部小说。

假如你有自信，你就会获得比你梦想多得多的成就。

换个角度看世界

在获得成功时，人们会增加自信心，认为这是天赋给我们的能力；在失败时常常产生自卑感，认为这是天赋给我们的不好反应。

在全球导致员工劳动力丧失的十个原因中，有五个属于心理问题，而缺乏自信心位居首位。

谁都希望自己是世界上最优秀的人，可是在职场上，我们常常发现别人总有比自己优秀的地方。当别人比我们强的时候，自卑就开始纠缠我们。我们会觉得别人更好，自己很糟糕。自己的能力不如别人强，干活不如别人好，提升不如别人快，老婆或丈夫也不如别人优秀。这种心理定位抑制了一个人的潜能，增加了一个人的压力。

事实上，别人总有比自己强的时候，但也总有比自己弱的时候。只是我们觉得别人总在我们很在意的地方比我们强，这让我们很郁闷。这时请记住，在别人优秀的地方，我们也能发现激励自己的动力。别人可以活得开心快乐，我们也能够活得开心快乐！因为，在承认物质第一、意识第二的前提下，我们还要承认，这个世界是由我们的心灵力量创造出来的，智慧的大脑让我们有无数的理由使自己活得更好！建立一个强大的、能够在任何情况下都带给自己力量的心理世界是优秀人才的首要任务。

有这样一个故事：一个小和尚，每次坐禅的时候总是东张西望，不能安心。老和尚很不高兴，于是问小和尚："你为什么不能安心坐禅？"小和尚回答说："每次坐禅的时候，我总能看到一只大蜘蛛在我面前爬来爬去，所以不安心。"老和尚说："我准备一支笔，下次坐禅的时候你就把大蜘蛛出现的地方画下来。"下次坐禅的时候，小和尚发现原来他画的是自己的肚皮。这个故事表明每个人的烦恼其实都来自于自己，而每个人的快乐也来自于自己。每一个人的心理世界就像一盆水，当一支筷子伸进水里时，我们发现水下的筷子像折了一样，因为当光线从空气穿进水里时，光线因水的折射而拐弯了。人的心理世界就像水一样在反映着客观世界。每个人的心理世界不同，"折射率"不同，世界在每个人的眼里就不同。同样的事情在不同的人的眼里也就表现出了不同的意义。

　　假设你去参加一个会议，匆匆忙忙地赶路，不小心丢了1000元钱。你的心情会怎样呢？很开心吗？"哦，好开心，我的钱终于让更需要钱的人捡去了！"一般情况下，人们都不会做出这样的反应，常见的反应是你可能不太开心。然后你坐在会议室里，一副闷闷不乐的样子。这时一个你平时很熟悉的朋友进来了，他坐在你的身边，看到你不开心的样子，关心地问："你好像不开心，怎么了？"如果你是一个外向的人，就会说："哦，路上不小心丢了1000元钱。"他看看你，然后说："你算幸运的了，我本来带了10000元钱，准备在来的路上还贷款，刚才发现钱丢了。"听了他的话，你的心情如何呢？有没有觉得心情变得好些了，甚至开心了呢？实际上，你并没有少丢一分钱，可是心情却完全不同了，为什么呢？因为我们看世界的角度不同了。本来我们是沉浸在自己运气不好的世界里，当听到别人运气更不好时，我们就从别人的角度看世界了，痛苦的感觉就减轻了。

　　既然这个世界是由我们的心灵世界创造出来的，那么对于任何事情我们都可以选择一个积极的、能够给我们带来力量的角度来诠释这个世界，无论这个事情是好事，还是坏事。对于任何一件事情，我们都能从中获得滋润心灵的资源。人生不过是一个过程，我们在这个过程中不断地获得成功或遭遇失败。成功让我们更有劲头地前进，失败也带给我们前进的力量，我们其实都能成为人生的不倒翁。

　　人首先要对自己有信心，自己都不相信自己，谁还能相信自己呢？但是中国传统文化中有一个观点，就是一般不能自己夸自己，那叫不谦虚，得别人夸自己才叫谦虚，印象最深的一个故事是美籍华人黄全愈在《素质教育在美国》中讲的。黄全愈博士旅居美国多年，儿子在几岁时被带到美国。父子俩都喜欢足球，儿子黄矿矿是社区孩子足球队的成员，父亲是足球队的教练。有一次，这个足球队和另一个社区的足球队比赛。踢平后需要踢点球定胜负。矿矿点球踢得好，可是父亲认为自己是教练，如果让矿矿上，是不是有点以权谋私？干脆就把选点球队员的责任交给另一个美国教练。这个美国教练同样有一个儿子在这个足球队。矿矿很想踢点球，就抄起小手到同伴的后面等候。结果，这个美国教练不但没有选矿矿踢点球，还让自己的儿子踢点球，结果这个队输了。事后，黄全愈觉得很愤怒，认为美国教练不但没有公平地把矿矿选进去，甚至还让自己的儿子踢了点球。于是就问美国教练。结果，美国教练非常吃惊，他说："矿矿自己没有要求踢点球，我的儿子要求踢点球，想踢球就得自己说！"

在获得成功时，人们会增加自信心，认为这是天赋给我们的能力；在失败时常常产生自卑感，认为这是天赋给我们的不好反应。智慧人生就体现在成功给我们信心，失败也给我们自我激励的力量。

第五章

心态是一把双刃剑

——嫉妒他人也是损伤自己

嫉妒不是天生的，而是后天获得的，嫉妒有三个心理活动阶段：嫉羡——嫉优——嫉恨。这三个阶段都有嫉妒的成分，而且是从少到多，嫉羡中羡慕为主，嫉妒为辅。嫉优中嫉妒的成分增多，已经到了怕别人威胁自己的地步了。嫉恨则把嫉妒之火已熊熊燃烧到了难以消除的地步。这把嫉恨之火，没有燃向别人，而是炙烤着自己的心，使自己没有片刻宁静，于是便绞尽脑汁想方设法去诋毁别人，这就使他形神两亏了。

嫉妒心理是一副腐蚀剂

何谓嫉妒呢？心理学家认为，嫉妒是由于别人胜过自己而引起。情绪的负性体验，是心胸狭窄的共同心理。

弗朗西斯·培根说过："犹如毁掉麦子一样，嫉妒这恶魔总是暗地里，悄悄地毁掉人间美好的东西！"

何谓嫉妒呢？心理学家认为，嫉妒是由于别人胜过自己而引起。情绪的负性体验，是心胸狭窄的共同心理。黑格尔说："嫉妒乃平庸的情调对于卓越才能的反感。"

嫉妒不是天生的，而是后天获得的，嫉妒有三个心理活动阶段：嫉羡——嫉优——嫉恨。这三个阶段都有嫉妒的成分，而且是从少到多，嫉羡中羡慕为主，嫉妒为辅。嫉优中嫉妒的成分增多，已经到了怕别人威胁自己的地步了。嫉恨则把嫉妒之火已熊熊燃烧到了难以消除的地步。这把嫉恨之火，没有燃向别人，而是炙烤着自己的心，使自己没有片刻宁静，于是便绞尽脑汁想方设法去诋毁别人，这就使他形神两亏了。嫉妒实质上是用别人的成绩进行自我折磨，别人并不因此有任何逊色，自己却因此痛苦不堪，有的甚至采用极端行为走向犯罪深渊。据某公安部门调查，每年因嫉妒造成犯罪案件的占整个刑事案件的10%。近年来在一些高等学府里，因嫉妒而投毒、写匿名信的已屡见报端。

嫉妒心理是一种低级趣味，是人性中残存的动物性，许多动物的本性是十分嫉妒的，一只狼可以把抢猎物的同类咬死。在私有制的社会里，人们弱肉强食，尔虞我诈，使人保留动物式的嫉妒心理，所谓"木秀于林，风必摧之"。《三国演义》中的周瑜临死时对天长叹："既生瑜，何生亮"，就是有我没你的嫉妒心在作祟。

一些人之所以嫉妒别人，一个重要的原因是自己不求上进，又怕别人超过自己，似乎别人成功了就意味着自己失败，最好大家都成矮子才显出自己高大。于是，"事修而谤兴，德高而毁来""怠者不能修，而忌者畏人修""我不学好，你也别学好，我当穷光蛋，你也得喝凉水"。这是一种十分有害的腐蚀剂，这些人的骨子里充满了"怠"与"忌"，无论对自己、对社会、对国家的发展都是十分有害的，正如荀子所说："士有妒友，则贤交不亲；君有妒臣，则贤人不至。"一个被嫉妒心支配的人，一定是胸无大志，目光短浅，不求上进的人；一个嫉妒成风的单位，一定正气不旺，邪气盛行，先进不香，落后不臭。

嫉妒是腐蚀剂，是落后药，是剧毒品。

有嫉妒心的人如果不醒，前途就不会美妙。如果想调适自我，把嫉妒变成竞争的动力，首先要把注意力调节到自身的优势和对方的劣势上。当你嫉妒别人时，总是因为他在某些方面的优势深深地刺激了你，而你自己在这方面又恰恰处于劣势。这一差异正是产生嫉妒的刺激源。与此同时，你却忽略了自己在另一方面的优势。如果你能有意识地调节自己的注意点。便会使原先失衡的心理获得一种新的平衡，这种平衡无疑会稳定你的情绪和情感。

其次，把嫉妒的心劲用到追赶别人上，这样形成你追我赶的风气，个人和国家才有希望。

当人们受到他人嫉妒时，往往是憎恶对方的情绪上升，从而使人际交往受阻，如何消除这种心理呢？一个办法是让对方得到一种心理补偿，以减弱他的嫉妒感，如把一些出风头的机会让给对方去干。也许有人会问：这样岂不是助长了他想压倒一切的欲望吗？要知道，嫉妒的人想的就是一切都要占上风。第二个办法是把嫉妒引向正当手段的竞争，教给对方竞争的一些方法，让他有信心能超过别人。

克服嫉妒的心理

嫉妒是一种难以公开的阴暗心理。日常工作和社会交往中，嫉妒心理常发生在一些与自己旗鼓相当、能够形成竞争的对手身上。

工作及社交中嫉妒心理往往发生在双方及多方，因此要注意自己的性格修养，尊重与乐于帮助他人，尤其是自己的对手。

亨利的身体状况不大好，动辄失眠，心跳过速，40多岁正当年的男子汉却干不了多少力气活。到医院进行全面的身体检查，也没有查出什么大毛病。时间长了，才发现亨利心理状态不正常，这源自他对周围人的那种强烈的嫉妒心。这里且不分析他之所以"见不得别人比他强"的思想缘由，单就其结果针对亨利身体的伤害来讲，就足见嫉妒心理的严重危害性，难怪西方某国已将嫉妒与麻风病相提并论。嫉妒是一种难以公开的阴暗心理。日常工作和社会交往中，嫉妒心理常发生在一些与自己旗鼓相当、能够形成竞争的对手身上。比如：对方的一篇论文获奖，人们都过去称赞和表示祝贺，自己却木呆呆地坐在那里一言不发。由于心存芥蒂，事后便会就这篇论文，或就对方其他事情的"破绽"大大攻击一番。对方再如法炮制，以牙还牙。如此恶性循环，必然影响双方的事业发展和身心健康。

所以，要克服嫉妒心理首先要先想后果，认清其危害性。

其次，如果被嫉妒心理困扰，难以解脱，一定要控制自己，不做伤害对方的过激行为。然后不妨用转移的方法，将自己投入到一件既感兴趣又繁忙的事情中去。

工作及社交中嫉妒心理往往发生在双方及多方，因此要注意自己的性格修养，尊重与乐于帮助他人，尤其是自己的对手。这样不但可以克服自己的嫉妒心理，而且可使自己免受或少受嫉妒的伤害。同时还可以取得事业的成功，又感受到生活的愉悦，何乐而不为呢？

日本心理学家诧摩武俊认为，引发妒嫉的条件主要有四点：各方面条件与自己相同或不如自己的人居于优位；自己所厌恶而轻视的人居于优位；与自己同性别的人居于优位；比自己更高明的人居于优位。但他又指出，由于"妒嫉心是在本人还未觉察时通过迅速无比的心理检查而产生的"，所以，这4个条件中任何一个若与下列否定条件重复，嫉妒将不再产生：（1）本人无意加以比较，或看破了情势，认为自己无法达到那么一个高度，或二者生活在不同层次的世界。（2）妒嫉的对象不在自己身边。（3）通过艰苦努力得到的结果。

根据产生妒嫉心理的这些基本条件和否定条件，我们完全有可能找到一些淡化妒嫉的有效办法。记住，淡化妒嫉也就是淡化优势，你不比别人强，别人嫉妒你什么？这是非常有道理的，虽然明摆着比别人强，但还要从感情上和大家走在一起，认为自己不比别人强，这一下子，别人反倒不再妒嫉你，也会认为你是靠自己的努力得来的优位。为自己创造了好的工作环境，具体说来，有以下几种方法：

介绍自己的优位时，强调外在因素以冲淡优位。你被派去单独办事，别人去没办成，而你却一下子办妥了。这时，你若开口闭口"我怎么怎么"，只能显出你比别人高一筹，聪明能干，在别人面前夸耀，实在是最笨的一种做法，以为大家没有眼睛，而招致妒嫉。如果你这么说："我能办妥这件事，"是因为我卖力肯干，就容易让人觉得你处于优位是理所当然的，因而会妒嫉你的能干。但你要这么说："我能办妥这件事，一方面是因为前面的同志去过了，打下了基础，另一方面多亏了当地群众的大力帮助"，这就将办妥事的功劳归于"我"以外的外在因素，"前面的同志和群众"去过了，从而使人产生"还没忘了我的苦劳，我要是有群众的大力帮助也能办妥"这样的藉以自慰的想法，心理上得到了暂时平衡。"我"在无形中便被淡化了优位。无悔暗言：其实你的功劳，领导和多数同事是看得很清楚的，不要以为这样说就会淡化了你的功劳。

以平常心化解嫉妒

嫉妒是一条毒蛇，使平庸者变得疯狂而残忍，在渐次增长的恶妒中无情地伤害别人并成为一种可怕的惯性，无辜者却被摧残得鲜血淋漓。

嫉妒比自卑和自高自大要可怕得多。它从心底一出发，就像一条毒蛇一样吐着红色信子，所及之处总使别人致伤致残，甚至致死，这种可怕的心理就是嫉妒。

某省的一偏远山区，由于山高路远，交通不便，无论男女，出山的很少，婚姻结合也都是当地"自给自足"。某年山村分配来一位城里的师范毕业生当教师。小伙子干净整洁的服饰、洒脱活泼的性格、渊博不凡的学识，像一条清亮的河流给沉闷的山村注入了生机和活力。当然也像一朵艳丽的花招来山里的小姑娘围着他蜂飞蝶舞。可是，时间不长，小伙子竟遭杀害，凶手是当地几个"光棍"。审讯的时候，问他们为什么杀害这位年轻的教师。其回答竟令人瞠目结舌：山里的小姑娘都围着这位教师转，而瞧不起他们。多么简单、荒谬的杀人动机！不用过多思考，造成这一悲惨结果的罪魁祸首就是山里男人的嫉妒，在这个出色人物面前，他们想的不是向他学习，努力调整自己，改造自己向他看齐，与他公开合理的竞争，而是以恶毒的手段铲除对手，满足自己落后的私欲，令人可恨之余又觉得十分可悲。

嫉妒是一条毒蛇，使平庸者变得疯狂而残忍，在渐次增长的恶妒中无情地伤害别人并成为一种可怕的惯性，无辜者却被摧残得鲜血淋漓。

什么样的人生才是真正有光彩有意义的？面对别人的辉煌时刻又该如何正视自己的平庸？在大千世界中，每个人都有一个适当的定位。正确地确立自己在生活与事业中的位置，正确地评估自己的能力和价值，不嫉妒别人，以一颗平常之心善待别人也善待自己，哪怕是一份最平常的人生也自有它的珍贵！

著名作家冯骥才先生有一篇文章，题目叫《富人区》。写的是他一次旅美的经历。文章是这样的：

在洛杉矶，一位美国朋友开车带我去富人区观光，到那儿一瞧，千姿百态的房子和庭院，幽雅、宁静、舒适，真好比人间天堂。我忽然有个问题问他："你们看到富人住在这么漂亮的房子里，会不会嫉妒？"我这美国朋友惊讶地看着我，说："嫉妒他们？为什么？他们能住在这里，说明他们遇上了一个好机会。如果我将来也遇到好机会，我会比他们住得还好！"

这便是标准的"老美"式回答。他们很看重机会。

后来在日本，一位日本朋友说他要陪我看看不远处的富人区。日本人的富人区，小巧、幽静、精致，每座房子都像一个首饰盒。我又想到上次问过美国朋友的那个问题，便问日本朋友：

"你们看到富人们住着这么漂亮的房子会嫉妒吗？"

这位日本朋友稍想了想，摇摇头说："不会的。"继而他解释道："如果一个日本人看到别人比自己强，通常会主动接近，以便把他的长处学到手，再设法超过他。"

噢，日本人真厉害。我想。前不久，一位南方朋友来看我，闲谈之中说到他们城市发展很快，已经出现了国外那种"富人区"了。我饶有兴趣地打听其中的情况，据说有的院子里还有喷水池、车库，门口有保安，还养大狼狗。我无意中想到问过美国朋友和日本朋友的那个问题，便又问他：

"有没有去富人区参观呢？"

"有呀，常有人去看，但不能进去，在门口扒一扒头而已。"这位南方朋友说。

"心理反应怎么样？会不会嫉妒？"

"嫉妒？"他眉毛一扬，笑道："何止嫉妒，恨不能把那小子宰了！"

我听了怔住。难道嫉妒真是中国人的专利？

瞧瞧，人的心理真是各有千秋，什么样的环境和文化背景下，就会产生什么样的心理，这种心理也会随着人文环境的变迁和文化层次的提高而表现出不同的倾向和不同的色彩。

嫉妒多因虚荣起

无论是自卑还是自负，都严重阻碍了人生。不去比较，就会感到满足，也不会因为沾沾自喜而头脑膨胀。

英国哲学家斯宾诺莎说："嫉妒是一种恨，这种恨使人对他人的幸福感到痛苦，对他人的灾难感到快乐。"

巴尔扎克说："嫉妒者受到的痛苦比任何人遭受的痛苦更大，他自己的不幸和别人的幸福都使他痛苦万分。嫉妒心强的人，往往以恨人开始，以害己而告终。"

伯特兰·罗素是20世纪声誉卓著、影响深远的思想家之一，也是1950年诺贝尔文学奖获得者。他在其《快乐哲学》一书中谈到嫉妒时说："嫉妒尽管是一种罪恶，它的作用尽管可怕，但并非完全是一个恶魔。它的一部分是一种英雄式的痛苦的表现；人们在黑夜里盲目地摸索，也许走向一个更好的归宿，也许只是走向死亡与毁灭。要摆脱这种绝望，寻找康庄大道，文明人必须像他已经扩展了他的大脑一样，扩展他的心胸。他必须学会超越自我，在超越自我的过程中，学得像宇宙万物那样逍遥自在。"

1. 胸怀大度，宽厚待人，需要战胜自己内心的嫉妒

19世纪初，肖邦从波兰流亡到巴黎。当时匈牙利钢琴家李斯特已蜚声乐坛，而肖邦还是一位默默无闻的小人物。然而李斯特对肖邦的才华却深表赞赏，怎样才能使肖邦在观众面前赢得声誉呢？李斯特想了个妙法：那时候在钢琴演奏时，往往要把剧场的灯熄灭，一片黑暗，以便使观众能够聚精会神地听演奏。李斯特坐在钢琴前，当灯一灭，就悄悄地让肖邦过来代替自己演奏，观众被美妙的钢琴演奏征服了。演奏完毕，灯亮了，人们既为出现了这位钢琴演奏的新星而高兴，又对李斯特推荐新秀的行为深表钦佩。如果李斯特嫉妒肖邦的才华，他就会成为历史上的丑角，就不会成为一个伟大的艺术家。

2. 自知之明，客观评价自己，还需要战胜自己的虚荣心

当嫉妒心理萌发时，或是有一定表现时，能够积极主动地调整自己的意识和行动，从而控制自己的动机和感情。这就需要冷静地分析自己的想法和行为，同时客观地评价一下自己，从而找出一定的差距和问题。当认清了自己后，再重新评价别人，自然也就能够有所觉悟了。

如果一个人不能正确地评价自己，就会和其他人一直在比较。

所有的阴影，都因比较而来。比较会导致自卑，越比较，越自惭形秽，样样事情变得杯弓蛇影，就算再有尝试的机会也裹足不前，士气、勇气、志气皆化为乌有。

人们在社会里的种种所谓标准，也并非是一成不变的：知识水准的评定、婚姻制度、贫穷或富有、成功或失败、坚强或懦弱、健康或病态、清高或世俗，现代人对这些看法的改变，也变化得越来越快。一个人实在没必要对自己老是耿耿于怀，耗费自己一生宝贵的精力去对种种不甚稳定的看法作诚惶诚恐的比较。

3. 少一份虚荣就少一份嫉妒心

虚荣心是一种扭曲了的自尊心。自尊心追求的是真实的荣誉，而虚荣心追求的是虚假的荣誉。对于嫉妒心理来说，它的要面子，不愿意别人超过自己，以贬低别人来抬高自己，正是一种虚荣，一种空虚心理的需要。单纯的虚荣心与嫉妒心理相比，还是比较好克服的。而二者又紧密相连，相依为命。所以克服一份虚荣，也就少一分嫉妒。

学会说："是，就是如此，那又怎样？"而自我的另一端，优越感，它的伤害，也同样巨大。一旦抓紧自己优越条件的人，惶惶终日，就为了要维持状态。自己拥有优越感，就再也不能接受比他更优越的事物。他只能看到比他低劣的，这样他心理才会好过，才能有安全感。这种人再也没有机会学习到更好的事物。有优越感的人，整天都在一种防范、衡量、不断比较、据为己有的状态下生活，既不能吸收，也不愿付出，就只能维持。这哪能快乐？

无论是自卑还是自负，都严重阻碍了人生。不去比较，就会感到满足，也不会因为沾沾自喜而头脑膨胀。别人接不接受你其实没什么大不了，你却一定要接受自己，相信自己，对自己感到满意。

印度思想大师奥修说："玫瑰就是玫瑰，莲花就是莲花，只要去看，不要比较。"

快乐之药可以治疗嫉妒，战胜自己。

快乐之药可以治疗嫉妒，是说要善于从生活中寻找快乐，就像嫉妒者随时随处为自己寻找痛苦一样。如果一个人总是想：比起别人可能得到的欢乐来，我的那一点快乐算得了什么呢？那么他就会永远陷于痛苦之中，陷于嫉妒之中。快乐是一种情绪心理，嫉妒也是一种情绪心理。何种情绪心理占据主导地位，主要靠人来调整。

相传，有一武士向一禅师请教地狱与天堂的问题。禅师看了武士一眼说："你虽是一个武士，但没有人会重用你，因为你丑而且笨。"武士一听勃然大怒，他拔出宝剑就要向禅师砍去。禅师不为所动，反而轻声细语地说道："地狱之门由此打开。"武士闻听此言，知道自己错了，立刻弃刀于地并谦和有礼地向禅师鞠躬道歉，心中满是惭愧。这时候，只见禅师微微一笑，手拈银须脱口说道："天堂之门由此打开。"禅师大智慧，举手投足间就将人生的两极解释的浅显明白。古人说：境由心造。是下地狱还是上天堂，往往只在一念之间，天堂是人造的。

人的一生，就是一个不断求福、求富、求快乐、求美满的过程。所谓天堂，就是一生都能幸福、平安、富贵、吉祥快乐、如意美满，如果一个人一生能集此于一身，那他生前就已经生活在天堂，又何必祈求死后上天堂？

然而，现实的情形是，大多数人对生活过于苛求，整天忙忙碌碌，为名为利争夺得你死我活。他们就像一架挣钱的机器，不懂得在生活的花园里稍做停留，看一看花开花落，听一听莺歌燕语，以求得一份心灵上的舒展。结果是身心俱累，人生的趣味可谓一塌糊涂。

天堂是人造的。一个人，在漫漫的人生之旅中，要拼搏，要奋斗，要竭尽全力鞠躬尽瘁。但是，在忙碌的工作之余，绝不能失去人生的趣味。对于父母，我们要尽一份孝心；对于妻子，我们要多一些爱意；对于子女，我们要多一些呵护。因为世间万物，情最珍贵。一个人，如果父母安康，妻贤子孝，再加上有一份踏实的工作，即使你只是一介草民，每日粗茶淡饭，你已然生活在天堂。

天堂是人造的。人生总难免风霜雨雪，但只要你不气馁、不停留，幸福就会降临在你身边。

自我抑制，是治疗嫉妒心理的良药。

自我宣泄，是治疗嫉妒心理的特效药。

嫉妒心理也是一种痛苦的心理，当还没有发展到严重程度时，用各种感情的宣泄来舒缓一下是相当必要的，可以说是一种好方式。

在这种发泄还仅仅是处于出气解恨阶段时，最好能找一位较知心的朋友或亲友，痛痛快快地说个够，暂求心理的平衡，然后由亲友适当地进行一番开导。虽不能从根本上克服嫉妒心理，但却能中断这种发泄朝着更深的程度发展。可借助各种的业余爱好来宣泄和疏导，如唱歌、跳舞、书画、下棋、旅游等。

战胜自己，就是要消除自己内心的嫉妒，这样你才能正确地对待自己，对待他人，你才能与他人和平共处，同步发展。

走自己的路

只有认清自己的正确位置，人们才不会为外界事物所迷惑。人生一世，谁都不甘平庸，谁都想成就一番大业，不虚此生。

所谓控制虚荣，化解虚荣是指一个人能正确地认识虚荣，合理地对其加以改造和利用，把不利的转化为有利的。

1. 正确认识你自己

只要你正确认识了自己，并严格对自己做出客观、实际的评价，就不会因别人的赞美、恭维而迷失了方向，不知自己到底是谁了。事实上每个人都对自己有一定认识，并在这个认识的基础上产生一种自我评价，而清醒地看到自己的成绩和缺陷，发现自身的不足，并加以理性的克制和改正，却不是那么容易。虽说不容易，但一定要尽力做到对自身条件、自我性格有清醒地认识。客观自然条件对每个人来说都有差异，我们面对既成事实，需要的是勇于接受现实，忍耐自然条件不足带来的不便和压力，趋利避害，扬长避短。人生的道路千万条，不必去钻牛角尖，要善于化腐朽为神奇，把自己的人生绘制成一幅绚丽的图画。

如果把几块长短不齐的木板箍成一只水桶，结果就会发现，水桶储水量的多少并不取决于最长的那块木板，而是取决于最短的那块。如果要使这只木桶能装更多的水，只有将最短的那块木板加长。做人也如此，既要善于发现自身的"短木板"，又要勇于揭短，更要善于补短。如何补短，不仅需要勤奋学习，还要注意两点：一是如黑格尔所说的"知道限制自己"；二是善于吸取别人的长处。海纳百川，是因为它把自己的位置放得很低；海绵能吸水，是因为它已把自己挤得很干。如果想有效地吸取到别人的长处，一定要放低姿态，无所为而为，要想生活得快乐，就要无所求而求。

2. 找到自己的正确位置

只有认清自己的正确位置，人们才不会为外界事物所迷惑。人生一世，谁都不甘平庸，谁都想成就一番大业，不虚此生。可是由于社会背景、机遇、智商、文化、修养等的不同，一个人的理想或愿望，并不一定就能一一实现。在自己的目标没有达到时，要学会承认和接受现实，要自己寻找心理平衡。人们大都渴望和追求荣誉、地位、面子，为拥有它们而自豪，人都不愿受辱，而虚荣心重的人，往往对客观外在的出身、家世、钱财、容貌都看得很重。其实，一个人一生的道路是很宽阔的，每个人都有各自的活法，一定要随时空的局限、个人的条件为依据，努力去追求它们，并抱着得到了，是自己的幸运；得不到，是自己努力不够的态度，这样才能活得轻松潇洒。要站得高，看得远，不为眼前的小是小非缠住手脚，从而排除各种干扰，奔向大目标。这样才能在滚滚的商品大潮中，坚守住自我，不张狂不自满，也才能有所收益。

3. 走自己的路，让别人去说吧

在认清了自己、认清了别人、认清了环境、认清了客观条件之后，就要坚定地走自己的路，朝着既定的目标勇敢前进，就要"咬定青山不放松"，不要因为一些外在的因素而放弃。不仅要有明确的目标，真正认识到，名利都是身外之物，生不带来，死不带去，而且要目标坚定，不为外事所动。在当今光怪陆离的商品社会中，坚持自己的操守，保持自己高贵的品质，甘于寂寞和宁静，不为锦衣玉食、高官厚禄所动，而是淡泊明志，为自己的崇高理想而努力奋斗，坚持自己的生存方式。

4. 主动地创造生活

自己的生活要靠自己创造，只有自己创造的生活，才是有意义的。为了在别人面前挣面子，或者炫耀，而寻求各种机会来"制造"生活，那是毫无意义的。不要把自己的眼光集中在某些人的一时一事上，而要长远地去看待人世的起伏、世态的沉浮及沧桑的变化。要用时间的观点去评价自己的行为和追求。时间的力量是非常大的，它可以摧毁一切经不起磨炼的虚荣，可以证明事情的真假，也可以区分价值的高低。没有什么是永恒的，没有什么名利是绝对不变的。

人处在贫贱地位时，眼中不看重权势、富贵，而是安于贫贱，自我修养到家，培养出高贵的品质，以后一旦时机成熟，必然能够发挥自己的才干。一个人光说不做或只会说而不付诸行动，久而久之，就会让人生厌。不要做夸夸其谈的人，少说大话，多做实事，给人以勤奋踏实的感觉，就容易取得别人的信任。

我们会为工作的不舒心而苦闷徘徊，会为工资的高低、奖金的多少而与领导发生争执，会因为住房的事情而劳苦奔忙，会为一些鸡毛蒜皮的小事与妻子怄气斗嘴。困难、死亡面前我们也曾恐惧退缩，但太多的痛苦之后，曾经悲痛的心会逐渐变得淡漠、坦然，心境反而变得平静了。再回到俗世中，面对金钱、权势、名利、地位时，心境就会波澜不兴了。有句话：只要心中有，便处处有；只要心中无，便处处无。名利、金钱、权势等诸多欲望和诱惑莫不如此。

5. 宠辱不惊，把握自我

不要把名利看得太重，把名利看得太重很容易钻牛角尖，拼命钻营。这样得不到名利时会变得痛苦，得到名利时也会失去很多有价值的东西。有这样一句话说得好："宠辱不惊，看庭前花开花落；去留无意，望天上云卷云舒。"人生在世应该宠辱不惊，就像平静的海面，任凭风吹浪打，也是波澜不惊。得志时不会得意忘形，乐极生悲；失意时不会萎靡颓丧，一蹶不振。淡泊才能明志，宁静才能致远。这样就不会有受挫折时的凄凉和得意时的狂热，可以排除干扰而专心朝着自己的目标前进。

第六章

情绪决定健康

——抑郁是身心异常的开始

　　最新研究表明，抑郁会使伤口不易愈合，易患感冒等。心情抑郁时分泌的激素对身体的免疫机制有影响。当神经受到刺激时，会大量分泌激素和其他化学物质，使心跳加快和注意力过于集中。如果这种情绪无法控制或持续时间过长，会危害你的一生，因为神经和内分泌腺持续大量地分泌激素，会促使你一步步走向失望并产生心理障碍。

关于抑郁现状的研究

遇到不如意的事情时，不要自我压抑，而应该采取疏导的方法，寻找一种恰当的方式使自己的消极情绪得到宣泄。

1. 抑郁症困扰青年女性

由美国医学协会发起的一项对 10 余个国家和地区约 38000 人的调查显示，平均有 5% 的人患有抑郁症，抑郁症发病率最高的年龄段在 25~30 岁之间，其中女性的比例明显高于男性。这项调查的主持人——美国纽约精神病研究协会的莫斯曼博士据此认为，抑郁症更容易困扰青年女性。据世界卫生组织（WHO）的报道称，全球妇女患抑郁、焦虑等精神异常的概率明显高于男性。我国 20 世纪 90 年代对 7 个主要省市的调查表明，约有 27‰ 的女性患有神经症（其中抑郁症居首位），一半的女性患者在 20 ~ 29 岁发病。

青年女性之所以容易患抑郁症，与社会环境因素和自身的心理生理特点有密切关系。青年女性不像同龄的男子那样坚强，却要承受巨大的生理压力，这可能是青年女性更容易患抑郁症的直接原因。现代社会处于转型期，在升学、就业、婚嫁等方面，与同龄的男同胞相比，青年女性面临的压力可谓有过之而无不及，因为女性在社会生活的诸多方面不但没有得到照顾，反而可能处于劣势、升学率偏低、就业不稳定、离婚率偏高等问题，使一些青年女性不堪承受，以致出现心理、精神方面的问题。

　　患有抑郁症的青年女性神经内分泌系统紊乱，正常的生理周期也被打乱。症状多种多样，除了有精神压抑、情绪低落、无所事事、爱生闷气、思虑过度、失眠、多梦、头昏、健忘等主要的精神症状外，厌食、恶心、呕吐、腹胀等消化吸收功能失调症状；月经不调、经期腹痛等妇科症状也不少见。严重的抑郁症患者还有自杀倾向。青年女性长期抑郁，更年期后会明显加重，患老年骨质疏松症的可能性也超过正常人。国外的研究结果发现，一些处于抑郁状态的青年人患上了脑猝中。

　　俗话说："心病还要心药医。"对付抑郁症或抑郁情绪的关键还在于自己的心理调节，必要时应求助于心理医生或服用抗抑郁药。

　　人们在得知坏消息或遇到不如意的事后，通常会经历一系列的心理变化，先是感到难以置信，而后是抑郁、沮丧，这些都是正常的。但也有一些人出现过度的心理自卫反应。不愿接受现实，对现实加以否定。无视不幸处境属于消极的心理防御，只能加重心理障碍。因此，首先要做的是以宽容的态度正现现实，既要宽容别人，也要宽容自己。

　　遇到不如意的事情时，不要自我压抑，而应该采取疏导的方法，寻找一种恰当的方式使自己的消极情绪得到宣泄。找一个可以信任的亲人、朋友，向其倾诉自己的苦衷，同时也可以听一听朋友的劝导和安慰。也许你并不需要他们说些什么，只是想在可亲可信的人面前将内心的苦闷与烦恼和盘托出。

　　心里郁闷时不妨暂时离开平时的生活环境，打好行囊外出旅游，让身心融入大自然的怀抱。当自己不能摆脱负性心理困扰的时候，向心理医生进行咨询，接受心理治疗很有必要。正确的心理干预不仅是一种间接的治疗，而且能增加心理承受能力和心理调节能力，使人尽快恢复心理平衡和心理健康。需要注意的是，那些性情孤僻、感情抑郁的 C 型性格者，平时长期处于孤独、矛盾、失望和压抑的状态，往往难以经受重大挫折的打击，陷入痛苦不能自拔，甚至产生自杀的倾向，更需要心理医生的帮助。

有一些抑郁症是比较严重和顽固的，如果不及时缓解，容易出现意外情况。这时就有必要服用抗抑郁药。目前已经有一些副作用小、疗效好的抗抑郁药，但应该在医生的指导下服用。

2. 抑郁症不可轻视

不久前，云南的一位女中学生自杀。消息传出，使人们更加关注青少年的精神健康状况。来自美国的资料显示，抑郁症患者中有 2/3 的人曾有自杀念头，其中有 10% ～ 15% 的人最终自杀，所有自杀者中有 70% 的人有抑郁症状。

精神科专家认为，抑郁症是慢性复发性疾病，需要长期治疗。就治疗 24 个月的愈后情况来看，33.1% 的患者恢复良好。对抑郁症的治疗目前多采取心理治疗和药物治疗相结合。药物治疗主要以 5- 羟色胺再摄取抑制剂类药为主，如氟伏沙明（即兰释）等，这类药可以一定程度上减少患者的自杀倾向。

3. 心情抑郁易患病

情绪低落或家庭生活发生变故可能使你持续不安或彻夜难眠，它可能使你患上不可预料的各种疾病。

最新研究表明，抑郁会使伤口不易愈合，易患感冒等。心情抑郁时分泌的激素对身体的免疫机制有影响。当神经受到刺激时，会大量分泌激素和其他化学物质，使心跳加快和注意力过于集中。如果这种情绪无法控制或持续时间过长，会危害你的一生，因为神经和内分泌腺持续大量地分泌激素，会促使你一步步走向失望并产生心理障碍。

最新研究还表明，抑郁和患病概率有很大关系，易患的疾病包括：糖尿病、记忆力减退、感冒和伤口不易愈合等。

一些研究者认为，抑郁是同心绞痛和血压高联系在一起的，此外，心情抑郁不仅易患感冒，甚至易患癌症。

专家认为，各种技术和办法可以帮助消除抑郁情绪，增强身体的免疫机制，但并非适用于所有的人，每个人都应找到一种调整自己心境的方法。

走出亚健康状态

心理健康的人才能从容应对工作中的压力与矛盾，从而保证身体健康，为事业发展打下良好的基础。

现代社会的发展速度越来越快，竞争日益激烈，因此，在我们的身体健康受到威胁的同时，心理健康问题也愈加突出。

长期的压力导致人对疾病的免疫力下降，出现便秘、失眠、疲劳、头痛等症状。陷入亚健康状态，进而影响到他们身体的质量。

寻求解除压力的好方法，可以说是现代人聪明的生活方式。面对压力，我们应有意识地预防"亚健康"。在心理上要"取悦自己"，要多些自信，少些自责，懂得不必事事求完美。在不同的生命阶段，我们可做出不同的规划：应视自己的精力来选择何时结婚、何时生育等。

压力既是客观的，又是主观的。面对同样一种压力，个体可以有不同的反应。这与一个人的个性特征（内向还是外向、敏感与否等）、个人的经历和经验、可预期性和控制性、如何解释刺激、社会支持系统有无和多少有关。

我们讲缓解压力，前提应该明白，适度的压力有利工作，也有利于人的身体健康。但凡事有个度，超过了个人能够承受的度，就必须及时缓解。

心理健康的人才能从容应对工作中的压力与矛盾，从而保证身体健康，为事业发展打下良好的基础。

压抑让人在心理上产生疲劳感，职业女性要学会用轻松消除疲劳。谈起疲劳。人们就会想到因体力或脑力消耗过多而需要休息一下。比如：搬运工连续搬运，"笔杆子"们不分日夜地伏案写作，都会让人有疲劳感。

但是，这并不要紧。对于身体健康的人，如果适当注意休息，脑力和体力都可以迅速恢复，因为这仅仅是一种生理上的疲劳而已。所谓的心理疲劳是指人的思想、感情等全是心理因素所引起的不良情绪，使大脑皮层受抑制的状态。其特征主要为：情绪不好，心烦意乱，记忆力减低，注意力不集中，精力不旺盛。

进行适当打扮，可使你的精神振奋。如果你感受压抑时。就会心情不快、情绪不好，脸上犹如乌云笼罩，气色也不好。此时，你若能进行适当打扮和修饰。则能起到遮掩倦容、让人精神振奋的功能。

如果你能花上5～10分钟敷脸，就可以起到刺激肌肤血液循环，产生镇定、放松之效；你如果化个妆，也必定能制造出健康和精力充沛的样子，让肌肤更加有透明感和弹力，从而使心情舒展、宽松一些；如果你穿上了自己喜欢的服装，它能一扫你的晦气，增强自信心。

增加生活情趣。例如：根据自己的爱好、特长等，尽量利用自己的业余时间参加一些垂钓、音乐会、跳舞、球赛、春游、参观之类的活动。你能在这些丰富多彩的活动之中，激发出自己的热情，结交一些知己，陶冶自己的情操。

如果你受到了生活的捉弄，你应该想到自己的热诚。这样，你就不会独自怨天、怨地，而是一步一个脚印地走向美好的人生。热诚会让你摆脱那些冷漠，让你去紧紧拥抱美好的生活。

如果你感到压抑，你是否能仰望一下蔚蓝的天空，注视一下那高高的云朵？在不断的痛苦折磨中，你是否有雅兴一个人徘徊徜徉于林间，聆听一下大自然的倾诉和心声？此时，你是否能从大自然中不断汲取生活的勇气。

人们在日常工作、学习中无时无刻地会感受到各种各样的压力，特别是随着社会的发展，节奏的加快，各行各业竞争越来越激烈，压力也越来越大，人们感受到的压力无外乎有三种属性：生物属性、精神属性和社会属性。

这三者之间是密切相关的，为什么人会对这三种压力产生反应呢？这是因为从心理学的基本原理来看，在人的本质中包含有这三种基本属性，也就是人作为心理健康的主体也具有生物、精神和社会属性，即三种压力属性和人本质中的三种基本属性正好相吻合，这类似于物理学中的共振共鸣原理。人性本身有这三类"固有频率"，所以会对这三种压力产生反应即"共鸣"，而在压力的性质和强度大致相同的情况下，是否会引起人体心理不平衡，主要取决于个体自身的状况。

每个人都可能会因压力出现心理不平衡，从静态的角度来看，心理健康是一种状态；从发展的角度看，心理健康则是围绕着健康常规，在一定范围内不断上下波动的过程。在通常情况下，人人都会感受到压力和遭受到挫折，不管是属于内在或外在的都会产生焦虑不安的心情，而为了对抗和摆脱这种心情，人本身就会采取不同的应对方式和防御反应，只要平稳状态的破坏不超过人自身固有的自我平衡能力范围，这时的心理健康状态就可以不被破坏，然而一旦超过了自我平衡能力的范围，人的心态就会出现问题和紊乱。

调整自我封闭的心态

自我封闭阻隔了个人与社会的正常交往，使人认知狭窄，情感淡漠，人格扭曲，最终可能导致人格异常与变态。

自我封闭是一种对环境不适的病态心理现象，指个体将自己与外界隔绝开来，很少或根本没有社交活动，除必要的工作、学习、购物外，大部分时间将自己关在家里，不愿与他人来往的行为。

1. 自我封闭心理的特征

（1）普遍性。即各个年龄层次的人都可能产生。儿童有电视幽闭症，青少年有性羞涩引起的恐人症、社交恐惧心理，中年人有社交厌倦心理，老年人有因"空巢"（指子女成家居外）和配偶去世而引起的自我封闭心态。

（2）非沟通性。正常人都有相互交往的需求，而有封闭心态的人则不愿与人交往，不是无话可说，而是害怕或讨厌与人交谈。往往只愿意与自己交谈，如写日记、撰文咏诗，以表达情感和志向。

（3）逃避性。自我封闭行为与生活挫折有关，具有这种异常心理的人在生活、事业上遭受波折与打击后，精神上受到压抑，对周围环境逐渐变得敏感，变得不可接受，于是出现回避社交的行为。

（4）有孤独感。自我封闭者把自己与世隔绝，也就没有什么朋友，时常感到很孤独。

（5）不愿结婚。"男大当婚，女大当嫁"是一种社会习俗，也是人类的基本需要，但有些大男大女宁愿独身也不愿成家。这些大龄男女青年，或者回避现实，或者期望过高，都将自己封闭起来。

（6）社交恐惧。多表现在性格内向者身上。由于幼年时期受到过多的保护或管制，他们内心比较脆弱，自信心也很低，只要有人一说点什么，就赶紧自我对号入座，心里紧张起来。他们最怕到公开场合去，在生人面前常显得束手无策，于是干脆躲在家中不出来。

（7）自责心理。有些人因生活中犯过一些"小错误"，如偷过东西，看过黄色录像，违反过交通规则等，也许并未受过惩处，但由于道德观念太强烈，导致自责自贬，甚至辱骂讨厌摒弃自己，总觉得别人在责怪自己，感到惶惶不可终日，于是深居简出，与世隔绝。

（8）消极的自我暗示。有些人因个子矮小，或有某些躯体缺陷，或容貌丑陋等，于是格外注重个人形象，总是觉得自己长得丑。这种自我暗示，使得他们非常注意别人的评价，甚至别人的目光，最后干脆拒绝与人来往。

上述特征中，前四种为自我封闭心理的内在特点，后四种为自我封闭心理的表现特征。

2. 自我封闭心理的成因

自我封闭阻隔了个人与社会的正常交往，使人认知狭窄，情感淡漠，人格扭曲，最终可能导致人格异常与变态，因此应尽快调整自我封闭的心态。

这与人格发展的某些偏差有因果关系，实质上是一种心理防御机制。由于个人在生活及成长过程中常可能遇到一些挫折，挫折引发焦虑。有些人抗挫折的能力较差，使得焦虑越积越多，只能以自我封闭的方式来回避环境，以降低挫折感。

一年前，赵某参加一位朋友的生日宴会回来，突然感到莫名恐惧，不敢外出见人，多方治疗无效。为此妻子大为恼火，骂他中了哪门子邪，后来听朋友说可以找心理医生咨询一下，于是便来到了心理咨询所。

"我两年前下岗。自己开了一家百货店，生意挺不错。不久，街坊一位长得挺'帅'的哥们也开了一家更大的商店，开后不久生意就红火起来。一次我和他一同去赴一位朋友的生日宴会，都是同行，他大受朋友们的欢迎，不少人争着和他聊天，像众星捧月似的，理我的人却很少。于是顿感心中不安，中途退席回家。从此，不时感到惶恐不安，老为自己绝不可能超过他而感到害怕。开始还只是怕和他在一起，后来连见到他也害怕，整天惶恐他会突然出现在自己面前。不久，就连顾客上门买东西也感到害怕。无法继续营业而停业待在家甚至不敢出门会客，如此情况已有一年多了。"

赵某的症状，属于异常心理中的自我封闭心理症。赵某参加宴会，自感不如那位"帅哥"朋友，于是产生恐惧，并且越来越严重，直到最后害怕见面，不能营业，不敢出门会客，躲在家里，这是典型的因社交恐惧而造成的自我封闭。

王某是一位中学生，他的故事也是如此。

"1996 年 4 月，我们语文老师的钱包被盗，当时只有我一人在他的办公室补习功课。过去我曾因小偷小摸受过学校处分，后来我痛改前非，再也没干过。这一次也确实不是我偷的，可同学和一些老师都怀疑是我干的。有些人当面质问，有些人旁敲侧击，我满身是嘴也说不清楚，从此我终日不安，深感委屈，精神负担很重，总觉得有人在议论我，于是开始迟到和逃学，成绩也直线下降，终因怕见老师和同学而休学在家，不敢见人。这种情况已有两个多月了。"

王某患的异常心理属于自我封闭心理，其表现为严重的自责心理。本来老师的钱包不是他偷的，但由于过去有前科，招来老师和同学的怀疑，导致自责自贬，总觉得别人在责怪自己，感到惶惶不可终日，最后只有休学在家，不敢见人。

自我封闭心理症在心理调适及治疗过程中，必要时应采取全方位立体式的治疗法即联系家属、同学、朋友、患者所恐惧的对象等，做好他们的工作，取得他们真诚密切的配合，这是很重要的一环。特别是患者所惧怕的对象如能热情友好，紧密配合，在某种程度上起到左右患者疾病康复的作用，不可忽视。适量的药物治疗有加快疾病康复的作用。

别让心灵戴上面具

真挚的感情无影无形，但它却比任何实际的东西都更有价值。人的内心世界是由感情凝结而成的。

过分、浮夸的感情并不可取，但我们不能因此对生活中真正打动我们内心的人和事也装作视而不见。把感情封闭起来，戴上所谓成年人的千篇一律的面具去生活，这只会使我们的生活腐败变质。

人的内心世界是由感情凝结而成的，所以我们才能在邻居或朋友之间建立起诚挚的友谊；才能在夫妻间建立起成功美满的婚姻和家庭；社会也才能通过感情的纽带协调转动。

真挚的感情无影无形，但它却比任何实际的东西都更有价值。正因为如此，寻找失落的青年时的笑声和真情，也才会成为人们历尽磨难后的梦想。

天性开朗、热情、奔放的人，根本就没有必要去追求少年老成的效果，以致于制造出一副扭曲的性格，它比肢体的残疾更令人悲哀。装出一副老于世故的外表和麻木不仁的面孔，去迎合某种观念和大众化的口味，是脆弱、怯懦的表现。走出自我封闭的圈子，注意倾听自己心灵的声音并大胆表现它是美好和幸福的。

当我们要压抑自己的感情，想把它封闭起来时，我们有必要反躬自问：我怕的是什么？我为什么不能更自由、更真实地生活在世界上，而不是在面具里呢？

为了生活得更快乐，更有意义，请你摘下成年人的脸谱，重视你的内心吧。

1. 信任他人

如果你对新结识的人表现冷淡，这往往意味着你对人的信任感和孩子般天真的直觉，已被自我封闭的重压毁灭了。那么，你就不会从你周围的人中获得乐趣。

这时，你应该放松自己紧张的生活节奏，不妨和初次见面的人打打招呼；或者在你常去买东西的小店里和售货员聊聊；或者和刚结识的新朋友一道参加郊游。努力寻找童年时交友的感觉，信任他人和你自己，而不要每时每刻都疑窦丛生。

2. 学会对自己说"没关系"

孩子们常常发出无缘无故的笑声，他们的烦恼从不闷在心里。我们常常会被生活中各种各样伤脑筋的事压得两腿打颤。其实，生活中果真有那么多的烦恼吗？许多事情并没有什么大不了的，只是我们把它放大了而已。我们要学会对自己说"这没关系"，这样，我们的生活里就会常常充满开怀的笑声。

3. 顺其自然地去生活

不要为一件事没按计划进行而烦恼，不要为某一次待人接物礼貌不够周全而自怨自艾。如果你对每件事都精心策划，以求万无一失的话，你就不知不觉地把自己的感情紧紧封闭起来了。你已经忘记了自己小时候是什么样子了。

应该重视生活中偶然的灵感和乐趣，快乐是人生的一个重要价值标准，有时能让自己高兴一下就行，不要整日为了一个明确目的，为解决某一项难题而奔忙。

4. 不要为真实的感情梳妆打扮

如果你和你的挚友分离在即，你就让即将涌出的泪水流下来，而不要躲到盥洗室去。为了怕人说长道短而把自己身上最有价值的一部分掩饰起来，这种做法没有任何道理。

生活中许许多多的事都是这样，遵从你的心，听取你心灵的声音。正如巴鲁克教授所说，即便做错了事，我们也不会太难过。

小心滑进精神空虚

空虚心理，是异常心理中一种常见的病态心理。在进行心理治疗时，要注意帮助患者认识和树立正确的人生观。

精神空虚是一种社会病。它的存在极为普遍，当失去精神支柱或社会价值多元化导致某些人无所适从时，或者个人价值被抹杀时，极易出现这种病态心理。

精神空虚的危害性非常大。社会上游手好闲之辈、酗酒嗜毒之徒充斥于大街小巷，给社会治安带来极大隐患。

张某是机关领导干部。年过五十以后，常感人生没有意思，空虚无聊，精神抑郁，常失眠，他自述如下：

"常言道：时光如箭，逝水流年，有钱难买人不老。人要不老多好，然而自然界的永恒规律总是春秋代序，岁月难再。今年我已五十有二，转眼间已是走人生下坡路的年龄了。"

"听说现在有人将五十岁的年龄的人仍然划入青年的行列，

我是举双手赞成，可惜似乎与习惯不相符合，要得到社会的认同也还有待来日，我恐怕难享这荣光了。我觉得，年过半百，那真不是滋味。"

"年过半百，首先难以回避的是外貌上所反映的岁月催人老。不仅皱纹悄悄地爬上了脸庞，而且白发频添，走路时腰板也不那么直了，步履更难有年轻人那么轻快了。总之，老了！外表形象的这种从量变到质变，开始时自己尚不知觉，可是经不住外界的不断提醒。最初听到称我老的，是前两年一天早晨上街买菜，一个卖肉的大老远就喊：'老头子，要瘦肉么？'当时听到，悚然而惊，油然而怒，心中骂道：'你这杀猪的，瞎了眼！'可是有一次挤公共汽车，正好站在一个学生伢子边上，这学生伢子朝我望了望，腼腆地站起来，说：'老同志，您坐。'我那心中的滋味真无可名状，既感谢孩子们学雷锋懂礼貌、心灵一片纯洁；又感叹自己竟已到了被孩子们'尊老'的年龄了。然而，难道自己真老了么？私下总不服这口气。但最近单位一小青年结婚，几个人到他家去吃喜酒。这小青年家刚刚才会牙牙学语的小侄女分门别类地对来人称呼：'叔叔、阿姨、伯伯'，称呼到我时，居然是'爷爷'，童言无忌，这是最公正也最权威的评判了，对着孩子我无言以对。"

"年过半百，体质也有明显的变化，总感到这精气神儿一年不如一年，而家中的药瓶又一年多于一年。晚上外出，老伴总要关照一句：当心点。过去风风火火惯了，哪有这句话来着，可现在这句话虽听着心烦，但又感到并非多余。首先这眼睛就没有过去那么尖，能不当心么！"

"年过半百，最感尴尬的是工作上的事儿了。现在六十岁退休，对我们这种五十多岁的人来说有一句最形象的民谚：提拔嫌老，退休嫌早。据说现在年过半百的还在领导岗位上的人，正好处在'踩杠'年龄，每年人事调整最怕上级想到自己。一想到，就坏了。一通知谈话，就完了。所以每年人事变动，如果'摸'不到，就有漏网之鱼那种大难不死的感觉，和青年人希望引起领导注意的心情真是迥然相异。说句实在话，难道年过半百，还恋占位置吗？或许是，但也不尽然。反正还有几年就要退下来了，迟早的事。主要是退居二线后，那滋味儿真够受的。做了调研员，名为领导层，可又不是领导，而现任领导又不好给老领导分配什么实在的工作，若开领导班子会，人家是请你参加好呢？还是不请你参加好？你每天按时按点来上班了，要做的事就是通过'调研'提点建议，提多了，又怕讨人嫌。索性开明一点，三天打鱼，两天晒网，可是一辈子工作惯了，还没退下来，就这么自由散漫，心中那个烦躁真甭说了。所以人过半百后工作的那十年，是一生工作中最不尴不尬、最为难的十年。"

这位患者从心理病理学的角度来讲是患有由精神支柱丧失和错误的认知引起的异常心理中的空虚心理症。其表现是恐老畏老，否定一切。他对"老"的畏惧对年龄的在乎已到神经质的地步。故导致精神抑郁，神志恍惚，经常失眠。这是一种严重的空虚心理症，如不及时治疗，易演变为精神病。

根据患者的情况，心理医生决定采用自我调适的心理治疗方法并辅以药物治疗来医治其空虚心理症。精神空虚，一损国家，二害集体，三害自己。必须见其危害，通过社会努力与自我调适加以克服。根据空虚心理产生的原因，加上积极的自我心理调适，精神空虚是可以克服的。其具体方法如下：

其一，指导患者，对社会生活持一种较为现实的态度。

其二，积极参与社会活动，或者学习琴棋书画。

其三，要求患者多读名人传记。

其四，磨炼意志，提高战胜挫折的心理承受能力及把握自己命运和行为的能力。

其五，指导患者闲暇时运用音乐来调节个体的情绪和行为。同时配合使用抗焦虑和镇静安眠的药物进行治疗。

首先，心理医生对患者进行引导，让他对社会生活抱有比较现实的态度，让他放弃人到五十一切无用的偏见："社会现实生活是多样的，有积极的方面，也有消极的方面，要看主流，看社会发展的方向。绝不能以偏概全，只看消极的方面，而不求上进，萎靡不振。还应通过学习，提高思想觉悟，接受现实，正视现实，改造现实。人老是自然规律，不能因为人老就万念俱焚。人老有人老的优势，知识积累，经验积累，智慧积累都是青年人难以比拟的，即使不能亲自担任领导工作也能出谋划策奉献余热。要善于找到每一个年龄阶段自己的位置，生活就变得充实有意义了。古有苏老权，二十七岁始发愤，刻苦攻读，最后成了唐代著名的文学家。叶帅八十高龄，仍有诗句：'老夫喜作黄昏颂，满目青山夕照明'，你才五十二，人生还长，其实只是才步入老年而已，仍然大有可为。"

"此外，人生在世并不总是顺境，做人要有理想、有抱负，正确对待失误与挫折，在逆境中锻炼成长。应该'不以物喜，不以己悲'，无论处于什么位置都应保持自己的价值观。同时，应该有比较高尚的追求，从你的陈述中可看出你有权力欲和名利思想。其实一切功名利禄都是过眼云烟。你可多看看名人传记，以名人的奋斗史作为人生的楷模，正确认识自我，不时反思自我，记录自我的人生轨迹与心理变化轨迹。从而确立一种'积极有为'的人生哲学，消除无精神追求的心态。如果你对这些都不感兴趣，你干脆就淡泊心境，种种花，养养鸟，打打太极拳，修身养性，人生的乐趣多着呢！实在空虚无聊时，还可找人聊聊天，听听音乐。节奏鲜明的音乐能振奋人的情绪，军乐曲、进行曲能使人斗志昂扬、情绪高涨，旋律优美悠扬的乐曲能使人情绪安静而轻松、愉快。这些心理调节的方法都适合你的这种状态。当然同时也要按照医生的指导，吃些抗焦虑与镇静安眠的药物如多虑乎、舒乐安定等效果会更好。"

经过三个月的调适，张某又愉快地投入到了工作中，每天打打太极拳，养养花，并适当参加一些社会公益活动，生活过得怡然自得。

空虚心理，是异常心理中一种常见的病态心理。在进行心理治疗时，要注意帮助患者认识和树立正确的人生观，重塑精神支柱，这是关键，同时配合使用药物治疗，以增加心理治疗的效果，加快康复。

用情绪疏导法走出压抑

压抑心理是一种较为普遍的病态社会心理现象。它存在于社会各年龄阶段的人群中，它与个体的挫折、失意有关。

压抑心理是一种较为普遍的病态社会心理现象。它存在于社会各年龄阶段的人群中，它与个体的挫折、失意有关，继而产生自卑、沮丧、自我封闭、焦虑、孤僻等病态心理与行为。挫折与压抑感之间互为因果，形成一个恶性循环。

蒋某是某理工科院校三年级学生，他作了如下自述：

"近半年来，不知是怎么回事，我总不能安心学习，手中拿着书却心里老想着别的事，成绩一落千丈。我分析这可能是由家庭情况造成的。我在家里觉得自己从来没有快乐过，难以忍受母亲野蛮的态度，所以从我懂事后从未叫过母亲，也不知现在应如何对待母亲。以前和小叔家的关系还不错，半年前和他们的关系也搞得十分僵，由此影响了学习。我于1990年考入该校。家中有母亲和比我年长十一岁的哥哥。我从小与祖父和祖母生活在一起，父亲在我上大学第一学期时自杀了，我在奔丧期间未掉过一滴眼泪。父亲是家中的长子，尽管很聪明，却初中未毕业就早早担起家庭生活的重担。我的小叔是大学生，母亲是农村姑娘，很厉害，经常与我的叔叔、婶婶吵架，同时又时常迁怒于我的父亲。父亲为人很老实，从早到晚很少说话，只知道干活。我七岁离开祖父母回到了父母身边。从那时起，母亲攻击的矛头转向了我，常因一点点小事就骂我，甚至打我。在我不注意把大便纸扔在便池中没冲下去时，母亲竟让我用手拿起来放到书包中。我学习成绩很好，经常看书到深夜，母亲就骂我是讨债鬼，一天到晚什么事情也不做。父亲为此很为难，但最后总是向着母亲说话。上高三时，我觉得精神在家庭的压力下快崩溃了，不想参加考试了。但在小叔、婶婶的帮助下。我鼓起勇气参加了高考，总算获得了好成绩。因此我把叔叔婶婶当成了亲人。我与叔叔、婶婶家的关系很好，他们给予我真诚的帮助，但是二年级寒假我在叔叔家时，叔叔因看不惯我抽烟、喝酒和只顾自己不顾别人的行为而批评了我。我感到十分不满，与叔叔吵了起来，提前回校了。现在我觉得世界上一个亲人也没有了，即使是以前对我比较好的叔叔也疏远了我，由此导致注意力不集中，学习成绩下降，心情感到十分压抑，性格逐渐变得孤僻。"

这一案例是由于家庭不幸遭遇引起的抑郁状态。表现为情绪抑郁，多愁善感，自感精力不足，寡言少语，遇事感到困难重重，生活中缺乏兴趣和爱好，有时对人多疑，生活中没有情趣，没有可靠的朋友。由此大大降低了社会的适应能力，思维活动受到抑制，反应迟钝，学习效率降低。

对这类患者宜采用心理疗法，其步骤可考虑这样安排：情绪疏导法——摆脱抑郁、焦虑，让患者发泄自己苦闷的情绪，加强情绪的自我控制能力。然后让患者认识到人生遇到矛盾、挫折是常事，如何解决矛盾的问题是不可回避的。同时帮助患者了解自我承受力比较脆弱的特点，使其学会用积极的方法解决矛盾。

不要压抑负面情绪

而对情绪问题时，心理医生的建议是：如果有人伤害了你，你必须回忆整个过程，不断描述其中的细节，直到这件事不再影响你为止。

生活中，谁都会有一些不良情绪，如果不断压抑它们，你就会越来越消沉，因此，最好的办法是找一种不伤人的方式把不良情绪宣泄出来，这样你就会重新轻松起来。

一天深夜，一个陌生女人打电话来说："我恨透了我的丈夫。"

"你打错电话了。"对方告诉她。

她好像没有听见，滔滔不绝地说下去："我一天到晚照顾小孩，他还以为我在享福。有时候我想独自出去散散心，他都不让，自己却天天晚上出去，说是有应酬，谁会相信！"

"对不起。"对方打断她的话，"我不认识你。"

"你当然不认识我。"她说，"我也不认识你，现在我说了出来，舒服多了，谢谢你。"她挂断了电话。

生活中，大概谁都会产生这样或那样的不良情绪。每个人都难免受到各种不良情绪的刺激和伤害。但是，善于控制和调节情绪的人，能够在不良情绪产生时及时消释它、克服它，从而最大限度地减轻不良情绪的影响。

不良情绪产生了该怎么办呢？一些人认为，最好的办法就是克制自己的感情，不让不良情绪流露出来，做到"喜怒不形于色"。

但人毕竟不同于机器，强行压抑自己的情绪，硬要做到"喜怒不形于色"，把自己弄得表情呆板，情绪漠然，不是感情的成熟，而是情绪的退化，是一种病态的表现。

那些表面上看起来似乎控制住了自己情绪的人，实际上是将情绪转到了内心。任何不良情绪一经产生，就一定会寻找发泄的渠道。当它受到外部压制，不能自由地宣泄时，就会在体内郁闷，危害自己的心理和精神，造成的危害会更大，因此，偶尔发泄一下也未尝不可。

有些心理医生会帮助患者压抑情感，忽略情绪问题，借此暂时解除患者的心理压力。患者便对负面能量产生一定的控制力，所有的情绪问题似乎迎刃而解了。

压抑情绪或许可以暂时解决问题，但是等于逐渐关闭了心门，变得越来越不敏感。虽然你不会再受到负面能量的影响，却逐渐失去了真实的自我。你变得越来越理性，越来越不关心别人。或许你可以暂时压抑情绪，但在不知不觉中，压抑的情绪终将反过来影响你的生活。

　　面对情绪问题时，心理医生的建议是：如果有人伤害了你，你必须回忆整个过程，不断描述其中的细节，直到这件事不再影响你为止。这样的心理治疗方式只会让感情变得麻木。你似乎学会了压抑痛苦，但是伤口仍然存在，你仍会觉得隐隐作痛。

　　另外有些心理医生则会分析患者的情绪问题，然后鼓励患者告诉自己，生气是不值得的，以此否定所有的负面情绪。这些做法都不十分明智。虽然通过自我对话来处理问题并没有什么不对，但人不该一味强化理性，压抑感情。因为长此下去，你会发现，你已背负了沉重的心理负担。

　　一个会处理情绪的人完全能够定期排除负面能量，而不是依靠压抑情感来解决情绪问题。敏感的心是实现梦想的重要动力，学会排除负面情绪，这些情绪就不会再困扰你，你也不必麻痹自己的情感。

　　如果你生性敏感，当你学会如何排除负面能量后，这些累积多时的负面情绪就会逐渐消失。此外，你还必须积极策划每一天，以积蓄力量，去追求梦想，这是你最好的选择。

　　所以，聪明的人在消解不良情绪时，通常采取三个步骤：首先必须承认不良情绪的存在；其次，分析产生这一情绪的原因，弄清楚为什么会苦恼、忧愁或愤怒；第三，如果确实有可恼、可忧、可怒的理由，则寻求适当的方法和途径解决，而不是一味压抑自己的不良情绪。

用快乐的微笑打扫抑郁

笑，实在是仁爱的表现，快乐的源泉，亲近别人的桥梁。有了笑，人类的感情就沟通了。

假如你心情抑郁，那么请记住美国著名策划专家乔治·凯的话："用快乐的微笑打扫你抑郁的心情吧！"成大事者都把"笑对人生，快乐生活"作为自己的座右铭。他们这种积极快乐、热爱生活的态度，使他们的生活充满生机与阳光。

有这样一个小故事：

有一位老先生，得了病，头痛、背痛、茶饭无味、萎靡不振。他吃了很多药，也不管用。这天他听说来了一位著名的中医，就去看病。中医诊断一番后，给他开了一张方子，让老先生去按方抓药。老先生来到药铺，给卖药的师傅递上方子。师傅接过一看，哈哈大笑，说这方子是治妇科病的，医生犯糊涂了吧？老先生赶忙去找那中医，中医却到远方就诊去了，说要一个多月才能回来。老先生只好揣起方子回家。回家路上，他想糊涂医生开糊涂方，自己竟得了"月经失调"的妇女病，禁不住哈哈乐起来。这以后，每当想起这件事，老先生就忍不住要笑。他把这事说给家人和朋友，大家也都忍不住乐。一个月后，老先生去找那中医，笑呵呵地告诉医生方子开错了。医生此时笑着说，我是故意开错的。老先生是肝气郁结，引起精神抑郁及其他病症。而笑，则是他给老先生开的"特效方"。老先生这才恍然大悟——这一个月，老先生光顾笑了，什么药也没吃，身体却好了。

想想看，笑，对一个人的生活有着多么大的影响。它关系着我们的健康，我们的心情，我们与他人的沟通，我们事业的成败，我们生命的意义。

这使人想到一些关于乐观人生的名言：

印度大文豪泰戈尔说："世界上的事情最好是一笑了之，不必用眼泪去冲洗。"

英国诗人雪莱说："笑，实在是仁爱的表现，快乐的源泉，亲近别人的桥梁。有了笑，人类的感情就沟通了。"

英国戏剧家莎士比亚说："善说笑话的人，往往有先见之明。心里如果常有快乐，就能防止百害，延长寿命。"

"不要使冰霜结在你的脸上。"我们忙忙碌碌的生活节奏，给了我们巨大的生活压力。我们要维持自身和家庭的生活水准不至于太低，我们要时时提防天灾人祸的发生，我们面对着生老病死的困扰，我们要和形形色色的人打交道……如果我们不懂得调节自己，苦恼、忧愁、烦躁、愤怒、痛苦……这些不良的情绪就会严重地损害我们的身体和精神，就像老话说的"愁一愁，白了头"。最好的自我调适方法就是笑，就是乐观地生活，就是养成乐观生活的好心态。

乐观的态度是战胜困难、走向成功的法宝。"愉快的笑声，是精神健康的可靠标志。"用微笑和乐观的心态来面对人生、解释生活，使我们的每一天都快乐而充实。要快乐地生活，就要学会摆脱繁杂生活的束缚，要对抑郁说不，一身轻松，心情才会更好。

洗尽内疚重上路

不被负疚感所纠缠并不意味着你不必在乎所犯的错误，或对过错视若无睹，听之任之。

我们不应该追悔往昔，纠缠其中无法自拔。除非我们能从过去的失误中学到有用的教训，或是从那些曾付出高昂代价的经历里受益。

浪费你人生的大好光阴，来悔恨过去曾做错的事或说错的话，任由负罪感和内疚如同毒蛇般咬噬折磨你的心灵，这样的做法是没有丝毫价值的。你不可能改变任何已经发生的事，除非你有一架时空穿梭机。不断地在内心重温过往那些不愉快的事又有什么意义呢？你既然不能使时光倒流，无法让你的人生从头再来，那么内疚、懊悔、自责或是羞愧真是空洞无用、苍白无力的。

但是你可以从过去的失误和过错中吸取教训。如果你曾经做过一些使你现在想起来就懊悔万分，恨不得从未发生过的事，不要紧，你无须挣扎在充满内疚和负罪的深渊里，直至被彻底摧毁击垮。你只要引以为戒，确信这类的错误你绝对不会再犯就够了。把以往的过错当作提高和发展自己的经历。

负疚感只会引发你愤怒、困窘难堪或者灰心沮丧。它完全是在浪费你的美好年华，而你本该用这些消磨掉的时间去做更多，更有价值的事。

不被负疚感所纠缠并不意味着你不必在乎所犯的错误，或对过错视若无睹，听之任之。你可以将一切的内疚悔恨的感受永远深深埋藏在心底。我的意思是说，不偏执于负疚感，其实是让你能更有效地从过去的经历中吸取教训，积极地展望未来。

不要让他人利用你的负疚心理，包括你的上司、你的小孩或是你的同事。他们故意装作是你所犯过错的牺牲品，装作是因为你的失误才导致了他们诸多的巨大损失。其实骨子里，他们不过是为了故意刺激你的负罪感，然后更大程度地压榨你，从你那里获得更多的好处。他们并不是存心使诈或是邪恶透顶，他们只不过在耍一套人际关系中常见的便利把戏而已。

你日常的行为和欲望同样会使你产生负疚感。但是仅仅内疚并不能将你从沉重的责任中解放出来，你仍然必须时时对你的行为和思想负责。所以，从现在起就告别负疚感，接受你已经无法重写自己的过去这一事实，勇敢为你所做过的一切承担应负的责任，并努力从中学到富有价值的经验。

疏导紧张的情绪

面对一个无法解决的问题，想尽了办法也没用，这时，与其着急上火，还不如放松一下。

1. 胡思乱想

不要抑制自己那些稀奇古怪的念头。其实，越不让自己去想，就越会控制不住的去想。正是因为强制自己不去想那些"不该想"的问题，才让自己陷入到焦虑和矛盾当中。

一个人舒适地躺在床上，打开思想的闸门，随心所欲地胡思乱想。既然只是在想象，又担心什么呢？

2. 结交知心的朋友

冷漠导致孤独，分享带来快乐。结交几个可以信赖、相互支持的朋友，与他们分享自己的快乐与忧愁。在遇到困难的时候还可以互相帮助。

经常参加一些朋友的聚会，聊一些与家人不能聊的话题，倾诉一下自己的烦恼，让自己紧张的心得到抚慰。

3. 用想象消除紧张

有时候，我们会对一些特定的场景感到非常紧张。比如考试之前紧张得难以入睡，或者一到当众讲话的时候就直冒虚汗，这时，就可以通过想象方法来减轻压力。

用想象消除紧张的原理在于：在头脑中想象让自己感到紧张的那个场景，与此同时，调整呼吸，放松自己的身体，使紧张情绪所导致的身体、心理反应减弱，甚至消失，从而达到放松的目的。

准备动作：在安静的房间里，平躺在柔软的床上，或者坐在舒适的椅子上，尽量使自己放松。

想象：想象让你感到紧张的那个场景（比如当众讲话），这时，你就会出现呼吸加速、心跳加快、出汗、握紧拳头、牙齿紧闭等一些生理反应。这时，深吸一口气，分三次缓慢的呼出来。紧张反应就会减弱。反复多次，直到感到身体没有明显的紧张症状为止。

直到想象那个场景的时候不再引起明显的紧张反应时，就算是成功了。

4. 及时宣泄自己的情感

不加疏导的洪水就会泛滥。同样，不加释放的情感也会对身心造成伤害。

压抑自己的情感会导致胸闷、食欲不振、失眠等生理症状，以及自我否定、焦虑等心理症状。医学上的研究表明，许多疾病，包括消化系统疾病、皮肤过敏、失眠等都与情感压抑有关。情感压抑还是癌症等突发性疾病的重要诱发因素。因此，我们需要正视自己的感情，让自己的感情表达出来，即使不能公开表达它们，也应该承认它们的存在。

情感澎湃的时候就宣泄出来，允许自己的愤怒、爱恋、害怕、兴奋以及其他情绪表露出来，会有助于自己的身心健康。日本专门有为上班族准备的情感发泄室，在里面，白领可以定制自己发泄的对象——比如平日里在自己头上作威作福的上司。然后在房间里对着玩偶暴打一顿。打完以后不仅锻炼了身体，出了一身汗，压抑的心情也得到了释放，心情舒畅了许多。

有时候遇上中意的心上人，犹豫再三却又不敢表白。其实，与其让这股爱意憋在心里，还不如勇敢一点，即使遭到的是白眼，也要比暗恋好一些。

5. 提高自己的心理承受力

一些人看起来特别有活力，即使遭受挫折也不会陷入到沮丧当中。这与他的心理承受能力有关。心理承受能力强的人有三个特征：有信念、自我控制能力强、能够迎接挑战。

（1）有信念

承受力较高的人在不利的情况下，倾向于给自己积极的暗示，努力想办法摆脱困境，即使面对失败，也不会放弃自己的目标，小挫折对他们来说只是一种磨炼，可以泰然处之；而心理承受力弱的人则倾向于夸大事情的困难，怨天尤人。

（2）自控制能力

不会轻易地被他人的情绪、观点以及外在的环境所左右，不会轻易出现情绪失控。

（3）喜欢挑战性的工作

承受力强的人一般相信自己能战胜困难，他们总是把外在的压力和困难看作一种催化剂，认为是困难给他们提供了成长的机会，敢于迎接挑战。压力对他们来说不是负担，而是动力。

6. 不为虚名而累

李白斗酒诗百篇，

长安市上酒家眠。

天子呼来不上船，

自称臣是酒中仙。

这首诗说的是诗仙李白不为名利牵累，潇洒人生的态度。人生在世，为名、财、利而奔波，难免会陷入到名利场中。精心算计，斤斤计较，心浮气躁，终日惶惶不安，最终会为名所累、为名所害。

相反，超然于世，淡泊名利，反倒能够把注意力集中在自己的事业上，广结益友，潜心钻研，不为虚名所累，最终反倒会名利双收。

7. 来点阿Q精神

面对一个无法解决的问题，想尽了办法也没用，这时，与其着急上火，还不如放松一下。其实再想也是烦，不会立刻有解决的方法，不如干脆就别想，来点阿Q精神也无妨！

人比人，气死人。看看周围的人，同学、朋友、同事，似乎都比自己强。自己怎么就这么差呢？其实知道不足就行了，还有将来呢。安于现状，知足常乐，才是阿Q精神！

大千世界，矛盾重重，个人的希望、利益，同客观现实经常是一对矛盾。为了能使自己从无休止的烦恼中解脱出来，也常常需要点"精神胜利法"——"我一直还不错！"

心病还需心药医

抑郁现象非常普遍，但并不可怕，只要及早地进行科学的应对，会很快好起来的，哪怕是已到抑郁症的程度。

抑郁是指在引起抑郁的情境得以改善之后，个体仍表现为沮丧、灰心、无望，对周围事物和活动缺乏兴趣，同时伴有自卑与自罪感，甚至有自杀企图。

应当说，每个人都有过沮丧、灰心、无望的时候，但不是每个人曾患上过抑郁症。有时候抑郁是源于完全可以理解的原因：心爱的人去世，失业，或婚姻破裂。但大多数人都能渐渐适应过来。抑郁症与一般的精神不振的区别在于持续时间的长短和情况严重的程度上的差异。

美国心理健康研究所指出，严重抑郁的典型症状包括：

睡眠习性明显改变；

没有胃口，或体重下降，或两者同时出现，又或吃得太多，体重增加；

持续的忧愁、焦虑或空虚感；

感到无望悲观；

感到愧疚、无用、无助；

疲劳或精力减退；

想及或谈及死亡、自杀，或表白了自杀意图，甚至已有行动。

美国作家威廉·斯蒂伦曾对"种种可怕的抑郁形态"作过深刻的描述，其中有自艾自怨、自觉无用等感受，觉得"满腹忧伤而毫无人生情趣，甚至感到恐惧和精神错乱，特别是有一种令人窒息的焦虑感"；随后，智力受损的症状也开始出现，如"思维混乱，注意力涣散、健忘"等；以后，看问题的眼光也"完全扭曲"，有一种"头脑被难以名状的毒潮所吞没的感觉，而这种毒潮把人生的欢乐抹杀得一干二净"。与此同时，生理的反应也出现了，如失眠、感觉如行尸走肉、"麻木不仁、无精打采、气息奄奄"。更进一步，则感到生活全无乐趣，"吃饭如同嚼蜡，其他感官享受也索然无趣"。最后，任何人生希望都消失得无影无踪，而"恐惧又无孔不入"，使人绝望地感受到似乎唯有自杀才能脱离无边苦海。

抑郁现象非常普遍，但并不可怕，只要及早地进行科学的应对，会很快好起来的，哪怕是已到抑郁症的程度。但如果只是消极应对，那情况可能会愈来愈严重。

美国心理健康研究所做了一次全美调查，发现只有 1/3 的抑郁病人曾经求诊。可是，一旦获得治疗，有八九成的病人可因新药物和疗法而病况缓解，而且只要周围的人及早注意到问题，而病人也立即开始治疗，甚至可以不再复发。这种情况若不医治，便会经常复发，而每复发一次，再次复发的机会也随之增加。第一次发作未治的人，有半数会第二次发作，第三次发作后，有

90% 的可能第四次发作，因此及早治疗非常重要。

常用的策略有：

其一，转移注意

尽可能别总是想着让你郁闷的事，也别老想着你正有抑郁表现或抑郁症。想点别的，好吗？

有学者认为，抑郁情绪持续或缓解与否？关键因素之一就是人们对其的思索是否适可而止。如果抑郁者忧心忡忡，多半会使抑郁更加严重，持续的时间更长。抑郁症患者焦虑的事情不少，但都与抑郁症本身有关，如我们感到心力交瘁、精力不济、缺乏动力、工作效率差等。一般来说，对这种情况他们很少采取实际行动加以改善。美国斯坦福大学心理学家霍克斯玛曾对抑郁症患者思索的问题进行过研究。她举例说，这些人常常会"让自己离群索居，感受自己心情有多么沮丧，担心由于自己情绪低落，配偶会不会理睬自己，害怕不断受一个个不眠之夜的煎熬"等。

其二，采用认知疗法

有研究发现，对于轻度抑郁症，有助于改变抑郁症患者思维定式的认知心理疗法，其疗效并不比药物差，而且更有利于防止轻度抑郁症再度发生。对治疗轻度抑郁症来说，有两种认知技巧尤为有效，一是学会在冥思苦想中对担忧的问题质疑，想想这样看问题是否正确，是否还有更多积极的选择；二是有意识地安排一些愉快且能转移忧思的活动。

其三，去享受生活

有人提出，缓解抑郁症的常用方法是通过享受生活让自己振奋愉快。心情抑郁时，人们常通过洗个热水澡，吃点美味佳肴，听听音乐等，来减轻其郁闷情绪。女性心情不佳时，通常的缓解办法是上街给自己买点小玩意儿或吃点东西。女性到商店里，即使不买东西，仅仅随处逛逛心里也会舒畅。

其四，给自己一个成功体验

还有一种方法是设法取得一个小小的成功，如处理好家里某件拖延已久的杂事，或做做早就打算要搞的清洁卫生。改善自我形象也有助于解闷消愁，哪怕是穿着整洁得体也好。

其五，做义工去

缓解抑郁症的另一个有效方法是帮助人。抑郁症患者情绪低落的原因就在于沉溺于自己的苦闷中。如果移情于他人的痛苦，热心帮助他人，就能把自己从抑郁情绪的桎梏中解救出来。泰斯的研究发现，投身于志愿者助人活动是改变心境的最佳办法。然而，这也是人们最少采用的办法之一。

其六，服药

如果以上方法都不行，最后的选择应该是服药。请注意，我们认为服药是最后的选择，而不是最初的选择。服药对抑郁症的治疗是有效果的。据医生说，病况严重的人吃过抗抑郁药，有些会在4至6个星期内好转。我们还是认为，在服药的同时，以上方法仍需采用。这是心病，心病还需心药医。

第七章

心态是健康良药
——忧虑是腐蚀心灵的魔鬼

生命的过程就如同一次旅行，如果把每一个阶段的"成败得失"全部都扛在肩上，今后的路还怎么走？为你的"旧包袱"举行一场葬礼，将它埋葬，与过去的不愉快说再见，跟往事干杯吧，用乐观的思想代替悲观，以镇定代替不安，用愉快代替烦恼。这样，你将在今后的人生旅程中轻装上阵，生活会更加轻松和有质量。

向忧虑说再见

一个人在心绪不定的情形下工作，效率自然不会高。人的各种精神机能，一定要在丝毫不受牵制的时候才能发挥最高的能力。

注意养成重视和培养心理健康的习惯，是每个人快乐成长、获得幸福人生的关键。无论一个人在物质上多么富有，假如他在心灵上是空虚的，那么这种人生就是不健全的。拥有健康的心理，我们才能真正获得精神上的安定、内心的幸福。

重视心理健康才能精神焕发，快乐学习和工作。现代医学对"健康"的定义是："健康是身体上、精神上、心理和社会适应上的完好状态，而不仅仅是没有疾病和虚弱"。在这里，精神和心理因素占据了十分重要的位置。所以，注意养成重视和培养心理健康的习惯，是获得幸福人生的关键。

1. 自我释放压力

正常的压力对我们获得成功非常重要，但是在学习和工作中积累巨大的压力却不能有效而及时释放出来，这对我们的健康就有害了。具体来说，工作中的过大压力会降低员工的工作效率；对个人来说，压力过大会严重影响到身心健康，甚至产生精神疾病。所以，日本一些公司就专门为员工设立了"出气室"，使那些在工作中遭受委屈、承受压力的员工有机会把内心的不满和焦躁释放出来，从而以充沛的精力投入到工作中。

对个人来说，日积月累的压力如果得不到有效而及时的释放，就会引发严重的健康危机。特别是在现代社会，人们需要接受学习、工作等各个方面的严酷竞争，在习惯了默默接受琐碎压力之后，更要学会自我减压。否则，这种压力就会积聚成一个定时炸弹，在某一时刻产生巨大的破坏力。

养成自我释放压力的习惯，其实是一种自我心理调试的过程。在美国，每年有180多万人因为压力太大而向医生求救。由此可见它对人们带来了多么严重的危害。如果你食欲下降，身体免疫系统受损，睡眠质量差。那么从现在开始学着释放内心的压力吧，轻松的感觉让人心情舒畅！你有愉快的权利，也有休息的权利。当我们面对外部和来自内心的巨大压力时，要避免受到它们的伤害，否则自己将会走向人生崩溃的边缘。人不可能无限制地遭受挤压，这时控制自己的工作与生活节奏就很重要了。就像迈克尔·乔丹一样，要善于抓住场上的片刻时间进行放松和休息。

养成自我释放压力的习惯要做到以下几点：

（1）检测自己承受压力的大小。

人贵有自知之明。当我们了解了自己的压力大小、来源等重要问题后，释放和缓解压力就变得非常重要了。我们可以自问：什么是我要的生活？我的期望切合实际吗？这样可以从内心深处让自己放松。

（2）在工作中"悟道"，不做工作狂。

做任何事情都有自己的门道，工作永远做不完，但只要掌握了它的关键点，我们就可以游刃有余地推进目标。成为一个工作狂永远不会减轻压力。

（3）掌握减轻压力的一些物理疗法。

减压有许多学问可寻。劳累一天后可以从事一些简单的运动，给自己泡杯热茶品味安静，洗个热水澡松弛肌肉、缓和神经等。

2. 向忧虑说"再见"

生命的过程就如同一次旅行，如果把每一个阶段的"成败得失"全部都扛在肩上，今后的路还怎么走？为你的"旧包袱"举行一场葬礼，将它埋葬，与过去的不愉快说再见，跟往事干杯吧，用乐观的思想代替悲观，以镇定代替不安，用愉快代替烦恼。这样，你将在今后的人生旅程中轻装上阵，生活会更加轻松和有质量。

美国著名作家马克·吐温说过："忧愁是伤人的病菌。它会吞噬你的优势，而留下一个像废品一样的垃圾。"一个把大量精力耗费在无谓的烦恼上的人，他是不可能尽量发挥自己固有能力的。世界上能够摧残人的活力、阻碍人的志向、降低人的能力的东西，莫过于烦忧这一毒素。

有一位叫乔治·布朗的人，虽然他已经成了大商人，每年都有上百万的收入，但是，他却常常情绪不稳，因为他心理总是提防着周围的人，包括自己的助手和家人，于是心里就会产生许多莫名其妙的忧愁，他十分痛苦。有一天，他的一位好朋友真诚地对他说："乔治，相信人比怀疑一个人更让人心绪安宁。"这句话，深深打动了乔治，他这样做了，从相信这位朋友开始，他发现自己的忧愁每天都在减少。

没有人能估算得清楚忧愁到底造成了多少人类的灾祸损失。它使天才变得平庸，它使一个人归于失败，它破灭人的希望。下面我们来看看它是如何造成人们心理危机的：

（1）工作不能置人于死地，但烦忧却能杀死人。

卖苦力，办难事，都不会使我们有任何伤害，能够真正损害我们的，就是我们在办事和做工时的心理状态。

（2）烦忧能败坏人的健康，摧残人的精力，损害人的创造力。

它使许多本来可以大有作为的人，最终因烦恼忧虑而死。

（3）烦恼是毒药。

你可曾听到过，人们能够从烦忧中得到丝毫的好处吗？它可曾帮助过任何人改善他们的生活吗？难道不就是这个恶魔随时随地都在损害人们的健康，摧残人们的活力，降低人们的工作效率，使人们的生活陷入不幸之中吗？

土著人在宗教礼拜中，往往用种种残酷的方法，伤害自己的身体，还以此作为虔诚的标志。对于这种现象，我们难道不觉得可怜又可笑吗？然而，在嘲笑他们的同时，我们发觉自己也并不高明。我们往往用种种精神的刑具来折磨自己，我们常常怀着各种无谓的杞人忧天和不祥的预感，在我们的一生中自寻烦恼。

（4）烦忧能摧残人的活力，消磨人的精神，并对人的工作产生很严重的影响。

一个人在心绪不定的情形下工作，效率自然不会高。人的各种精神机能，一定要在丝毫不受牵制的时候才能发挥最高的能力。困于烦忧的头脑，尽管仍在思考，但往往不清楚、不敏捷、不合逻辑。在脑细胞受到烦忧的毒害时，脑部的思考力自然不可能像在毫无烦恼忧虑时那样集中。

女性特别易于陷入烦恼的心理危机之中。她们每天花在处理家常事务上的精力，远不如花在对子女的无谓操心与懊恼，以及其他无谓的精神紧张上来得多。一到傍晚，她们总是感到筋疲力尽，然而她们不曾意识到，这是她们将大部分的精神浪费于无谓的心理压力上造成的。

人类居然能允许这种无谓的烦恼、忧虑，来诈取人的青春和生命，使人未到中年就现老相，岂不是很悲哀吗？看到许多年仅30岁的妇女，面部就出现了皱纹，你以为这是她们过度操劳，或遭遇重大不幸所致吗？不是，这大多是由于她们多愁善感和容易烦忧的结果。

驱除烦忧心理的最好办法，就是常常怀着一种愉快的态度，而不是老去纠缠生活中的不幸。保持身体健康，也是矫正烦忧心理危机的重要方法。不错的胃口，甜蜜的睡眠，清爽的神志，都是可以减少烦忧的妙方。体力强健的人，被烦忧偷袭的机会会比较少。而在体质衰弱的人的生命中，烦忧最易侵入与滋长。

在你克服危机的路途中，当你觉察到恐惧、烦忧的思想侵入你的心中时。你必须立刻将你的心中充满各种希望、自信、勇敢与愉快的思想，不要坐视这些剥夺你幸福的敌人在你心中盘踞起来，立刻把那群魔鬼驱逐出你的心灵。

世上本无事，庸人自扰之. 想要保持健康的身体，就一定要清除你生命中忧虑这副慢性毒药，跟忧虑说"再见"。

忧虑是人生最丑陋的皱纹

在闲暇时间，你要努力接近乐观的人，观察他们的行为。通过观察，你能培养起乐观的态度，乐观的火种就会慢慢地在你内心点燃。

再没有什么会比忧虑使一个女人老得更快了。忧虑会使我们的表情难看，会使我们咬紧牙关，会使我们的脸上产生皱纹，会使我们愁眉苦脸，会使我们头发变白，有时甚至会使头发脱落。忧虑也会使你脸上的皮肤产生斑点。

柯锐尔博士说过：不知道怎样抗拒忧虑的商人，都会短命而亡。

林语堂曾在《生活的艺术》一书中告诫忧虑者："假若你能接受最坏的情况，在心理上，你就能发挥出新的潜力。"。

纽约有位石油商人，他主管的那家石油公司有好几辆运油的卡车和许多飞机。在那段时间，物价管理委员会的条例规定得很严，他们所能送给每一位顾客的油量也都有限制。他最初不知道事情的真相：有一些运货员减少他们固定顾客的油量，然后再把偷下来的油卖给其他顾客。

有一天，有个自称政府调查员的人来看他，向他要 5000 美元的红包。那人说他拥有运货员舞弊的证据。他威胁说，如果不答应的话，他要把证据转交给检察官。这时候，油商才发现公司有这种不法的买卖。

当然，他知道他没有什么好担心的——至少跟他个人无关。但是他也知道法律规定，公司应该为自己员工的行为负责。还有，他知道万一案子打到法院，上了报纸，这种坏名声就会毁了他的生意。他对自己的生意非常骄傲——那是他父亲在 24 年前打下的基础。

他因担心而生病了，三天三夜吃不下睡不着。他一直在那件事上打转。他是该付那笔钱——5000 美金，还是该对那个人说，你爱怎么干就怎么干吧。他一直下不了决定，每天都做噩梦。

"嗯，我的生意毁了之后，也许得去另外找件差事。这也不坏，我对石油知道得很多——有几家大公司可能会乐意雇用我。"

他开始觉得好过多了，三天三夜来，他的那份忧虑开始消散了一点，他的情绪稳定了下来，他居然能够开始思考了。

他头脑清醒地看出第三步——改善最坏的情况。就在他想到解决方法的时候，一个全新的局面展现在他的面前：如果他把整个情况告诉他的律师，他可能会找到一条他一直没有想到的路子。油商知道这听起来很简单，因为他最初一直没有想到这一点——当然是因为他最初一直没有好好想，只是一直在担心的缘故。他马上打定主意，第二天清早就去见他的律师——接着他上了床，睡得安安稳稳。

事情的结果如何呢？第二天早上，他的律师叫他去见地方检察官，把整个情况告诉检察官。油商果然照律师的话做了。当他说出原委之后，结果却出乎意外。地方检察官对他说，这种勒索的案子已经连续有几个月了，那个自称是政府调查员的人，实际上是警方的通缉犯。当油商为了决定是否该把5000美金交给那个职业罪犯而担心了三天三夜后，听到这番话，他真是松了一大口气。

中国有个故事叫"杞人忧天"，其实担心天掉下来的心理是毫无道理的。可见，忧虑真的是会使人丧失理智。忧虑心理是人生、事业成功的绊脚石，如果成天愁眉不展，担心这，担心那，那么，你就会养成优柔寡断的毛病，眼看成功的机会白白地从你指尖溜走，到最后，空悲切，白了少年头。

如果你不想空悲切，不想白了少年头，那么你就按以下方法克服你的忧虑：

我担忧的是什么？

我能如何做？

我的决定如何选择？

我什么时候实施？

只要你按"处方"很好地实施，忧虑自然就会远离你，不再成为你事业上的无形杀手。

既不要被逆境困扰，也不要幻想出现奇迹，要脚踏实地，坚持不懈，全力以赴去争取胜利。

不管多么严峻的形势向你逼来，你也要努力去发现有利的因素。过后，你就会发现自己到处都有一些小的成功，这样，自信心自然也就增长了。

不要把悲观作为保护你失望情绪的缓冲器。乐观是希望之花，能赐人以力量。

当你失败时，你要想到你曾经多次获得过成功，这才是值得庆幸的。如果10个问题，你答对了5个，那么还是完全有理由庆祝一番，因为你已经成功地解决了5个问题。

在闲暇时间，你要努力接近乐观的人，观察他们的行为。通过观察，你能培养起乐观的态度，乐观的火种就会慢慢地在你内心点燃。

你永远要记住，忧虑不是天生的，就像人类的其他态度一样，忧虑不但可以减轻，而且通过努力还能转变成一种新的态度——乐观。那么，你就会变成一个乐观的人。

要稳健而不浮躁

稳健的人，总是善于捕捉机会，总是能够洞察先机，抓住机遇，努力拼搏。他始终有一颗稳健、清醒的心去面对一切。

人为什么会精神失常？恐怕至今没有人知道全部答案。据医学专家和心理学家的观点，大多数情况是由于浮躁或忧虑造成的。那些焦虑和烦躁不安的人，多半不能适应现实的世界，而跟周围的环境脱离了关系，退缩到自己的梦想世界，以此来解脱自己心中的忧虑。所以成大事者首先应克服的就是自己的浮躁情绪。

稳健的人，总是善于捕捉机会，总是能够洞察先机，抓住机遇，努力拼搏。他始终有一颗稳健、清醒的心去面对一切。

我们的社会已进入新时期，许多新鲜事物纷纷涌进来，花花世界，难免会对人产生极大的诱惑，而这极大诱惑，会使人变得浮躁。

事情往往就是这样，你越着急，越不会成功。因为着急会使你失去清醒的头脑，于是，在你奋斗过程中，浮躁占据着你的思维，使你不能正确制定方针、策略以稳步前进，结果自然适得其反。

只有正确认识自己，才不会让盲目的自己奔向一个超出自己能力范围的目标，而是踏踏实实地去做自己能够做的事情。

当目标确定，你就不能着急，而要一步一个脚印地来，"着急吃不了热豆腐。"

如果浮躁的心能稍稍收敛，变成一种渴望，一种对成功的渴望，那么，你必定能走向成功。

当你控制了浮躁，你才会吃得起成功路上的苦；才会有耐心与毅力一步一个脚印向前迈进；才不会因为各种各样的诱惑而迷失方向；才会制定一个接一个的小目标，然后一个接一个地完成它，最终实现目标。

人人皆知的李嘉诚就是稳健、不浮躁的典范。

11岁那年，李嘉诚来到香港，到了14岁，由于父亲去世，他辍学打工。再后来，他舅父让他去他的钟表公司上班，但他没有答应，他要自己找工作。

年纪轻轻就不肯接受帮助而要自己闯，表现出他自强独立和自信的性格。这种性格，培养出他以后稳健前进的工作作风、不浮躁的工作态度。

他先是想到去银行寻找机会，因为他觉得银行一定有钱，因为银行是同钱打交道，也不可能倒闭。但是银行的梦想没有成功，他当了一名茶馆里的堂倌。

即使是当堂倌，他也胸怀大志，从小事做起，一步步向目标迈进。这些小事是这样的：他给自己安排课程，以自觉养成察言观色、见机行事的习惯。这些课程包括：时时处处揣测茶客的籍贯、年龄、职业、财富、性格，然后找机会验证；揣摩顾客的消费心理，既真诚待人又投其所好，让顾客满心高兴地付钱。

后来他又以收书方式读了很多书，并把看过的书再卖掉。

就是这样，李嘉诚既掌握了知识，又没浪费钱。

一段时间后，他觉得在茶馆里没有前途，就进了舅父的钟表公司当学徒，他偷师学艺很快学到了钟表的装配及修理的有关技术。其后，他建议开钟表公司的舅父迅速占领中低档钟表市场。结果大获成功，因为香港对低档表的需求确实很大。

1946年，他17岁，辞别舅父，开始自己的创业道路，却屡遭失败，几次陷入困境。但他仍然不浮躁，不气馁，而是踏踏实实地一步一步往前走。

1950年夏，才22岁的李嘉诚创立了长江塑胶厂。

他之所以要创立这个厂，也是他稳健思考的结果。他通过分析，预计全世界将会掀起一场塑胶革命，而当时的香港，塑胶是一片空白。

这是一个机遇。

可以说，他有审时度势的判断力。这种审时度势的判断力，亦来自于他的稳健。

在工厂经营到第7个年头的时候，李嘉诚开始放眼全球。

他大量寻求塑胶世界的动态信息。一天，他翻阅英文版《塑胶杂志》，读到了一则简短的消息：意大利一家公司已开发出利用塑胶原料制成的塑胶花，并即将投入生产，向欧美市场发起进攻。他立即想到另一个消息，那个消息说欧美人生活节奏加快，许多家庭主妇正逐渐成为职业妇女，家务社会化的要求越来越强烈。他于是推想，欧美的家庭，都喜爱在室内外装饰花卉，但是快节奏的生活使人们无暇种植娇贵的植物花卉。塑料插花可以弥补这一不足。他由此判断，塑胶花的市场将很大，必须抢先占领这个市场，不然就会失去这个机遇。

于是，李嘉诚以最快速度办妥赴意大利的旅游签证，前去考察塑胶花的生产技术和销售前景。

一条辉煌的道路，由此展开。

正当李嘉诚全力拓展欧美市场的时候，一个重大的机会出现了。一位欧洲的批发商在看到了李嘉诚公司的产品样品后，与李嘉诚联系。这位批发商是因为李嘉诚公司的产品价格低于欧洲产品的价格而来找他的，他通过一些渠道得知长江公司是资金私有制，为保险起见，他表示愿意同李嘉诚合作，条件是他必须有实力雄厚的公司或个人进行担保。李嘉诚知道这位批发商的销售网遍及欧洲，而要占领主要市场——西欧和北欧，与他取得联系，是十分有利的。可惜，他竭尽全力都没有找到担保人。但只要有一线希望，他也全力争取，这是他成功的法宝之一。他与设计师一道连夜赶出9款样品，批发商只准备订一种，李嘉诚则每种设计了3款。第二日他来到批发商的商店，批发商望着他因通宵未眠而红的眼睛，欣赏地笑了，答应了谈生意，在李嘉诚没有担保的情况下，签了第一份购销合同。按协议批发商提前交付货款，从而解决了长江公司扩大再生产的资金不足问题。

长江公司很快占领大量的欧美市场。仅1958年一年，长江公司的营业额就达 1000 多万港元，纯利润 100 多万港元。塑胶花使长江实业迅速崛起，李嘉诚也成为世界"塑胶花大王。"

稳健的人，往往有这样的素质：做一件事，不坚持到最后一分钟不甘心失败。

对于渴望成功的人，应该记住：你着急可以，切不可浮躁。成功之路，艰辛而又漫长，只有稳步前进才能坚持到终点，赢得成功；如果一开始就浮躁，那么，你最多只能走到一半的路程，然后就会累倒在地。

在这里，浮躁与稳健对于一个人成功的影响，一目了然。只有不浮躁，才能吃得起成功路上的苦。只有不浮躁，才会有耐心与毅力一步一个脚印地向前迈进。

恐惧会破坏人体的生理平衡

恐惧的心态还直接影响着人的身心健康。恐惧能引起身体各种器官及生理状况发生一系列变化。

《尚书》里有这样一句话："心之忧危，若蹈虎尾，涉于春冰。"意思是：对待各种事情，心中总怀着危惧之感，就像踩着老虎尾巴一样畏惧，像走在春天即将融化的冰面上一样战战兢兢。这正是恐惧心态的真实写照。

恐惧的心态还直接影响着人的身心健康。恐惧能引起身体各种器官及生理状况发生一系列变化。如表现出苦笑、战栗、惊叫等反常姿态或动作软弱无力，以及脸色苍白、心律改变、血压上升、消化腺活动受抑等，甚至血液的黏度和血中化学成分也会发生变化。这些都会给人的身心健康带来严重的影响。恐惧首先会给心血管系统造成不良影响。心脏和血管是对情绪反应最敏感的器官，它们总是首先卷入情绪的兴奋。人们都有这样的体验：惊慌时，会感到自己的心脏怦怦跳动，愤怒、焦虑时，则心律加快、血压上升等，总之，使交感神经系统处于兴奋状态。这种情绪状态如果持续下去，加上其他生理变化，就可能造成心血管机能的紊乱，出现心律不齐、高血压和冠心病等，严重时还会导致脑血栓或心肌梗塞。由于受到刺激，在盛怒之下引起心脏病突发，而造成突然死亡的事例，屡见不鲜。

消化系统是对情绪反应的另一类敏感的器官。在恐惧情绪作用下，胃肠蠕动明显减慢，胃液分泌明显减少，胃肠机能受到严重扰乱，使人不思饮食。愁苦时，山珍海味也吃不下，如果长期持续下去，还会造成胃炎、胃溃疡、溃疡性结肠炎之类的胃肠疾病。恐惧还会影响神经系统的功能，重者引起精神错乱，行为失常，所谓反应性精神病大多是这样引起的，轻者也可造成神经系统活动的严重失调，并导致各种神经官能症。

据说，古代的人们让被怀疑的人咀嚼一把大米，再把米面吐出。如果米面是干的，那么嚼米的人就有罪。古代英国，如果受审的人不能吞下用面包和乳酪做成的"测谎仪"，他就是有罪的。这两个例子都利用了由于恐惧心理而产生的一种生理反应：喉部的肌肉收缩，导致吞东西困难，并抑制唾液分泌，因而使口腔和舌头极端干燥。撒谎时，由于心理紧张，人就会产生这样一些生理变化。

恐惧心态同时还会减短人的寿命。

恐惧的心态会破坏人体的生理平衡，减弱人体的生理机能，改变身体中体液的化学成分，这无形中就对身体造成极其不利的影响。一个经常恐惧的人会感到很疲惫，会出现冷漠、感觉迟钝、肌肉紧张，以及头痛、背痛、脖子痛和肩膀痛。还有人一遇恐惧，就会胸口痛，发生湿疹，并干扰身体的免疫系统，使人患上感冒和腮腺炎。长此以往，人就衰老得很快，最终减损寿命。

　　在这方面，有人在动物身上进行过试验。早在几百年前，就曾有人把一窝生的两只羊羔安排在相同的条件下生长，但在其中一只的附近系着一匹狼，使这只羊羔每天要面对着这头可怕的野兽。由于严重的恐惧和焦虑，它不吃食物，逐渐消瘦，不久就死了。而另一只呢，则生长得很正常。在现代，有人用白鼠进行试验，用同窝的两只大白鼠，在每只白鼠尾巴上系上电极，在给电极之前都发出信号，但一只白鼠能主动控制而不受电击，另一只则不能主动控制而常常遭受电击。不能主动控制的这一只，由于焦虑、恐惧和不安等紧张情绪的影响，最后得了胃溃疡。

　　那么，我们究竟应该如何来调整恐惧的心态呢？

　　消除恐惧心态最有效、最简单的方法，就是学会运用松弛训练，掌握各种能够让自己得到放松的方法。

　　恐惧时，欣赏一曲优美的轻音乐，或自己唱一段流行歌曲。卡耐基说："微笑、昂首阔步、做深呼吸、嘴里哼着歌儿，假如你不会唱歌，用鼻子哼哼也可以，如此一来，你想再惹烦恼也不可能了。"当然也可以去看一场电影。进茶馆去和朋友一起聊聊天，也可以去大自然中散散步，进行一下体育活动，青年人还可以去跳跳舞。这些活动可以使你肌肉松弛，精神上得以放松，恐惧就会从你头脑中溜走。无论你的工作多么繁重，一旦心头弥漫着恐惧情绪，觉得精神散漫，思绪不连贯或被什么卡住，脑筋转不过弯时，就应该停下来休息片刻，伸展一下身体，改变一下环境。出去跑跑，活动活动筋骨，或者静坐沉思一阵，随便什么都行，只要你觉得有趣，使精神大振就可以了。

要随时保持轻松，释放所有的紧张。尽量在舒适的情况下学习、工作。可以进行短跑，速度要适中，要把全身都运动起来；或者做两三分钟的俯卧撑，然后静下来，做四五次深呼吸。调整呼吸时，要深吸深吐，或用腹式呼吸，即慢慢地深吸一口气，让气体在腹部停留五秒左右，再慢慢呼出。

恐惧会限制一个人的呼吸，越能轻松自如地呼吸，越容易破除恐惧。再不然就舒舒服服地坐着，将衣服解开一些，慢慢吸气、屏息，然后缓缓呼出，每个步骤都要先数四下。深呼吸的同时，专心想象气体在体内的循环情况，轻松愉快地一呼一吸。经过四五个吐吸之后，恐惧多半会自动消失。这种方法简便易行，可以随时随地地练习。

人在恐惧的心态下，会很容易在困扰的事情上反复打转。如果学会放松调节，重新出发，那些破坏性的恐惧情绪终究是维持不了多久的。以下介绍几种战胜恐惧的方法：

当你感觉到恐惧的事情要来临时，用积极的心态去迎接它，比如，不要让畏惧和担忧把你压垮，把它们分解成可以控制、征服的部分。你可以直接问自己："我在怕什么？"通常我们怕的只是阴影。面对你所害怕的场合，你要对自己说："没关系，这只是一种经历而已。"那么，你的心态就会变得从容自如。

有些并不可怕的东西却使我们害怕，有些真正应当害怕的东西反而不使我们害怕。

你要比你的恐惧强大。焦急、沮丧或生气，往往因为我们太强调恐惧而变得更糟，实际上这种自我否定的恐惧不值得大惊小怪。你要坚定地把你的恐惧制服，把你的注意力集中在自我肯定的一面。比方说列举10项你最为自豪的事物，包括你的才能、目标、友谊、运动技巧及善意等，把这张表摆在你的卧室台灯下，每天阅读一次，至少持续一个礼拜。

自我鼓励法。在感到自己将要产生或已经产生了自我挫败感的时候，可以用自我鼓励的方法矫正，也就是用生活中的哲理或某些明智的思想来安慰自己，鼓励自己同忧虑和恐惧进行斗争。这种方法是通过意识的调节，摆脱对自我虚构的失败情境的想象，解除由想象中的挫折而产生的不良情绪的困扰，鼓励自己振作精神，恢复乐观、积极的态度，唤起自己的信心，获得平静、欢娱的心态。比如，在忧愁时劝说自己："忧愁也没有用。"在恐惧时，给自己壮胆："不要怕。没什么可怕的！"在担心失败时激励自己："吃一堑，长一智，挫折和失败能使人成熟。"在焦虑、烦恼时，把它们写出来，再找出原因，调整心态。寻找解决办法，这样就能使胸中的焦急、烦恼情绪化为书面语言，从而使心情逐渐平静，重新树立起自信。

自我暗示法。当感觉恐惧、焦虑时，用积极的语言暗示自己："我很平静。""没什么了不起的事，只要我尽心尽力去做就行了。"用正面肯定的语言做暗示，不要用"我不紧张"之类的否定暗示性语言。

想象法。想象自己正走在大海边，感觉到清凉的海风扑面，听到涛声阵阵，一波一波的浪花轻轻舔着你的脚，舒适惬意。用这种方法可以想象任何使你放松的场景。最好每次想象同一场景，这样可以更快更好地达到放松的效果。

屡现刺激法。反复接受恐惧的刺激，接触恐惧的目标，从而逐渐适应这种刺激，渐渐革除恐惧、逃避的旧习，而不再惧怕。这也就是"见怪不怪，其怪自败"的意思。如果恐惧的对象是人，则应采取与对方亲近的方式，这样可以了解、熟悉对方，发现自己原有的那种恐惧心理是多余的。

心态积极而无怨无悔

"吃得饱不如吃得好"。同样道理，拼命工作固然好，但用长远的眼光来看，仍然有必要省下一些时间从事运动或睡眠，应尽量避免过度疲劳。

态度积极而无怨无悔乃是保持身心健康的最好方法。如果要长久保持，还需要禁止一切不当的行为，并设法放松，使自己心情开朗。

为取得成功，还必须随时鞭策自己前进，但不可因此让自己的情绪变得紧张而直接影响精神状态。一个工作虽好但精神很差的人，还是可能会失败；另外，一个无法到达最终目标而不能享受成功所带来喜悦的人，即使名利双收，亦是毫无意义。因此，生活中各方面都应保持平衡。"吃得饱不如吃得好"。同样道理，拼命工作固然好，但用长远的眼光来看，仍然有必要省下一些时间从事运动或睡眠，应尽量避免过度疲劳。

运动可以使我们的身体充满活力，对缓解疲劳的神经具有极佳的效果。我们可以选择一种或数种自己喜爱的运动，每天锻炼，使之转化为生活的一部分。最重要的是，运动时应放松心情，力所不及者，绝不可勉强。

有些人喜欢打乒乓球，便可将它视为休闲运动。但有些人往往过于偏重技巧及输赢而忘记打球的最初目的。另一方面，由于他们过于重视球技与输赢，所以一点小小的失败都能使他们产生如同工作失败时的挫折感，在此状况下，运动反而成为紧张疲倦的诱因，失去原来休闲的意义，这样岂不是本末倒置！

任何一种游戏和体育锻炼，最终目的皆在于娱乐。当然，我们可以进行富于高度刺激或技巧的运动竞赛，但若过于计较得失即不合乎娱乐的宗旨。游戏和锻炼，就是一种娱乐活动，若硬是把它当作竞争来看，则极可能成为情绪紧张与精神疲劳的来源。

运动也应注意均衡，我们不可能以百米冲刺的速度跑完1500米；也不可能一天之内打完一个月的网球。我们应该有计划地每天定时运动，就像吃饭一样，不但"定时"，而且"定量"，运动到感觉累的时候，便应立刻停止，不必勉强自己继续做下去。只有这样，才能放松心情，保持身心健康。

睿智的庄子给我们留下一个发人深省的故事：一个博弈者用瓦盆做赌注，他的技艺发挥得淋漓尽致；而他拿黄金做赌注，则大失水准。

由于做事过度用力和意念过于集中，反而将平常可以轻松完成的事情搞糟，现代医学称之为"目的颤抖"。

太想纫好针的手在颤抖，太想踢进球的脚在颤抖。华伦达原本有着一双在钢索上如履平地的脚，但是，过分求胜之心硬是使他的双脚失去了平衡——那著名的"华伦达心态"，以华伦达的失足殒命而被赋予了一种沉重的内涵。

人生岂能无目的？然而，目的本是引领着你前行的，如果将目的做成沙袋捆缚在身上，每前进一步，巨大的牵累与莫名的恐惧就赶来羁绊你的手脚，如此，你将如何去约见那个成功的自我？

点球是巴乔的拿手好戏，他在职业生涯中第300个进球就是点球。1994年美国世界杯，意大利靠巴乔的神勇打进决赛。当时他刚荣获"欧洲足球先生"的桂冠，但世界杯初期表现不佳，他母亲专门给他打电话说："罗比，这是你的世界杯，你要像平时那样踢球。"半决赛，意大利凭借巴乔的两个进球 2 比 1 战胜保加利亚，当时巴乔喜极而泣，因为离世界杯冠军的梦想只有一步之遥。

决赛与巴西队的点球决胜中，巴乔将点球打飞，梦想因之破灭。这个点球至今还是巴乔心中最大的痛，他在节目中说："平时点球我都是打地面球，但鬼使神差，那个点球偏偏是高球。这是个巨大的失望，不仅仅是个人的失望。在以后的几年中，每当看到足球，我就情不自禁地想到这个点球。"

心理学上有一种"克拉克现象"，是指平时训练水平高、成绩好的运动员在比赛场上屡屡失常的现象。其由来是一位名叫克拉克的澳大利亚长跑健将，从 1963 年至 1968 年曾 17 次打破世界纪录，被称为田径场上的奇才。然而在他运动巅峰期的两届奥运会上，却连连失常与金牌无缘。由此，人们以这位运动员的名字来形容大赛中的失常现象。

据心理学家测试，75% 的学生临考前都有紧张、焦虑、恐慌情绪，特别是面对决定人生前途的高考、考研，学生的精神压力、心理负担很重，因此容易怯场。如：一进考场心跳加快，头脑晕乎乎的，面对试卷，脑海中一片空白，一走出考场，又感到题题会解，但一切已追悔莫及。考试结果也说明，许多同学落榜，并不全是因为考题太难，而是因为思想过于紧张，从而导致记忆混乱、思维阻滞而发生失误。

一定要放松、自信，表现真实的自我。过于紧张会影响你的发挥。

剃羊毛最重要的是大胆，越是担心会割伤羊，越是会割到羊。这种情形和打针一样，如果护士握着针筒的手发抖，病人当然也会害怕。

当我们挑战新事物时，情绪难免紧张，而且紧张的情绪容易传染，有时只因为一个人情绪不稳定，就让整个团队失败。

挑战新事物的技巧，和剃羊毛一样，你需要的是放松心情，再加上一点胆量。

忧虑是快乐的敌人

想办法克服忧虑非常重要，因为忧虑是快乐的敌人，它影响你思考的能力，进而影响你的工作效率并对健康有害。

今天，困扰我们的往往是一种模糊不清、难以名状的焦虑。我们无法对这些忧虑进行反击，因为我们根本不知道自己在害怕些什么。也许我们害怕的事情太多了，光是反击其中一个也没有用。对我们来说，恐惧并非来自一种具体的可以言明的威胁。如果真是这样，我们便能够采取具体行动来对抗它。但事实上，它看不见摸不着，像笼罩在我们头上的阴云，它给我们所做的每一件事都投下阴影。

想办法克服忧虑非常重要，因为忧虑是快乐的敌人，它影响你思考的能力，进而影响你的工作效率并对健康有害。

许多人并没有意识到，紧张焦虑可能会引起许多心血管方面的疾病。焦虑不安是普遍的现象，少许不安对人有好处，因为它可以促使你去完成任务、做事情。但若是焦虑过度则非常有害，它可能会引起身体器官的疾病。

因此，我们要摒除心中的忧虑和悲观，要用快乐、积极的心态迎接每一天。

乐观态度或悲观态度，是人类典型的也是最基本的两种倾向，它影响着我们的生活方式。美国医生做过这样一个实验：他们让患者服用安慰剂。安慰剂呈粉状，是用水和糖加上某种色素配制的。当患者相信药力，就是说，当他们对安慰剂的效力持乐观态度时，治疗效果就显著。如果医生自己也确信这个处方，疗效就更为显著了。这一点已用实验得到了证实。悲观态度是由精神引起而又会影响到组织器官，有一个意外的事故证明这一点。

一位铁路工人意外地被锁在一个冷冻车厢里，他清楚地意识到自己是在冷冻车厢里，如果出不去，就会冻死。几小时后，车厢被打开时他已死了，医生证实是冻死的。可是，工人们仔细检查了车厢，冷气开关并没有打开。那位工人确实死了，因为他确信，在冷冻的情况下是不能活命的。所以，在极端的情况下，极度悲观会导致死亡。一位乐观主义者却总是假设自己是成功的，就是说，他在行动之前，已经有了85%的成功把握，而悲观主义者在行动之前，却已经确认自己是无可挽救了。

克服软弱的性格

任何人都可以养成坚强的性格，不过，软弱的人大多有内向的气质，养成外向型坚强性格却很困难。

现实生活中，确有不少人被软弱的人格特征所困扰，心灵陷于痛苦之中。

怎样战胜软弱呢？心理学家提供的对策是：

1. 重塑性格

任何人都可以养成坚强的性格，不过，软弱的人大多有内向的气质，养成外向型坚强性格却很困难。但是内向型坚强性格却是可以锻炼出来的。内向型坚强性格有三个特点：不锋芒毕露但有韧性；不热情奔放但有主见；不强词夺理但能坚持正确意见。

2. 坚持自己

弗兰克林 1951 年首先发现脱氧核糖核酸的螺旋结构，但因受到"强人"的责难，竟承认这个发现是错误的。后来有两位科学家 1953 年重新发现这一结构，并获得了诺贝尔奖。

由于不敢坚持自己，将自己在生物学上划时代的发现拱手让给别人，多么痛惜！战胜软弱的心理基础是自己看得起自己，敢于坚持自己，尤其是面对飞扬跋扈的所谓"强人"的时候。

3. 敢于反击

先是学会发怒。软弱的人多没有当众发脾气的体验，而习惯于沉默忍受。坚持自己，就要敢于适时发怒，可以逐渐学起。你可以选择经常粗暴对待顾客的售货员为对象，准备好"台词"："这样对待顾客，太不像话，岂有此理！"说罢，尽管扬长而去。

4. 直接反驳

软弱者对于别人的误解与无端的责难总习惯妥协。战胜软弱就要学会直接反驳，不做妥协。

5. 行为武装

心理学也认为改善行为可以改善心理素质。你如果软弱，就从行为上这样武装自己：

（1）遇见你有点害怕的人，不要绕道走，径直迎着对方过去；

（2）身体站直，挺起胸膛与对方讲话；

（3）讲话时盯住对方的眼睛，开始做不到，就光盯住他的鼻梁；

（4）声音洪亮，如果对方声音超过你，就突然把声音变轻；

（5）保持对话时的沉默间隔，不要急不可耐；

（6）不轻易用"对不起"之类的话。

这样强化自己的行为，你就会感到自己突然变得坚强胆壮了。

恐惧是人生的大敌

畏惧是人生成功的大敌，它会损耗你的精力，折磨你的身心，缩短你的寿命，让你失去信心，阻止你获得人生中一切美好的东西。

恐惧是来自内心的魔鬼，它会毒害你，扼杀你的信心、勇气，让你变成一个彻头彻尾的胆小鬼、失败者。因此你必须消灭它，这样你才能活得轻松快乐。

困境中如果你认为自己真的完了，那你就永远失去了站立的机会。

两人结伴横穿沙漠，水喝完了，其中一个中暑病倒，不能行动，剩下的那个健康而又饥饿的人对同伴说："好吧，你在这里等着，我去寻找水源。"把手枪塞在同伴的手里说："枪里有五颗子弹，记住，三个小时后，每小时对空鸣枪一声，枪声指引我，我会找到正确的方向，然后与你会合。"

两人分手，一个充满信心地去找水，一个满腹狐疑地卧在沙漠里等待。他看表，按时鸣枪。除了自己以外，他很难相信还会有人听见枪声。他的恐惧加深，认为同伴找水失败，中途渴死。不久，又觉得同伴找到水，弃他而去，不再回来。

到应该击发第五枪的时候，这人悲愤地思量："这是最后一颗子弹了，伙伴早已听不见我的枪声，等到这颗子弹用完之后，我还有什么依靠呢？我只有等死而已。而且，在一息尚存之际，兀鹰会啄瞎我的眼睛，那将多么痛苦，还不如……"于是，第五次鸣枪时，他用枪口对准了自己的太阳穴。

不久后，那提着满壶清水的同伴领着一队骆驼商旅循声而至，但找到的却是一具尸体。

不可否认，每个人都曾有过畏惧，没有人从小到大从来都不曾畏惧过。但有些人走过了一道坎，翻过了一座山，终于学会了勇敢，有些人走过了一道坎，却难翻过一座山，因为他学会的是更畏惧，于是他面对的只有悲剧的上演。

某大公司招聘职员，有一位刚毕业的应聘者面试后，等待录用通知时一直惴惴不安。等了好久，该公司的信函才寄到了他手里。然而打开后却是未被录用的通知。这个消息简直让他无法承受，他对自己的能力失去了信心，觉得再试其他公司也会一败涂地，于是服药自尽。

幸运的是，他并没有死，刚刚抢救过来，又收到该公司的一封致歉信和录用通知，原来电脑出了点差错，他是榜上有名的。这让他十分惊喜，急忙赶到公司报到。

公司主管见到他的第一句话却是：

"你被辞退了。"

"为什么？我明明拿着录用通知。"

"是的，可是我们刚刚得知你因为收到未被录用的通知而自杀的事，我们公司不需要连一点挫折打击都受不了的人，即使你再有能力，我们也不打算录用。因为公司今后可能会出现危机，我们需要员工能不畏艰难与公司共存亡，如果员工自己都无法克服畏惧心理，怎么能让公司也转危为安？"

这位应聘者彻底失去了这份工作，原因何在呢？很显然，是因为他对自己的能力没有正确评价，偶然受了点打击便轻视自己而畏缩不前，对未来不抱希望，这是心理极度脆弱的表现。他没有想到自己失去工作，不是失在严格而苛刻的公司经理的考题上，也不是败给实力不俗的竞争对手，恰恰是自己的畏惧，挡住了自己梦寐以求的发展道路。

畏惧是人生成功的大敌，它会损耗你的精力，折磨你的身心，缩短你的寿命，让你失去信心，阻止你获得人生中一切美好的东西，克服它你才能给自己赢得一次成功的机会，如果你不愿失败，就立即行动向畏惧挑战，人生的路很漫长，如果你一直都无法面对心底的这个魔鬼，到头来后悔也来不及了。

把烦恼和沮丧留给昨天

尽管你又一次饱尝了人间的心酸，但你的人生并未走到尽头，你还需要前行。既要前行，那就把所有的沮丧和烦恼抛给昨天。

烦恼是愚蠢而怯懦的东西，它只习惯于对着惊恐的眼睛卖弄它的淫威。而对那些敢于直面人生的人，它只能像老鼠似的悄悄向后退去。人生不可能一帆风顺，有许多事情的发生发展并不是人们所能控制的。如公司经营不景气，你也许就成了被裁减的对象；或许你的家人生病，另一半舍你而去；政府削减了跟你有关的福利；还有难以预料的天灾人祸，比如地震、水灾、火灾等，这些事情都可能使你多年的努力付之东流。也许由于这些原因，你将陷入困境，整天被烦恼困扰。

或许你所经历的只是你人生的第一次不幸的遭遇，你会用积极的心态将之一一化解。从哪里跌倒，就从哪里爬起。另找一份工作，使家人康复；再结识一位伴侣，让快乐的时光重现。经过稍稍的整理，又一身轻松地奔向成功。对此，热烈地祝贺你，并向上帝祈祷，祝你永远好运。然而，上帝并未听见好心人为你的祈祷，他再一次拿起那把巨大的扫帚，把不幸扫向人间。偏偏凑巧，不幸的果子又落在你的家园，你一次次前功尽弃，命运一次次跟你开起了玩笑。

谁能再三忍受失败的打击，谁又能再三品尝失败的苦果，谁又能再三吞咽痛苦的泪水。从此，你烦恼、你沮丧、你恐惧、你焦虑、你忧郁、你悲观、你失望……所有魔鬼对着你狂笑、对着你乱舞、对着你张牙舞爪，它们将撕破你的皮肤、刺瞎你的眼睛、挖出你的心肝，把你变成它们丰盛的盛宴。

这时，你也许会失去第一次跌倒时的勇气，不愿再次爬起，甚至连尝试也觉得费力。那么，你就得当心，你可能患了严重的沮丧综合症。幸好，你患的这种病不是绝症，只需要一种药就可以药到病除，这就是学会忘记和抛弃。把所有的沮丧和烦恼抛给昨天，这样成功依旧属于你。

不过，你又重新回到了人生的又一个起点。想想当你第一次站在起跑线上的心态，想想你第一次登上成功峰顶时的作为，想想你第一次获取成功的原因。你就会发现，你第一次站在起跑线上时，携带着的只有征服的欲望，除了这一份积极的心态之外，你一身轻松，所以，你才能跨越一个又一个的路障，取得一次又一次的成功。总而言之，所有的成功都源于你的积极进取的心态。

尽管你又一次饱尝了人间的心酸，但你的人生并未走到尽头，你还需要前行。既要前行，那就把所有的沮丧和烦恼抛给昨天。因为沮丧和烦恼只能像沉重的巨石一样增加你行进的负担。想一想还有什么比背着石头跑步更为艰难的呢。那么，当你把这一块巨石抛给了昨天，你就再一次没有了负担。没有了负担，你不是会跑得更快些吗？

放眼看去，有谁不曾遇到困难。几乎所有的成功者，都曾经身陷困境，往往成大事者所受的磨难最多。然而所有成大事者都明白，世界上任何事物都有正负两方面，自己的心态亦然。所以，当他们遭遇困难身陷困境时，就能够抛却一切负面、消极的想法。能够不断地给予自己鼓励，我行、我能行、我一定行。就如爱迪生所说："我才不会沮丧！"

不沮丧、不烦恼、不为困境所困，不但成就了伟大的爱迪生，也成就了所有伟大的人。请你也不沮丧、不烦恼、不为困境所困，成就成功的自己吧！

记住这句励志之言吧，把所有的烦恼和沮丧抛给昨天。

第八章

好心态、好人生
——乐观是心灵的天堂

乐观就像心灵的一片沃土，为人类所有的美德提供丰富的养分，使它们健康地成长。它使你的心灵更加纯净，意志更加富有弹性。它像最好的朋友一样陪伴着你的仁慈，像尽职尽责的护士一样呵护着你的耐心，像母亲一样哺育着你的睿智。它是道德和精神最好的滋补剂。

马歇尔·霍尔医生曾对自己的病人说："乐观的态度是你最好的药。"

因为快乐所以健康

人不是没有快乐，但真正的快乐最不容易得到，得到了真正的快乐也就得到了真正的欣喜。

我们不会刻意去追求人生的成功，但却会追求人生的快乐，快乐是心路的历程，是自我心领神会的感觉。愉快可以使你对生命的每一次跳动、对生活的每一个印象易于感受，不管躯体上或精神上的愉悦都是如此，可以促进身体发育，使身体强健。

美国作家詹姆斯·艾伦在一本书里这样写道："一个人会发现，当他改变对事物和其他人的看法时，事物和其他人对他来说就会发生改变——要是一个人把他的思想朝向光明，他就会很吃惊地发现，他的生活受到很大的影响。人不能吸引他们所要的，却可以吸引他们所有的……能变化气质的东西就存在于我们自己心里，也就是我们自己……一个人所能得到的，正是他们自己思想的直接结果……有了奋发向上的思想之后，一个人才能奋起、有征服力，并能有所成就。如果他不能奋起他的思想，他就永远只能衰弱而愁苦。"

如果能经常想到健康、保持健康的习惯，肯定自己是健康的，你就能保持健康。

一位医学博士说过："大多数的疾病都不是一般所想象的那样有如晴天霹雳地突然发生，而是由错误的饮食、酗酒、疲劳过度以及逐渐侵蚀精神的苦恼长期培养出来的，是肉体、心灵、道德等方面错误的生活方式造成的结果。"

幸好我们拥有天赐的解毒剂，那就是用喜悦治疗。

人不是没有快乐，但真正的快乐最不容易得到，得到了真正的快乐也就得到了真正的欣喜。让我们用一个每天能产生快乐而富有建设性思想的计划，来为我们的健康奋斗吧！下面是卡耐基为我们提供的"快乐计划"，名字叫作"只为今天"。如果我们能够照着做，就会大量地增加"生活上的快乐"。

第一，只为今天，我要快乐。正如林肯所说的"大部分人只要下定决心都能很快乐"这句话是对的。那么快乐是来自内心，而不是来自于外在。

第二，只为今天，让自己适应一切。不去试着调整一切来适应自己的欲望，要以这种态度接受自己的家庭、事业和运气。

第三，只为今天，要爱护自己的身体。要多运动，照顾、珍惜自己的身体；不损伤它、不忽视它；使它能成为你争取成功的好基础。

第四，只为今天，要加强你的思想。要学一些有用的东西，不要做一个胡思乱想的人；要看一些需要思考、更需要集中精神才能看的书。

第五，只为今天，要用三件事来锻炼你的灵魂：要为别人做一件好事，但不要让人家知道；还要做两件你并不想做的事，这没有其他目的，只是为了锻炼身体。

第六，只为今天，要做个讨人喜欢的人。外表要尽量修饰，衣着要尽量得体，说话低声，举止优雅，丝毫不在乎别人的毁誉。对任何事都不挑毛病，也不干涉或教训别人。

欣赏自己的不完美

在实际生活中，那些性格有"缺陷"而绝对不属于十全十美的人反而显得更具有内在的魅力，也更具有吸引力。

人生确实有许多不完美之处，每个人都会有这样或那样的缺憾。其实，没有缺憾我们无法去衡量完美。仔细想想，缺憾其实不也是一种美吗？

一位心理学家做了这样一个实验：他在一张白纸上点了一个黑点，然后问他的几个学生看到了什么。学生们异口同声地回答，看到了黑点。于是，心理学家得到了这样的结论：人们通常只会注意到自己或他人的瑕疵，而忽略其本身所具有的更多的优点。是呀，为什么他们没有注意到黑点外更大面积的白纸呢？

一位人力三轮车师傅，五十多岁，相貌堂堂，如果去当演员，应该属偶像派。当别人问他为什么愿做这样的活儿，他笑着从车上跳下，并夸张地走了几步给人家看，哦，原来是跛足，左腿长，右腿短，天生的。

弄得对方很尴尬，可他却很坦然，仍是笑着说，为了能不走路，拉车便是最好的伪装，这也算是"英雄有用武之地"。他还骄傲地告诉别人："我太太很漂亮，儿子也帅！"

有这样一位女子，她喜欢自助旅行，一路上拍了许多照片，并结集出版。她常自嘲地说："因为我长得丑，所以很有安全感，如果换成是美女一个人自助旅行，那就很危险了，我得感谢我的丑！"

英国有位作家兼广播主持人叫汤姆·撒克，事业、爱情皆得意，但他只有1.3米，他不自卑。别人只会学"走"，他学会了"跳"，所以，他成功了。他有句豪言："我能够得到任何想要的东西。"

其实，在人世间，很多人注定与"缺陷"相伴而与"完美"相去甚远的。渴求完美的习性使许多人做事小心谨慎，生怕出错，因此，必然导致其保守、胆小等性格特征的形成。在现实生活中我们不难发现，有的人长得一表人才，举止得体，说话有分寸，但你和他在一起就是觉得没意思，连聊天都没丝毫兴致。这些人往往是从小接受了不出"格"的规范训练，身上所有不整齐的"枝杈"都给修剪掉了，于是便失去了个性独具的风采和神韵，变得干巴、枯燥，没有生机，没有活力。客观地说，人性格上的确存在着"缺陷美"，即在实际生活中，那些性格有"缺陷"而绝对不屈于十全十美的人反而显得更具有内在的魅力，也更具有吸引力。

不仅人自身是不完美的，我们生活的世界也是充满缺憾的。比如：有一种风景，你总想看，它却在你即将聚焦的时候巧妙地隐退；有一种风景，你已经厌倦，它却如影随形地跟着你；世界很大，你想见的人却杳如黄鹤；世界很小，你不想看见的人却频频进入你的视线；有一种情，你爱得真、爱得纯，爱得忘了自己，而他（她）却视如垃圾，如果能够倒过来，多好，可以不让自己再忍受痛苦。世上有许多事，倒过来是圆满，顺理成章却变成了遗憾。然而，世上的许多事情正是在顺理成章地进行着，我们没办法将它倒过来。

缺陷和不足是人人都有的，但是做为独立的个体，你要相信，你有许多与众不同的甚至优于别人的地方，你要用自己特有的形象装点这个丰富多彩的世界。也许你在某些方面的确逊于他人，但是你同样拥有别人所无法企及的专长，有些事情也许只有你能做而别人却做不了！

学会欣赏自己的不完美，并将它转化成动力，才是最重要的。

中国古代哲学家杨子曾对他的学生说：有一次，我去宋国，途中住进一家旅店，发现人们对一位丑陋的姑娘十分敬重，而对一位漂亮的姑娘却十分轻视，你们知道这是为什么吗？学生听了之后说什么的都有。杨子告诉他们，经过打听才知道，那位丑陋的姑娘认为自己相貌差而努力干活而且品格高尚，因此得到人们的敬重；那位漂亮的姑娘则认为自己相貌美丽，因而懒惰成性且品行不端，所以受到人们的轻视。

做人的道理也是这样，是否被人尊敬并不在于外貌的俊与丑。美不只是表面的，而是有着更深层次的内涵。如果表面的美失去了应该具有的内涵，就会为人们所舍弃，那位漂亮姑娘就是最好的例证。勤能补拙，也能补丑，这是那位丑姑娘给我们的启示。

欣赏自己的不完美，因为它是你独一无二的特征；欣赏自己的不完美，因为有了它才使你不至于平庸。不完美使你区别于人，世界也因你的不完美而多了一点色彩。

保持一种乐观的心态

人世间，并非无烦恼就快乐，并非快乐就没有烦恼，所以，保持乐观的态度并不是件容易的事情。

乐观就像心灵的一片沃土，为人类所有的美德提供丰富的养分，使它们健康地成长。它使你的心灵更加纯净，意志更加富有弹性。它像最好的朋友一样陪伴着你的仁慈，像尽职尽责的护士一样呵护着你的耐心，像母亲一样哺育着你的睿智。它是道德和精神最好的滋补剂。

马歇尔·霍尔医生曾对自己的病人说："乐观的态度是你最好的药。"

所罗门也曾说："乐观的心态就是最强劲的兴奋剂。"

成大事者都会选择乐观的生活态度，选择了乐观的生活态度你就选择了量力而行的睿智和远见，就学会了审时度势、扬长避短，就学会了把握时机。

有个大臣因智慧超群而深受国王宠幸。他有一个不同寻常的特点：对待任何事情，都保持积极乐观的想法，也正是由于这种态度，他为国王解决了不少难题，因而深受国王的器重。

国王喜欢打猎，但在一次围捕猎物的时候，不慎弄断了一截手指。国王疼痛之余，马上叫来智慧大臣，征询他对意外断指的看法。智慧大臣仍轻松自在地对国王说，这是一件好事，并劝国王不要为此事而烦恼。

国王听了很生气，认为智慧大臣是在取笑他，即命侍卫将他关进监狱。

待断指伤口愈合之后，国王又兴致勃勃地忙着四处打猎。不幸的事终于发生了，他带队误闯入邻国国境，被埋伏在丛林中的野人捉住了。

按照野人的惯例，必须将活捉的这队人马的首领敬献给他们的神，于是便将国王押上祭坛。正当祭奠仪式要开始时，主持的巫师突然惊叫起来，原来巫师发现国王断了一截手指，而按他们部族的律例，献祭不完整的祭品给天神，是要遭天谴的。野人赶忙将国王押下祭坛，把他驱逐出去，另外抓了一位大臣献祭。国王狼狈地逃回国，庆幸大难不死。忽然，他想起智慧大臣说断指也许是一件好事，便马上将他从牢中释放出来，并当面向他道歉。

智慧大臣和往常一样，仍然保持着积极乐观的态度，笑着原谅了国王，并说这一切都是好事。

"说我断指是好事，现在我能接受，但如果说因我误会你，而把你关在牢中。让你受苦，你认为这是好事吗？"国王不服气地质问。

"臣在牢狱中，当然是好事。陛下不妨想想，今天我若不是在牢中，陪陛下出猎的大臣会是谁呢？"智慧大臣笑着回答。

无论遇到多么难办的事，我们都要保持积极乐观的心态，相信一切问题都会解决的。

有一位虔诚的作家，在被人问到该如何抵抗诱惑时，他回答说："首先，要有乐观的态度；其次，要有乐观的态度，最后，还是要有乐观的态度。"

从众多的传记中，我们可以了解到，古往今来，那些天赋秉异的伟人，大多都具有乐观的生活态度——他们不为名利、金钱或权势所动——在平静中享受生活的乐趣，迸发着自己的激情，如荷马、贺拉斯、维吉尔、蒙田、莎士比亚以及塞万提斯等，他们的作品都很好地反映了这一点。在他们经久不衰的著作中，充分表现出了那种对平静和乐观的追求。乐观向上的人物，举不胜举，我们在这里要提到的还有路德、莫尔、培根、达·芬奇、拉菲尔以及麦克尔·安吉洛等。他们之所以快乐，是因为把毕生的精力都投入到了为之奋斗的事业中，并享受着工作的乐趣——用他们的博学，不断地创造美好的生活。

人世间，并非无烦恼就快乐，并非快乐就没有烦恼，所以，保持乐观的态度并不是件容易的事情。

那么，我们如何才一生都保持愉快的生活呢？请阅读下面八条：

承认弱点。人无完人，金无足赤，要承认自己的弱点，乐意接受别人的建议、忠告，并有勇气承认自己需要帮助。

吸取教训。面对失败和挫折应该从中吸取教训，勇往直前。

有正义感。在生活中诚实和富有正义感，朋友们就会乐于帮助你。

能屈能伸。对待人生的态度应该是处之泰然，人的一生会遇到意想不到的打击或其他不幸，要客观对待、随遇而安。

乐于助人。帮助别人与人关系融洽，自然就会受人尊敬。

宽恕他人。自己受到不平等待遇时，学会宽恕和同情他人。

坚守信念。做任何事情时，都必须坚守个人的信念。

心境开朗。只要牢记实践，快乐就会永存心间。

突出自己的优点

每个人都不会是"十分完美"的，都有各自的缺陷，但也有自己突出的优点。突出你的优点，正视你的缺陷，这就是你要做好的事。

对于一个人来说，缺陷确实是一件非常残酷的事情，可你不能因此而自卑消沉。既然缺陷无法改变，那么就要正视它，把它当成前进的动力，这样一来，缺陷也就有了价值。

"假如我能站起来吻你，这个世界该有多美啊！"

这句话是张海迪对自己的丈夫说过的一句话。可是，张海迪不能站起来，命运让她坐在轮椅上过她的一生。那么，在张海迪的眼里，这个世界就不美了吗？不是，在张海迪的眼里，这个世界依然美丽，只是自己只能坐在轮椅上欣赏这个世界的美丽。缺憾并不妨碍她笑对世间的心情。她有一个爱她的丈夫，有一个令许多健全人都羡慕的温馨的家。她不会因为身体的残疾逃避世人的目光，相反，她更注重与人的沟通。她会让别人给她倒水、会让人帮她拿放在高处的东西、会让人推着她出席各种活动……她丝毫不会觉得自卑、羞于见人，而是认为"你是健全人，帮助我是应该的"。所以，她活得洒脱、活得幸福。

幼时的张海迪与常人无异，爱唱、爱跳、爱玩、爱闹，但不幸在她5岁时降临了，她被确诊为脊髓血管瘤，经过了多次脊椎穿刺之后，病情仍不见好转。

1973年，全家人从农村返回莘县县城，那时的张海迪最想要的就是工作，她盼望能早日成为自食其力的人，但由于身体残疾，张海迪一直待业在家。为此，她曾给党中央、国务院、省委写信，请求他们关心一下残疾人的生活与工作，可是一封封信都像泥牛入海，一点音讯也没有。深深的自卑感困扰着她，特别是当她无意间发现了自己的病历卡，"脊椎胸五节，髓液变性，神经阻断，手术无效"的字迹赫然映入眼帘时，张海迪萌发了轻生的念头。

但在家人的帮助下，张海迪的情绪逐渐稳定了下来。

冷静思考之后，张海迪学起了针灸，诊断并为周围的人治病。在不断的学习和帮助他人的过程中，她看到了自己的价值，并从自卑的阴影中走了出来，最终活出了自信和光彩。

美国的国会议员爱尔默·托马斯曾说：

"我15岁时，常常为忧虑恐惧和一些自卑所困扰。比起同龄的少年，我长得实在太高了，而且瘦得像支竹竿。我有6.2英

尺高，体重却只有 118 磅。除了身体比别人高之外，在棒球比赛
或赛跑各方面都不如别人。他们常取笑我，封我一个'马脸'的
外号。我的自卑感特别强，不喜欢见任何人，又因为住在农庄里，
离公路远，也碰不到几个陌生人，平常我只见到父母及兄弟姐妹。

如果我任凭烦恼与自卑占据我的心灵，我恐怕一辈子也无法
翻身。一天 24 小时，我随时为自己的身材自怜，别的什么事也
不能想。我的尴尬与惧怕实在难以用文字形容。我的母亲了解我
的感受，她曾当过学校教师，因此告诉我：'儿子，你得去接受
教育，既然你的体能状况如此，你只有靠智力谋生。'

可是父母无力送我上学，我必须自己想办法。我利用冬季捉
到一些貂、浣熊、鼬鼠类的小动物，春天来时出售得了 4 美元。
再买回两头猪，养大后，第二年秋季卖得 40 美元，以这笔钱，
我到印地安那州去上师范学校。住宿费一周 1.4 美元，房租每周 0.5
美元。我穿的破旧衬衫是我妈妈做的（为了不显脏，她有意用咖
啡色的布），我的外套是父亲以前的，他的旧外套、旧皮鞋都不
适合我用。皮鞋旁边有条松紧带，已经完全失去了弹性，我穿着
走路时，鞋子会随时滑落。我没有脸去和其他同学打交道，只有
成天在房间里温习功课。我内心深处最大的愿望是，有一天我能
在服装店买件合身而体面的衣服。"

想想当时爱尔默·托马斯面临的处境是多么悲惨，生理的缺
陷和生活的贫穷同时困扰着他。但托马斯没有消沉，在克服了自
卑之后他的人生之路越来越顺利，50 岁那年，托马斯成了俄克拉
荷马州的国会议员。

愈研究那些有成就者的事业，你就会愈加深刻地感觉到，他
们之中有非常多的人之所以成功，是因为他们开始的时候有一些
会阻碍他们的缺陷，促使他们加倍地努力而得到更多的报偿。正

如威廉·詹姆斯所说的："我们的缺陷对我们有意外的帮助。"

不错，很可能密尔顿就是因为瞎了眼，才下决心写出更好的诗篇来，而贝多芬是因为聋了，发誓作出更好的曲子。

海伦·凯勒之所以能有光辉的成就，很大程度是因为她瞎和聋，才促使她奋斗。

"如果我不是有这样的残疾，"那个在地球上创造生命科学基本概念的人写道，"我也许不会做到我所完成的这么多工作。"达尔文坦然承认他的残疾对他有意想不到的帮助。

在现实中，我们不得不承认自己在某些方面"确不如人"，这是很自然的事。

但是，这种现实的差距并不代表我们就是一个没有能力的"低能儿"，更不应把这种差距变为自己失败的借口。

每个人都不会是"十分完美"的，都有各自的缺陷，但也有自己突出的优点。突出你的优点，正视你的缺陷，这就是你要做好的事。

缺失中也有快乐

当你做不成大树时，做一棵小草也可以给春天增加一点色彩，当你过不了独木桥，走阳关道也未尝不可，害怕的是过不了河就空手而回。

不是每次努力都一定有结果，不是每个愿望都能被满足，如果你在尽力之后，仍无法达成自己的目标，那也不必失望消沉，因为缺失中也有快乐，调整好自己的心态，你就会知道有时错过也是一种美丽。

一位老和尚，他身边聚拢着一帮虔诚的弟子。这一天，他嘱咐弟子每人去南山打一担柴回来。弟子们匆匆行至离南山不远的河边，人人目瞪口呆，只见洪水从山上奔泻而下，无论如何也休想渡河打柴了。

无功而返，弟子们都有些垂头丧气，唯独一个小和尚表现的欢欣喜悦。师傅问其故。小和尚从怀中掏出一个苹果，递给师傅说："过不了河，打不了柴，见河边有棵苹果树，我就顺手把树上唯一的一个苹果摘来了。"

后来，这位小和尚成了师傅的衣钵传人。

世上有走不完的路，也有过不了的河，如果过不了河，那也无须捶胸顿足，只要在河边"摘一个苹果"就足以使自己的人生实现突破和超越。

并不是所有的欲望都一定要满足，并不是所有的追求都一定会有一个完满的结局。在过不了河的时候，那就顺手"摘一个苹果"吧！

李辉上小学时，就想成为像李白、杜甫那样的诗人。读初中的时候，他在省刊上发表过一些"小豆腐块"的文章，上高中时因为越来越多的"小豆腐块"的激励，文理分科时他毅然决然地选择了文科，并决意要和当代著名诗人齐名。从此，整天摇头晃脑，背诵名诗佳名，同学们戏称他为"活李白"，那种狂傲和才气可见一斑。然而，高考时，阴差阳错，他被录取在逻辑心理学系，整天与数字、统计、逻辑学为伍，心里愁苦不堪。好几次找到系主任要求换系，可系主任说啥也不松那个口。没办法，他只好勉强留在逻辑心理学系。朋友们劝他："老兄，既来之，则安之吧！"由于他天生聪明好学，两个学期下来，竟然考到全系前三名，真是活见鬼，老师和同学们不得不佩服他的优秀，到毕业时，他进了一家公司做行政管理工作，日子无聊而乏味。碰巧有一个同学告诉他说，他们公司在招电脑程序员，要求有一定计算机基础，他突发奇想决定去应聘，没想到，主管看过他的简历之后一口回绝："你的专业离我们的要求太远，对计算机又不是太熟悉，我们无法考虑接受你的简历，你还是找一个合适的工作干吧！"李辉毫不客气地说："我觉得我比那些学计算机的更占优势，因为编程要求逻辑推理能力强，虽然我不是学计算机的，但我可以保证我的工作不会比别人差……"就这样，那个主管被李辉的自信和严密的雄辩说得哑口无言，他答应给李辉一个试用的机会，没想到经过一段时间的培训，李辉还真的将自己的程序设计推向市场，并获得了很好的成绩。

有欲望和追求是人的本性，但并不等于所有的欲望和追求都可以成为现实，当你做不成大树时，做一棵小草也可以给春天增加一点色彩，当你过不了独木桥，走阳关道也未尝不可，害怕的是过不了河就空手而回。

人生是一张单程车票

古人讲"未知生，焉知死？"不知苦痛，怎能体会到快乐？痛苦就像一枚青青的橄榄，品尝后才知其甘苦，这品尝需要勇气！

文学家有一个共识：当人类自野蛮踏过文明的门槛时，就有了"相思"，有了回归大自然永恒的"乡愁"冲动。在这份永恒的冲动中，寻找快乐是一个永恒的话题。快乐是什么？快乐是血、泪、汗浸泡的人生土壤里怒放的生命之花，正如惠特曼所说："只有受过寒冻的人才感觉得到阳光的温暖，也唯有在人生战场上受过挫败、痛苦的人才知道生命的珍贵，才可以感受到生活之中的真正快乐。"

托尔斯泰在他的散文名篇《我的忏悔》中讲了这样一个故事：

一个男人被一只老虎追赶而掉下悬崖，庆幸的是在跌落过程中他抓住了一棵生长在悬崖边的小灌木。此时他发现，头顶上那只老虎正虎视眈眈，低头一看，悬崖底下还有一只老虎，更糟的是，两只老鼠正忙着啃咬悬着他生命的小灌木的根须。绝望中，他突然发现附近生长着一簇野草莓，伸手可及。于是，这人拽下草莓，塞进嘴里，自语道："多甜啊！"

生命进程中，当痛苦、绝望、不幸和危难向你逼近的时候，你是否还能顾及享受一下野草莓的滋味？"苦海无边"是小农经济的哲学，"尘世永远是苦海，天堂才有永恒的快乐"是禁欲主义用以蛊惑人心的谎言，苦中求乐才是快乐的真谛。

"二战"期间，一位名叫伊丽莎白·康黎的女士在庆祝盟军北非获胜的那天收到了国际部的一份电报，她的侄儿，她最爱的那个人死在战场上了。她无法接受这个事实，她决定放弃工作，远离家乡，把自己永远埋藏在孤独和眼泪之中。

正当她清理东西，准备辞职的时候，忽然发现了一封早年的信，那是她写给侄儿的，那时侄儿的母亲刚刚去世。信上这样写道：我知道你会撑过去。我永远不会忘记你曾教导我的：不论在哪里，都要勇敢地面对生活。我永远记着你的微笑，像男子汉那样，能够承受一切的微笑。她把这封信读了一遍又一遍，似乎他就在她身边，一双炽热的眼睛望着她：你为什么不照你教导我的去做。

康黎打消了辞职的念头，一再对自己说：我应该把悲痛藏在微笑下面，继续生活，因为事情已经是这样了，我没有能力改变它，但我有能力继续生活下去。

人生是一张单程车票，一去无返。在荷兰首都阿姆斯特丹一座15世纪的教堂废墟上留着一行字：事情是这样的，就不会那样。藏在痛苦泥潭里不能自拔，只会与快乐无缘。告别痛苦的手得由你自己来挥动，享受今天盛开的玫瑰的捷径只有一条：坚决与过去分手。

"祸福相依"最能说明痛苦与快乐的辩证关系，贝多芬"用泪水播种欢乐"的人生体验生动形象地道出了痛苦的正面作用，传奇人物艾柯卡的经历更传神地阐明了快乐与痛苦的内在联系。

艾柯卡靠自己的奋斗当上了福特公司的总经理。1978年7月13日，有点得意忘形的艾柯卡被怒火中烧的大老板亨利·福特开除了。在福特工作已32年，当了8年总经理，一帆风顺的艾柯卡突然间失业了。艾柯卡痛不欲生，他开始喝酒，对自己失去了信心，认为自己要彻底崩溃了。

就在这时，艾柯卡接受了一个新挑战——应聘到濒临破产的克莱斯勒汽车公司出任总经理。凭着他的智慧、胆识和魅力，艾柯卡大刀阔斧地对克莱斯勒进行了整顿、改组，并向政府求援，舌战国会议员，取得巨额贷款，重振企业雄风。在艾柯卡的领导下，克莱斯勒公司在最黑暗的日子里推出了K型车的计划，此计划的成功令克莱斯勒起死回生，成为仅次于通用汽车公司、福特汽车公司的第三大汽车公司。1983年7月13日，艾柯卡把生平仅有的面额高达8.13亿美元的支票交到银行代表手里，至此，克莱斯勒还清了所有债务，而恰恰是5年前的这一天，亨利·福特开除了他。事后，艾柯卡深有感触地说：奋力向前，哪怕时运不济；永不绝望，哪怕天崩地裂。

罗曼·罗兰语："痛苦像一把犁，它一面犁破了你的心，一面掘开了生命的新起源。"古人讲"未知生，焉知死？"不知苦痛，怎能体会到快乐？痛苦就像一枚青青的橄榄，品尝后才知其甘苦，这品尝需要勇气！

用乐观的态度走出困境

坚信失败乃成功之母。若每次失败之后都有所"领悟"，把每一次失败当作成功的前奏，那么就能化消极为积极，变自卑为自信。

在自我补偿的过程中，必须正确面对失败。人生之路，一帆风顺者少，曲折坎坷者多。成功是由无数次失败构成的，正如美国通用电气公司创始人沃特所说："通向成功的路是把你失败的次数增加一倍。"但失败对人毕竟是一种"负性刺激"，总会使人产生不愉快、沮丧、自卑。那么，如何面对？如何自我解脱？就成为能否战胜自卑、走向自信的关键。

面对挫折和失败，唯有乐观积极的心态，才是正确的选择。其一，做到坚忍不拔，不因挫折而放弃追求；其二，注意调整、降低原先脱离实际的"目标"，及时改变策略；其三，用"局部成功"来激励自己；其四，采用自我心理调适法，提高心理承受能力。

要使自己不成为"经常的失败者"，就要善于挖掘、利用自身的"资源"。虽然有时个体不能改变"环境"的"安排"，但谁也无法剥夺其作为"自我主人"的权力。应该说当今社会已大大增加了这方面的发展机遇，只要敢于尝试，勇于拼搏，是一定会有所作为的。屈原被放逐乃赋《离骚》，司马迁受宫刑乃成《史记》，就是因为他们无论什么时候都不气馁、不自卑，都有坚忍不拔的意志。有了这一点，就会挣脱困境的束缚，走向人生的辉煌。

此外，作为一个现代人，应具有迎接失败的心理准备。世界充满了成功的机遇，也充满了失败的可能。所以要不断提高自己应对挫折与干扰的能力，调整自己，增强社会适应力，坚信失败乃成功之母。若每次失败之后都有所"领悟"，把每一次失败当作成功的前奏，那么就能化消极为积极，变自卑为自信。

快乐是内心的富足

快乐是我们每一个人都在追寻的，这种追寻贯穿了我们的一生。然而，快乐的源泉在哪里？却不是每一个人都能找得到的。

有些外在富足的人可能是最痛苦、最不幸的人。在澳大利亚和加拿大，有近200万的富人正陷于沮丧情绪中，被迫接受医院的治疗。而一些人虽然贫穷，却活得潇洒快乐，很多时候快乐其实是内心的富足，与金钱无关。

在一个神话故事中，有一对贫穷而善良的兄弟，他们靠每天上山砍柴过着艰辛的日子。一天，兄弟二人在山上砍柴时，正好遇见一只老虎在追咬一个老人。兄弟俩奋不顾身地与老虎搏斗，终于从老虎口中救下那位须发皆白的老人，而这位老人是一位神仙，他念及兄弟俩的善良和勇敢，于是许愿帮助他二人得到快乐，并让他们每人点一样物品，作为送给他们的礼物。

　　哥哥因为穷怕了，想要有永远用不完的金银财宝，于是，神仙送给他一个点石成金的手指，任何东西，只要他用这手指轻轻一触，就会立即变成金子。哥哥如愿以偿地成了富人，买了房子置了地，娶妻生子，过着十分富有的生活。

　　遗憾的是，金手指也成了他的一个负担。因为，只要他稍一不小心，他眼前的人和物就会在瞬间变成冷冰冰的、没有生命的金子。朋友都对他敬而远之，家人也小心翼翼地防着他。守着取之不尽、用之不竭的钱财，哥哥说不出自己是快乐还是不快乐。

　　而弟弟是一个单纯的人，他希望自己一辈子快快乐乐。于是，老神仙给了他一个哨子，并告诉他：无论什么时候，无论遇到什么事情，只要轻轻地吹一吹哨子，就会变得快乐起来。

　　弟弟还像以前一样，过着艰苦的生活，仍然需要与各种艰难困苦进行抗争，仍然需要靠辛勤的劳动获取温饱。但是，每当他感到一些不如意时，他就取出那只哨子，那动听的声音，就像一缕缕和煦的阳光，像一阵阵温暖的春风，驱走了他的忧伤和愁苦，给他带来了快乐。

　　快乐是我们每一个人都在追寻的，这种追寻贯穿了我们的一生。然而，快乐的源泉在哪里？却不是每一个人都能找得到的。

　　当我们没有房子时，就在想：如果有一间自己的房子就好了，哪怕是一间小小的平房。当我们住进楼房后，又想：为什么人家有别墅呢？空间又大，又有草地，这个小楼房算什么？

　　知足常乐是一项几乎不可能的美德。为什么？因为世界上没有任何东西，能满足我们内心最深处的渴求。

　　要想活得轻松一些，就要凡事豁达一点，洒脱一点，不必把一点点小惠小利看得过重，要达到这种超脱境界，关键是寻求心灵的满足。如果一心想着个人享乐，贪恋钱欲、官欲，便无异于作茧自缚，不仅自己活得筋疲力尽，还会危害他人。快乐若来自于物欲的满足，是短暂而不幸的，物欲没有止境，人生就会永无宁日，为了无休止的私欲，注定要与四周环境为敌。而只有来自心灵的快乐，才是永久而幸福的，才有宁静、恬淡、平和之感，才有欣赏良辰美景的内在之眼。

用心感受生活的乐趣

现代人越来越重视对金钱、权势的追求和对物质的占有，殊不知金钱和权力固然可以换取许多享受的东西，可不一定能获取真正的快乐。

真正的快乐，不是用金钱和权势换来的，有钱有权的富贵们，不一定人人都快乐，个个都会领略生活的乐趣。

现代人越来越重视对金钱、权势的追求和对物质的占有，殊不知金钱和权力固然可以换取许多享受的东西，可不一定能获取真正的快乐。

钱越多的人，内心的恐惧感越深重，他们怕偷，怕抢，怕被绑票。权势越大的人，危机感越强烈，他们不知何时丢了乌纱帽，不知何时遭人陷害，时时小心，处处提防，惶惶然终日寝食难安。恐惧的压力，造成心理变态失衡。

有个大富翁，家有良田万顷，身边妻妾成群，可日子过得并不开心。而挨着他家高墙的外面，住着一户穷铁匠，夫妻俩整天有说有笑，日子过得有滋有味。

一天，富翁小老婆听见隔壁夫妻俩唱歌，便对富翁说："我们虽然有万贯家产，还不如穷铁匠开心！"富翁想了想笑着说："我能叫他们明天唱不出声来！"于是拿了家里两根金条，从墙头上扔过去。打铁的夫妻俩第二天打扫院子时发现不明不白的金条，心里又高兴又紧张，为了这两根金条，他们连铁匠炉子上的活也丢下不干了。男的说："咱们用金条置些好田地。"女的说："不行！金条让人发现，会怀疑我们是偷来的。"男的说："你先把金条藏在炕洞里。"女的摇头说："藏在炕洞里会叫贼娃子偷去。"他俩商量来讨论去，谁也想不出好办法。从此，夫妻俩吃饭不香，觉也睡不安稳，当然再也听不到他俩的欢笑和歌声了。富翁对他小老婆说："你看，他们不再说笑，不再唱歌了吧！"而富翁却因家里再也没有金条，不用防备盗贼，心里变得轻松起来，他们夫妻倒能每天都有好心情唱歌了。看，开心就是如此简单。

铁匠夫妻俩之所以失去了往日的开心，是因为得了不明不白的两根金条，为了这不义之财，他们既怕被人发现怀疑，又怕被人偷去，有了金条不知如何处置，所以终日寝食难安。

现实生活中也是如此，有些大款虽然守着一堆花花绿绿的票子，守着一幢豪华的洋房，守着一位貌合神离的天仙，未必就能咀嚼到人生的真趣味。

开心不开心同样也不能用手中的权来衡量。有了权，未必就能天天开心。我们时常看见有些弄权者，为了保住自己的"乌纱帽"，处处阿谀逢迎，事事言听计从，失去了做人的尊严，哪里还有什么真正的开心？

有的人利用手中的权，拿公款大吃大喝，游山玩水，上歌厅舞厅，虽然获得了一时的感观刺激，找到了一时的开心，但却给自己带来了诉不完的懊悔。他们就像歌德笔下的浮士德，拿自己的灵魂去换取一段开心快乐的时光，结果变成了傻瓜，他们最后失去的不仅仅是快乐和开心。

培养你的快乐

养成快乐的习惯，你就变成一个主人而不再是奴隶。快乐的习惯使一个人不受，至少在很大程度上不受外在条件的支配。

阿伯拉罕·林肯说："只要心里快乐，绝大部分人都能如愿以偿。"

心理学家加贝尔博士说："快乐纯粹是内在的，它不是由于客体，而是由于观念、思想和态度而产生的。不论环境如何，个人的活动都能够发展和指导这些观念、思想和态度。"除了圣人之外，没有一个人能随时感到快乐。正如萧伯纳所讽刺的那样，如果我们觉得不幸，可能会永远不幸。但是，我们可以凭借动脑筋和下决心来利用大部分时间想一些愉快的事，应付日常生活中使我们不痛快的琐碎小事和环境，从而使我们得到快乐。我们对小事的烦恼、挫折、牢骚、不满、懊悔、不安的反应，在很大程度上纯粹出于习惯。我们做这种反应已经"练习"了很长时间，也就成了一种习惯性反应。这种习惯性的不快乐反应大多起因于我们自以为有损于自尊心的某种事情。一个司机无缘无故地向他人按喇叭，我们谈话时有人肆意插嘴，我们以为某人该来帮忙他却没有来等。甚至一些非个人的事情也可能被认为是伤害我们的自尊心而引起我们的反应：我们要乘的公共汽车不得已来迟了，我们要打高尔夫球时偏偏下雨了，我们急着上飞机时交通忽然阻塞了等。我们的反应是愤怒、沮丧、自怜，换句话说："不高兴！"

不要让事情把你搞得团团转。治疗这种病最好的药方就是使用造成不快乐的武器——自尊心。不知你是否参加过一个电视节目，看到过节目主持人操纵观众的情况。主持人拿出"鼓掌"的标记，大家就都鼓掌；主持人又出示"笑"的标记，所有的人又都笑起来。他们的反应像绵羊一样，告诉他们怎样反应，他们就像奴隶般顺从地作出反应。你现在也是这种反应。你让外在事物和其他人来支配你的感觉和反应。你也像驯服的奴隶一样，等某件事或某种环境向你发出信号——"生气"——"不痛快"，或者"现在该不高兴了"——你就迅速地服从命令。

养成快乐的习惯，你就变成一个主人而不再是奴隶。正如史蒂文森所说过的："快乐的习惯使一个人不受，至少在很大程度上不受外在条件的支配。

你的意见可能使事情更不乐观。甚至在遇到悲惨的条件和极其不利的环境时，我们一般也能做到比较快乐，即使不能做到完全的快乐——只要我们不在不幸之中再加上我们自怜、懊悔的情绪和于事无补的想法。

人是一个追求目标的动物，所以，只要他朝着某个积极的目标努力，他一定能自然正常地发挥作用。快乐就是自然正常地发挥作用的征兆。人只要发挥一个目标追求者的作用，不管环境如何，他也会感到十分快乐。爱迪生有一间价值几百万美元的实验室因没买保险而被火白白烧掉了。后来有人问他："你该怎么办呢？"爱迪生回答："我们明天就开始重建。"他保持着进取的态度，可以断言：他绝不会因为自己的损失而感到不幸。

心理学家霍林沃兹说过：快乐需要有困难来衬托，同时需要有以克服困难的行动来面对困难的心理准备。

威廉·詹姆斯说："我们所谓的灾难很大程度上完全归结于人们对现实采取的态度，受害者的内在态度只要从恐惧转为奋斗，坏事就往往会变成令人鼓舞的好事。在我们尝试过避免灾难而未成功时，如果我们同意面对灾难，乐观地忍受它，它的毒刺也往往会脱落，变成一株美丽的花。"

与自己的心灵对话

一个人有了烦恼或者感到愤慨时就应该尽情地发泄出来。发泄出来，疾病会远离你。

生活在这个世界上，任何人都有压力。在情绪低落的时候，你采取什么样的态度，就决定了你会有什么样的心情。

自从潘多拉的魔匣打开以后，烦恼、疾病、痛苦……一股脑儿地降临人间。我们每个人都不是生活在"世外桃源"，于是每个人都会受制于他所处的环境，乐天派也好，忧愁者也罢，哪个能逃脱得了所遇到的幸与不幸呢？

有位妇女，爱跟自己较劲，遇上一点事，就胡思乱想，给自己制造烦恼。每月工资花不到月底，心里烦恼；儿子没有来信，心里烦恼；舞场上男同志没有邀她去跳舞，心里烦恼；年终没评上先进，心里烦恼；碰上某个领导没有向她打招呼，她也烦恼……她的烦恼一来，好几日精神不安。当她察觉到烦恼给自己带来高血压、心脏病时，后悔不已。她想克制自己，但烦恼一来，又无法克制。后来心理学家建议她每天写20分钟日记，把消极的情绪忠实地写在日记里。心理学家还告诉她，这个日记是写给自己的，既要写出正面，也要写出反面，这样就可以把消极情绪从心里驱走，留在日记里。

后来这位妇女坚持记日记，通过日记来克服自己的烦恼，遇上自己爱猜忌的事，便在日记里说服自己。她曾在一篇日记里写道："今天我在楼梯上向局长打招呼，可局长阴着脸，皱着眉头，理也没理我一声。我想他态度冷漠不是冲着我来的，八成是家里出了什么事，要不然就是挨了上级的批评。"她在日记里这么一写，心里的疑团一下子烟消云散了。她还在另一篇日记里提醒自己："我翻阅上月的日记，发觉那时的烦恼，现在完全消失了。这说明时间可以解决许多问题，也包括烦恼在内。如果以后我遇上新的烦恼，就要不断地提醒自己，现在何须为它烦心？我何不采取一个月后的忘却状态来面对眼下的烦恼？"

她坚持写了八年日记，心理抗病功能增强了。后经医生检查证明，血压正常了，心脏病也好了。

英国诗人威廉·布克在他的诗中写道：

我对朋友感到愤怒，

我尽情地发泄着，它消失了，

我对敌人感到愤怒，

我埋在心头，它滋长了。

这段诗形象而生动地说明，一个人有了烦恼或者感到愤慨时就应该尽情地发泄出来。发泄出来，疾病会远离你。千万不要埋在心里，埋在心里，就是拿自己来惩罚自己。

上面那位妇女由于找到了排解烦恼的方式方法——写日记，所以她才得以把自己从烦恼和疾病中解脱出来。

实际上，平日总是乐观的人，他们很会利用巧妙的方式方法排解自己的负面情绪，从而给人一种总是乐观的感觉。另一些人，在情绪低潮时，他们把低潮看得很严重，他们很想逼自己尽快走出低潮状态，结果不但解决不了问题，反而使问题更加复杂。

当我们观察平和、轻松的人时，我们会发现他们了解正负情绪的来来去去。总有一些时候，他们过得不怎么快乐，对于他们来说，这是可以理解的，因为事情发展不会总是一帆风顺，他们接受不可避免的感觉更迭，所以，当他们感到沮丧、生气或紧张时，他们也用同样的开阔心态和智慧对待这些事情。他们不但没有因为感觉不好就对抗这些情绪，反而以平和的心态接纳这些情绪，知道这些情绪会过去。这个做法让他们可以平稳地离开负面情绪，进入心灵的正面状态。

其实乐观的人也时常陷入情绪低潮。差别在于，他们不让低潮情绪左右自己的心情，因为他们知道，过些时候，他们就会再度快乐起来。对他们来说，这没什么大不了的。

当我们感到难过时，不要抗拒它，试着放松，看看除了恐慌，我们是否能够保持从容与镇定。不要对抗自己的负面情绪，而应放松心态，从容面对。

应当以适当的角度来面对自己当前的苦恼，并明白世界总在不断地变好。只有一条路可以通往快乐，那就是停止担心超乎我们意志力之外的事。一般自己所忧虑的事情，99%就不曾发生过。人活着，如果整天担心这个，忧虑那个，岂不是活得太痛苦了吗？这样，身体怎么会健康呢？大好时光，不要让忧愁占据了。当晨曦来临，就应当脱下睡衣，迅速起来，然后告诉自己："这是快乐的一天，我要好好地干。"接着精神抖擞地出门。出去后，无论遇到长辈还是晚辈，有地位的或是没地位的，很高兴地向他们打招呼，说声"早上好！"

要好好工作，只要是该做的事，不论大小，是轻是重，都要全力以赴。即使我们所做的工作不能尽如人意，也无所谓，只要尽了力，也就够了。

处在工作环境中，不管乐观着的、还是忧愁着的人们，该知道如何让自己真正地快乐了吧！真正的快乐，才是心的天堂。

快乐使人健康长寿

快乐是一种难以捉摸而短暂的感觉。刻意去找它，它会逃之天天；但你如果把快乐带给别人，它就会自动跑来。

林肯曾经说："据我观察，人们都是自己想要怎么快乐，就能怎么快乐。"

一个人想要快乐，便会采取积极态度，这样他便会把快乐吸引过来。

"我要快乐……"，这一首流行曲一开头的几句话就包含许多真理："我要快乐，但是除非能使你快乐，否则我就不会快乐。"

为自己找寻快乐最保险的方法是，奉献自己的心力使别人快乐。快乐是一种难以捉摸而短暂的感觉。刻意去找它，它会逃之天天；但你如果把快乐带给别人，它就会自动跑来。

柯莱儿·钏斯是奥克荷马市立大学宗教系一位教授的夫人，她告诉拿破仑·希尔她刚刚结婚时的一段趣事。"我们结婚头两年住在一个小镇里。我们的邻居是一对老夫妇，太太几乎已经瞎了，整天坐在轮椅上；老头子身体好，除了理家还照顾她。"

"圣诞节前几天，我跟先生一起装饰圣诞树，忽然心血来潮，决定替这对老夫妇也布置一棵。于是我们买了一棵小树，用漂亮的饰物和彩灯把它装饰好，又包了几份小礼物，在圣诞夜送了过去。"

"老太太哭了起来，泪眼模糊地望着闪烁耀眼的灯光。她丈夫一再说：'我们好几年都没有圣诞树了。'我们每一次去看他们时，他们都会提到那棵圣诞树。"

"我们替他们做的只是一件小事，但我们却得到了快乐。"他们的快乐是自己善心的结果，它变成一种深厚温暖的感觉，永远留在记忆里。

最常见、最持久的一种快乐则近乎一种满足状态——一种既非快乐，又非不快乐的状态。

如果在一段时间里，你感觉以积极的心态为主，你一方面觉得很快乐，一方面又觉得没什么快乐，那你就是个快乐的人。

我们一生大半的时间都在家里跟家人度过。可惜这个原本应该安全而充满快乐与爱的避风港，常常会变成互相敌对的地方，使家人享受不到快乐与和谐。

在我们"PMA，成功之道"的一个班级里，有一个大约20来岁积极向上的青年被问道："你有什么问题吗？"

"有。"他回答，"就是家母，其实我已经决定这个周末要离家了。"

我们和他谈话以后才发现，母子之间的关系显得不太和谐，老师发现他积极专制的个性跟他的母亲一模一样。

老师便对他说："你跟你母亲的个性显然相似，因此你应该可以由自己的态度推断她的态度，设身处地想一想自己的感觉便能了解她的感觉，因此你的问题应该很容易解决。"

"下面是你这星期的特别功课：母亲要你做事时，就'高高兴兴地'做；她发表意见时，你要真诚而愉快地随声附和，或干脆什么也不说。这样你就觉得愉快极了，说不定她也会学你的样儿哩。"

"没有用"学生说，"她实在很难缠！"

"完全正确，"老师回答说，"除非你用积极的态度去努力，否则没有用的。"

一星期以后，老师又向这个青年提到这个问题，他这么回答："我很高兴地告诉你，整整一个星期，我们之间没有说过一句令人难过的话，我决定不走啦。"

我们往往以为大家都喜欢自己所喜欢的，大家都想自己所想的，而且一般人都以自己的反应来推断别人的反应。这种看法有时候是正确的，就像前面那个青年跟他母亲一样。但是也有许多问题却是父母不了解子女的个性跟自己不同所致。

不久以前，我跟一个大机构的总裁约好见面。他担任公职，因为表现优异，名字经常上报。当我去看他那天，他却非常苦恼。

"没有人喜欢我！连自己的孩子都讨厌我！为什么会这样？"他问道。

其实这位先生非常疼爱孩子，他把用金钱所能买到的东西都给儿女，绝不让他们有一点不满足。而这种不足是驱使他奋斗不懈的原动力。他总是尝试保护孩子，不让他们受到一点委屈，也舍不得让他们像自己一样艰苦奋斗。儿女从小开始，他就没有期望他们感激，因此他从未得到过感激——他却以为孩子自然而然便会感激他。

假使他当初教导孩子感激，并且让孩子出去磨炼磨炼，来获得力量，情形也许会改观。他使孩子快乐时自己也很快乐。假使在孩子成长过程中，他能多信赖孩子一点，使他们了解他所做的艰苦奋斗，孩子就会更体谅他了。

不过这位先生，或有类似情形的任何人，用不着这么闷闷不乐，他大可把护身符 FMA 那一面翻上来，尽量让自己亲爱的人来接近自己，了解自己。

此外，他也应该多花点时间把"自己"跟他们一起分享，让他们知道他的爱，而不是只用物质去满足他们。假使他把自己像财富一样跟他们一起分享，就会得到他们爱与谅解的丰厚回报。

世界最快乐的人长在"快乐谷"里。他的富有在于他拥有永恒的价值，在于他拥有永远不会失去的东西——那些给他满足、健康、心灵的平静与灵魂和谐的东西。

以下就是一个人所拥有财富和他获得财富的方法：

帮助别人寻求快乐，因而自己也获得快乐。

我的生活很节制，因而获得健康。

我不恨人，不嫉妒人，却爱护、尊敬所有的人。

我从事爱心活动，慷慨地付出，因此很少疲倦。

我不要任何人的恩惠，只要求一个特权——让所有喜欢我幸福的人跟我分享这幸福。

我与自己的良心交好，因此它正确地引导我做每一件事情。

我的物质财富超过我的需要，因此我不贪求，我只渴望那些在我活着时让我活得有意义的东西。我的财富来自那些因分享我的幸福而受益的人。

第九章

有健康才有明天
——心平气和乃长寿之道

过去发生的事情，曾经使你夜不能寐，惊恐万状，但你已经有了经验，再次发生这样的事情，你就能安静如初。你经历了打击，经历了磨难，经历了别人不曾经历的，以后你重新面对这一切的时候，内心也会平静如水。毛泽东说过，"不管风吹浪打，胜似闲庭信步"，这就是静的最高境界。

让心平静下来，以一颗泰然之心处事，才是人生的最高境界。

宠辱不惊的淡泊与从容

事实上，能使一个人满足的东西可以很多也可以很少。人生天地之间，转瞬来去，就像是偶然登台、仓促下台的匆匆过客。

在现实生活中，名誉和地位常常被作为衡量一个人成功与否的标准，所以追求一定的名声、地位和荣誉，已成为一种极为普遍的现象。在很多人心中，只有有了名誉和权力才算是实现了自身价值。

事实上，能使一个人满足的东西可以很多也可以很少。人生天地之间，转瞬来去，就像是偶然登台、仓促下台的匆匆过客。人生既然如此短暂，活着就要珍惜人生，不要贪图权势。

我国著名人口学家马寅初先生就是一个淡泊名利、宠辱不惊、从从容容的人。

当年，马老因"新人口论"遭遇无端的批判，并错误地被撤销北大校长职务。那天，他正在家里"接受隔离审查"，他的儿子从外面回来说："爸，你被撤职了！"

他当时正在看一本书，就淡淡地答了一声："噢！"十几年后，国家为马寅初先生平反昭雪，又恢复了他北大校长一职。他的儿子又从外面回来，告诉他："爸，你官复原职了！"他当时也是在看一本书，也同样淡淡地答了一声："噢！"视荣辱为等闲，值得为之莞尔，这是什么？这就是我们所说的从容，也就是那种持久的心理定力。这种定力，不是轻易就可具备的，它需要接受深刻的心灵修炼，既包括意志、信念的修炼，也包括品行、人格的修炼，甚至还包括心灵的磨难。磨难让人成熟，过去常说："穷人的孩子早当家"，就是这个道理。磨难让人更坚定信念，让人更珍惜幸福，所以磨难不是灾难，它在某种意义上说是人生最不可多得的财富。

历经磨难的心灵，才能宠辱不惊、得失自若。

意志、信念、品行、人格的修炼及心灵的磨难都需要一个持久的过程，这样，才能具备一定的定力。

从容是一种心态，同时也是一种方法，一种心灵的方法，一种坚持的方法。实际上，这种方法的核心就是胜不骄，败不馁。它的哲学基础是"塞翁失马，焉知非福"；它的心理学基础是"所谓心理健康就是任何情况下都能保持稳定的平常之心"；它的数学基础就是直线永远比曲线更直接便捷；它的美学基础就是"对称与平衡可以产生一种极为轻松的心理反应"；它的宗教学基础就是"安详是禅的生命，是法的限量，是生命的源头活水"。

作为一种心灵方法，从容主要表现为：

——一事成功，不会大喜过望，而是沉着冷静，神情自若；

——遭遇挫折之时，依然如故，坚定如初；

——环境改变，不惊不喜，心态平静；

——条件发生变化，能一如既往，继续坚持；

——合作对象有所变化不能产生不必要的情绪波动；

——失恋后要心态平稳，不能悲观厌世，要相信缘分，明白"天涯何处无芳草"的道理；

——如果突然遭遇险情，要临危不惧，万不可心惊胆战，要坚持求生，永不丧失希望。

总之，从容处世，淡泊名利，是事业成功、学业有成的不可忽视的法则。如果一味地争名夺利，不但不会使你流芳千古，甚至可能会让你身败名裂。

焦耳，这个名字我们都很熟悉。从 1843 年起，焦耳提出"机械能和热能相互转化，热只是一种形式"的新观点，这无疑促进了科学的进步。他前后用了近 40 年的时间来测定热功当量，最后得到了热功当量值。

事实上，与焦耳同时代的迈尔是第一个发表能量转化和守恒定律的科学家。当迈尔等人不断地证明能量转化和守恒定律的正确性，终于使得这一定律被人们承认的时候，名利欲望的膨胀驱使焦耳向迈尔发起了攻击。焦耳发表文章批评说，迈尔对于热功当量的计算是没有完成的，迈尔只预见了在热和功之间存在着一定的数值比例关系，但没有证据证明首先证明这一关系的应该是焦耳。随着焦耳发起的这场争论的扩大化，一些不明真相的人也一哄而上，纷纷对迈尔进行了不负责任的错误指责。迈尔终于承受不住这一争论和批评带来的压力，特别是焦耳以自己测定热当量的精确性来否定迈尔的科学发现时，使得迈尔陷入了有口难辩的痛苦境地。这时，迈尔的两个孩子也先后因故夭折，内外交困中的迈尔跳楼自杀未遂，后来得了精神病。

虽然当年的迈尔被逼进了疯人院，但今天人们仍然将他的名字与焦耳列在能量转化和守恒定律奠基者的行列。焦耳为争夺名利而扼杀他人，为世世代代的人们所遗憾和谴责。

每个人都有自己的活法，对个人而言，各有各的追求；对社会而言，各有各的贡献。一个快乐的人不一定是最有钱、最有权的，但一定是最聪明的，他的聪明就在于他懂得人生的真谛：花开不是为了花落，而是为了灿烂。可悲的是，在现代社会生活中，依然有许多人不但对功名利禄趋之若鹜，甚至把它看成是一个人全部的生存价值。

　　无可否认，进入了权力中心的人，自有许多政治的、物质的、名誉的利益，不但有权，还可以享受。正因为有利益，有诱惑，才会有那么多人奋不顾身地去追求。为官当政，有权有势，能够比普通人有更多的机会左右一个城市、一个乡镇、一个单位的发展，所以有一种干大事的感觉。因此，在现实生活中，想方设法谋官的人，可以说是摩肩接踵。尽管当上官很得意、很快乐，可是权力也伴随着许多的烦恼和风险，有权在手所受约束大。那些当不上官的人，他们不但自己饱尝无奈、愁闷、痛楚，还给家庭罩上了挥之不去的阴影。所以说，人生诸多烦恼和祸患多由贪婪权势引起。因追求名誉和权力的时候，更应该铭记的是"君子爱财、爱名、爱权，都得取之有道。"

　　人生在世，人人都想活得更好。人们总是在各种可能的条件下，选择那种能为自己带来较多幸福或满足的活法。所以，除了追名求利外，人生还有另一种活法，那就是甘愿做个淡泊名利之人，粗茶淡饭，布衣短褐，以冷眼洞察社会，静观人生百态。这样，才能品味出生命的美好，享受到生活的快感。

　　有的人既不求升官，也不求发财。每天上班安分守己做好本职工作，下班按时回家，每个月领着不多不少还算说得过去的一份工资，晚上陪爱人在家里看看电视，周末带孩子逛逛公园，年轻的时候打打篮球，年纪大点练练太极拳，不生气，不上火，知足常乐，长命百岁。这样的人生可能看起来有些"平庸"，但其中的那份"闲适"给人带来的满足，也是那些整日奔波劳累、费心劳神，追求功名利禄之人所体会不到的。所以，国王会羡慕在路边晒太阳的农夫，因为农夫有着国王永远不会有的安全感，而要有农夫那样的安全感就不能有国王的权势。

　　功成名就从一定意义上来讲并不难，只要用勤奋和辛劳就可以换取，把别人喝咖啡的时间都用来拼搏。就一般情况而言，你多得一份功名利禄，就会少得一份轻松悠闲。而一切名利，都会像过眼烟云，终究会逝去，人生最重要的，还是一个温馨的家和脚下一片坚实的土地。

旷世巨作《飘》的作者玛格丽特·米切尔说过："直到你失去了名誉以后，你才会知道这玩意儿有多累赘，才会知道真正的自由是什么。"盛名之下，是一颗活得很累的心，因为它只是在为别人而活着。我们常羡慕那些名人的风光，可我们是否了解他们的苦衷呢？

所以，学会以淡泊之心看待权力地位，不仅是免遭厄运和痛苦的良方，也是一种超然于世外的智慧。

在平淡中感受生活

生活需要舒适，没有金钱是不可能达成的，但过分的追逐常会使人丧失理智、感情淡漠、心性冷酷。

人生的内容很多很乱，人的心思太杂太烦，负荷沉重，诱惑太多，站在繁华的都市街口，东边是金钱，西边是名誉，南边是地位，北边是权力。于是人总是东奔西走，南冲北突，想要的东西太多，眼睛盯着浮华世界里的功名利禄，到死才发现得到的东西很多，丢了的东西更多。生活也有能量守恒定律。追逐的同时，何不找个时间休息一会儿，翻一翻身上的背囊，看你丢了什么没有？

有一对青年，婚后的生活美满幸福，并且有了一个可爱的孩子，邻居们都非常羡慕他们。然而，丈夫总觉得自己的家庭与豪门望族相比，显得太土气了。于是，他告别妻儿老小，终年奔波在外，处心积虑地挣钱。年深日久，妻子感到家庭冷清沉寂，尽管有了更多的钱财，却无异于生活在镶金镀银的墓穴中。孩子长大了，却不知道叫爸爸。后来，爸爸终于回来了，却衣衫不整，垂头丧气，原来他喜欢摆阔，遭遇匪霸被洗劫一空。

当妻子看到丈夫的那一刻，她什么都明白了。

丈夫像孩子似的扑进妻子的怀里，泣不成声地说："完了，一切都完了，我的心血全被那帮匪徒榨尽了，我没有活路了，我的路走完了，我后悔死了。"

妻子满是怜惜地看着丈夫，仔细地听完了丈夫的哭诉，然后，她用手轻抚他的头发，脸上露出了几年来从未有过的微笑，说：

"你的路曾经走错了，但现在你的心终于回来了。这是我们全家真正幸福生活的开始。只要我们辛勤劳动，安居乐业，幸福还会伴随我们。"

从此以后，夫妻二人带着孩子辛勤劳动，共同经历风雨，用自己的汗水换来了丰硕的成果。尽管他们的生活并不奢华，但爱的心愿充溢着他们的心房，他们重新找回了昔日生活的美好，也懂得了生活真正的趣味。

生活需要舒适，没有金钱是不可能达成的，但过分的追逐常会使人丧失理智、感情淡漠、心性冷酷。只有平淡处事，正确对待这些身外之物，才可活得舒心自然，体会活着的真实意图。人生不是只为背负不了的沉重而活，而是为了从背负的沉重里取一点成就让自己感受快乐和幸福。

海边小镇有这样一家人，女人长得的毫无姿色可言，甚至可以称之为丑，但脸上却始终挂着开心的笑。清晨，天还没亮，她就抱着孩子和男人出去接菜、卖菜，黄昏时，她坐在男人推着的木推车上，怀里不是搂着她的儿子，就是破箱子破胶袋、草席水桶、饼干盒、汽车轮，拉拉杂杂地前呼后拥把她那起码二百磅的身子围在中心。那男人龇牙咧嘴地推着车子，黄褐色的头发湿淋淋地贴在尖尖的头颅上，打着赤膊，夕阳下的皮肤红得发亮，半长不短的裤子松垮垮地吊在屁股上。每次木推车上桥时，男人的裤子就掉下来，露出半个屁股。可那胖女人还坐得心安理得，常常还优哉游哉地吃着雪糕呢！铁棍似又黑又亮又结实的手臂里的小男孩时不时把母亲拿雪糕的手抓过去咬一口，母子俩在木推车上争着吃。脸上尽是笑，女人笑得眼睛更小、鼻更塌、嘴巴更大。

有时她的脸可能搽了粉，黑不黑，白不白，有点灰有点青，粗硬的曲发老让风吹得在头顶纠成一团，而后面那瘦男人就看得那么开心，天天推着木推车，车上的肥老婆天天坐在那儿又吃又喝。有一次不知怎地，木推车不听话地直往桥脚下一棵树冲去，男人直着脖子拼命拉，裤子都快掉下来了，木推车还是往树一头撞去，女人手中的碎冰草莓撒了她跟小男孩一头一脸。谁知那男人一手丢了木推车，望着车上的母子大笑不止，女人一边抹去脸上的草莓，一边咒骂，一边跟着笑，笑的夕阳红了脸，笑的路人弯了腰。

唉，管什么男的讲风度，女的讲气质，什么人生的理想，生活的目标，什么经济不景气，一家三口，每天快快乐乐地出去卖菜，每天快快乐乐地捡点破烂，然后跟着夕阳回家。

丑成那样，穷成那样，又有什么关系呢？

人生无需所求太多，口袋里的票子够花就行，家里的房子温馨就行，追求太高，欲望太高，往往就像打肿脸充胖子，表面看着风光无限，却丢了快乐幸福和自由。

从不起眼的细节做起

若想成功的话，一个人必须接受一些问题、压力、错误、紧张、失望——这些也都是生活中的一部分。

古罗马大哲学家西刘斯曾说过："想要达到最高处，必须从最低处开始。"

然而，有不少刚刚从大学毕业的学生，自以为读了不少书，长了不少见识，未免有点飘飘然，做了一点儿事就以为索取是重要的，对自己的所得也越来越不满意。几年过去了，自己越想得到的却越是得不到，于是不知足的心理就占据了全身心。假如你也正有这种心理，那么你想获得成功几乎是不可能的。

若想成功的话，一个人必须接受一些问题、压力、错误、紧张、失望——这些也都是生活中的一部分。事实上，有许多人都会觉得无法应付生活的压力。

有一位年轻人，他对生活的不满和内心的不平衡一直折磨着他。直到一个夏天与同学尼尔尼斯乘他们家的渔船出海，才让他一下子懂得了许多。

尼尔尼斯的父亲是一个老渔民，在海上打鱼打了几十年，年轻人看着他那从容不迫的样子，心里十分敬佩。

年轻人问他："每天你要打多少鱼？"

他说："孩子，打多少鱼并不是最重要的，关键是只要不是空手回去就可以了。尼尔尼斯上学的时候，为了缴清学费，不能不想着多打一点，现在他也毕业了。我也没有什么奢望打多少了。"

年轻人若有所思地看着远处的海，突然想听听老人对海的看法。

他说："海是够伟大的了，滋养了那么多的生灵。"

老人说："那么你知道为什么海那么伟大吗？"

年轻人不敢贸然接茬。

老人接着说："海能装那么多水。关键是因为它位置最低。"

位置最低！

正是老人把位置放得很低，所以能够从容不迫，能够知足常乐。

而许多年轻人有时并不能正确摆正自己的位置，取得一点成绩便沾沾自喜，有一点优势便以为自己天下第一，夜郎自大。

相反，如果能把自己的位置放得低一些，习惯性地从小事、从不起眼的细节做起，便会有无穷的动力和后劲。

我们现在没有任何理由去鄙视那些所谓低层次的创业者们，他们的创造同样也让人听得有滋有味、羡慕不已，他们成功的进程也最明显。究其原因，主要是他们没有心理负担，大不了还是一个一无所有的失业人员。没有包袱，没有顾虑，把自己的位置放得很低，所以他们成功了。

现在许多年轻人缺乏的正是这种勇气和重视细节的心态。无论你是天之骄子，还是满面尘土的打工仔；无论你是才高八斗，还是目不识丁；无论你是大智若愚，还是大愚若智，如果没有找到自己的位置，总是望着那山比这山高，好高骛远，那么一切都会徒劳无益。

因为我们年轻，所以经常谈理想和抱负，但理想和抱负谈得多了以后，就会抱怨我们目前的状况：工作不好，领导不赏识、不重用，门路太少，局限性太大，自己没法施展才华等。似乎这些现实的一切与理想和抱负差得太远，自己只有突破这些才能拥有美好的未来。可是，事实却并不像我们所想的那样，于是更处处不顺心，最终陷入了自己设定的困境中。

有一个刚从学校毕业的大学生，踌躇满志地进入一家公司工作，却发现公司里有那么多局限性，而领导分配的工作又是一个谁都能胜任的办公室日常事务性工作，对于一向自视清高的他，别提多么失望了。

他到处发泄自己的不满，但好像并没有人理他，就这样，他只好埋头干活。虽然心里经常存有不情愿的感觉，但不再像刚去的时候那样浮躁了，而是努力去做自己手头上的事情，做好一件事情，得到领导的肯定，自己的"虚荣心"就被满足一次，靠着这种卑微的"虚荣心满足"，日子就这样一天天过去了。

有一天，他认识了一位白发苍苍的老人，开始他并没有注意到这位老人。只是后来由于工作的需要，接触了几回。经人介绍说，这位老人就是赫赫有名的卡普尔先生，他是公司总裁的父亲。他没有因为特殊的身份而讲究太多，竟然是那么平常，那么不起眼，每天与大家一样上班下班，风雨无阻。实在让人不敢想象！

老人曾经对年轻人说过这样一句话："把手头上的事情做好，始终如一，你就会实现你所想的东西。"

年轻人记住了老人的教诲，开始投入地做每一件事，无论自己如何地不情愿，都尽心尽力地做好，而且做了以后，心态就平静了。

过了好多年，年轻人还记得卡普尔先生的那句话。

无论手头上的事是多么不起眼，多么烦琐，只要认认真真、仔仔细细地去做，就一定能逐渐靠近你的理想，最终迈向成功。

拥有一颗感恩之心

世界上最大的悲剧是一个人大言不惭地说："没人给过我任何东西！"这种人不论是穷人或富人，他的灵魂一定是贫乏的。

自私的人拥有再多也难以获得快乐，而拥有一颗感恩的心即便物质生活再贫穷，也可以们拥有更多的快乐。

中央电视台报道了贵州山区的一个普通老师的感人事迹，让人不得不对他的那颗感恩的心肃然起敬。

这位老师姓陆，幼时的小儿麻痹让他无法像正常人一样站立行走。他心灵手巧，在生计问题上，干什么都可以挣钱养活自己，而且比老师挣钱多。但当村领导找到他时，他毅然选择了当老师。因为他知道村里已经因为没有人愿意当老师停课一年多了，而山里的条件之差也让许多孩子辍学在家。就在这种情况下，他开始了自己的教学生涯。这份工作对于常人而言没有什么困难，但对于陆老师而言，他不得不面对眼前的一切困难，第一，学校已经没有学生，他得一个个去家访，争取让他们回学校，但山路难走，同学们的家又相距很远，甚至在家访中还得穿过森林。第二，他自己不能站立行走，为了能把学生请回教室，他为自己做了一双特殊的像船一样的鞋子固定在膝盖下，帮他攀爬陡峭的山路。为了在穿越森林时不致被野兽当做口中食，他还专门做了一只铜哨吓唬野兽。在那双特殊的鞋和铜哨的陪伴下，他将七十多个学生请回了学校。几十年间，他的脚印遍布了周边的 7 个山区。

2006 年他 58 岁了，在社会各界的关注下，医院给他做了手术并让他第一次站了起来，第一次穿上鞋。面对着这一切，在多少困难面前从没抱怨过一句的陆老师不禁潸然泪下。他说："感谢社会的关爱，58岁才第一次站起来，第一次穿上鞋都是社会给予的，我感谢社会。"一个为社会无私奉献了一生的人理应受到社会的关爱，而他却对此充满了感激。

在日常生活中，常有父母抱怨孩子不听话，孩子抱怨父母不理解他们，男朋友抱怨女朋友不够温柔，女孩子抱怨男孩子不够体贴。在工作中，也常出现领导埋怨下级工作不得力，而下级埋怨上级不够理解，不能发挥自己的才能。总之，对生活永远是一种抱怨，而不是一种感激。他们只是在意自己没有得到什么好处，却不会想别人付出了多少。

心胸，只能容得下私利就得不到幸福。

当然，感激不是天生就有的，它是培养出来的，许多人从未真正感觉到它。由于我们只注意我们自己需要什么，很少注意这些东西是别人付出多少代价换来的，如要你要拥有美好的生活，就应培养感恩的心。

一次，古罗马众神决定举行一次欢迎会，邀请全体美德神参加，真、善、美、诚以及各大小美德神都应邀出席，他们和睦相处，友好地谈论着，玩得很痛快。

但是主神朱庇特注意到有两位客人互相回避，不肯接近。主神向信使神库瑞述说了这一情况，要他去看看这是怎么回事。信使神将这两位客人带到一起，并给他们介绍起来。

"你们两位以前从未见过面吗？"信使神说。

"没有，从来没有。"一位客人说，"我叫慷慨。"

"久仰，久仰！"另一位客人说，"我叫感恩。"

生活中慷慨的行为总是难以得到真诚的感恩。事实上，我们每个人每天的生活都在仰赖着他人的奉献，只是很少有人会想到这一点。

世界上最大的悲剧是一个人大言不惭地说："没人给过我任何东西！"这种人不论是穷人或富人，他的灵魂一定是贫乏的。

有些人对感恩感觉迟钝，对怨恨却十分敏感。他们只会怨天尤人，而且感觉人生充满不幸。这类人对别人的要求特别高，喜欢用自己的思考模式来规范他人，结果往往成为不受欢迎的人。整天抱怨他人，却不知好好检讨自己。

有些人也会因为自私，只知从别人身上得到好处却不知回馈而不受欢迎。短视近利的后果，往往令帮助他的人感到失望，不再给予支持。这类人多半自以为是，从不考虑自己的责任，老是认为别人在算计他，对他不怀好意，想要陷害他，却不知他自己太狭隘致使众叛亲离。

一个心胸开阔的人，当他意识到上天的赐予有多丰厚时，他会真正的谦卑起来。他感激别人对他的生活所做的贡献。任何人以自己的成功为荣时，都应该想起他从别人处接受的东西有多少，以一颗感恩的心使自己幸福、快乐。

生命的真义在于平和

多与充满希望的人交朋友，特别是那些积极的、对创造性气氛有贡献的朋友，让他们围绕在你的四周。

有时为缓和四处蔓延的紧张气氛，我们首先应该放慢生活步调，使心情恢复平静，不再焦虑暴躁，保持稳定和谐。

曾经有位医生在替一位企业家进行诊疗时，劝他多休息。这位企业家愤怒地抗议说："我每天承担巨大的工作量，没有一个人可以分担一丁点的业务。大夫，您知道吗？我每天都得提一个沉重的手提包回家，里面装的是满满的文件呀！"

"为什么晚上还要批那么多文件呢？"医生讶异地问道。

"那些都是必须处理的急件。"病人不耐烦地回答。

"难道没有人可以帮你吗？助手呢？"医生问。

"不行呀！只有我才能正确地批示呀！而且我还必须尽快处理完，要不然公司怎么办呢？"

"这样吧！现在我开一个处方给你，你能否照着做呢？"医生有所决定地说道。

企业家听完医生的话，读一读处方的规定——每天散步两小时；每星期空出半天时间到墓地一趟。企业家怪异地问道："为什么要在墓地待上半天呢？"

"因为……"医生不慌不忙地回答："我是希望你四处走一走，瞧一瞧那些与世长辞的人的墓碑。你仔细思考一下，他们生前也与你一样，认为全世界的事都得扛在双肩，如今他们全都永眠于黄土之中，也许将来有一天你也会加入他们的行列，然而整个地球的活动还是永恒不断地进行着。而其他世人仍是如你一般继续工作。我建议你站在墓碑前好好地想一想这些摆在眼前的事实。"医生这番苦口婆心的劝谏终于敲醒了企业家的心灵，他依照医生的指示，放慢生活的步调，并且转移一部分职责。他知道生命的真义不在急躁或焦虑，他的心已经得到平和，也可以说他比以前活得更好，当然事业也蒸蒸日上。

放慢生活的步调还要克服操心的毛病。好操心不是一件好事，因为它能使我们心绪不宁。要克服好操心，可用以下方式：

（1）告诉自己："操心是非常不好的习惯，任何习惯我都能改变。"

（2）你因为常操心而变成好操心的人，若能相反的培养更强而有力的习惯，就可以免除操心。

（3）对于过去那些你会消极谈论的事情，今后请开始以积极的态度去谈论，不论任何事都说得积极些吧！例如，不可说"今天将成为可怕的一天"，而应断言"今天将是辉煌的一天"；不要说"我不会去做那件事"，要断然地表示"我要去做那件事！"

（4）绝不可参加闷闷不乐的谈话，同时自己的言谈必须表现乐观，若以悲观的态度说话，将会使周遭的人都感染好操心的个性，所以要尽量谈些令人振奋的话题，改变压迫性的气氛，而使每个人都感觉到希望和幸福的存在。

（5）多与充满希望的人交朋友，特别是那些积极的、对创造性气氛有贡献的朋友，让他们围绕在你的四周。他们将会以积极的心态来鼓励你。

（6）须了解自己能够帮助很多人治疗他们好操心的毛病。帮助别人克服好操心，则你本身的心理就能获得更大的能量。

宽恕别人就是在宽恕自己

生活中，宽恕可以产生奇迹，宽恕可以挽回感情上的损失，宽恕犹如一个火把，能照亮由焦躁、怨恨和复仇心理铺就的黑暗道路。

也许昨天，也许很久以前，有人伤害了你，你不能忘记。你本不应受到这种伤害，于是你把它深深地埋在心里等待报复。不过现在你应该明白，这样做是毫无益处的，不放过别人就是不宽恕自己。

在这个世界上，一个人即使是出于好意也会伤害他人。朋友背叛你、父母责骂你、爱人离开你……总之，每个人都会受到伤害。

人一旦受到伤害的时候，最容易产生两种不同的反应：一种是怨恨，一种是宽恕。

怨恨是你对受到深深的、无辜伤害的自然反应，这种情绪来得很快。女人希望她的前夫与他的新妻子倒霉；男人希望背叛了他的朋友被解雇。无论是被动的还是主动的，怨恨都是一种郁积着的邪恶，它窒息着快乐，危害着健康，它对怨恨者的伤害比被怨恨者更大。

清除怨恨最直接有效的方法就是宽恕。宽恕必须承受被伤害的事实，要经过从"怨恨对方"，到"我认了"的情绪转折，最后认识到不宽恕的坏处，从而积极地去思考如何原谅对方。

宽恕是一种能力，一种停止伤害继续扩大的能力。

宽恕不只是慈悲，也是修养。

生活中，宽恕可以产生奇迹，宽恕可以挽回感情上的损失，宽恕犹如一个火把，能照亮由焦躁、怨恨和复仇心理铺就的黑暗道路。

曾任纽约州长的威廉·盖诺被一份内幕小报攻击得体无完肤之后，又被一个疯子打了一枪，几乎送命。他躺在医院为自己的生命挣扎的时候，他说："每天晚上我都原谅所有的事情和每一个人。"这样做是不是太理想了呢？是不是太轻松、太好了呢？如果是的话，就让我们来看看那位伟大的德国哲学家，也就是"悲观论"的作者叔本华的理论。他认为生气就是一种毫无价值而又痛苦的冒险，当他走过的时候好像全身都散发着痛苦，可是在他绝望的深处，叔本华叫道："如果可能的话，不应该对任何人有怨恨的心理。"

当耶稣说"爱你的仇人"的时候，他也是在告诉你：怎么样改进你的外表。你一定见过这样的女人，她们的脸因为怨恨而有皱纹，因为悔恨而变了形，表情僵硬。不管怎样美容，对容貌进行改进，也比不上让她心里充满宽容、温柔和爱所能改进的一半。

怨恨的心理，甚至会毁了你对食物的享受。圣人说："怀着爱心吃菜，也会比怀着怨恨吃牛肉好得多。

要是你的仇人知道你对他的怨恨使你筋疲力竭，使你疲倦而紧张不安，使你的外表受到伤害，使你得心脏病，甚至可能使你短命的时候，他们不是会拍手称快吗？

即使你不能爱你的仇人，至少也要爱你自己。要使仇人不能控制你的快乐、你的健康和你的外表。正如莎士比亚所说："不要因为你的敌人而燃起一把怒火，热得烧伤你自己。"

你也许不能像圣人般去爱你的仇人，可是为了你自己的健康和快乐，你至少要忘记他们，这样做实在是很聪明的事。艾森豪威尔将军的儿子约翰说："我父亲不会一直怀恨别人。"他说："我爸爸从来不浪费一分钟，去想那些不喜欢的人。"

在加拿大杰斯帕国家公园里，有一座可算是西方最美丽的山，这座山以伊笛丝·卡薇尔的名字为名，纪念那个在 1915 年 10 月 12 日像军人一样慷慨赴死——被德军行刑队枪毙的护士。她犯了什么罪呢？因为她在比利时的家里收容和看护了很多受伤的法国、英国士兵，还协助他们逃到荷兰。在十月的那天早晨，一位英国教士走进军人监狱——她的牢房里，为她做临终祈祷的时候，伊笛丝·卡薇尔说了两句将刻在纪念碑上不朽的话语："我知道只是爱国还不够，我一定不能对任何人有敌意和恨。"四年之后，她的遗体转移到英国，在西敏寺大教堂举行安葬大典。人们常常到国立肖像画廊对面去看伊笛丝·卡薇尔的那座雕像，同时朗读她那两句不朽的名言。

托尔斯泰曾经讲过这样一个故事：有位国王想励精图治，如果有三件事可以解决，则国家可立刻富强。第一，如何预知最重要的时间；第二，如何确知最重要的人物；第三，如何辨明最紧要的任务。于是群臣献计献策，却始终不能让国王满意。

国王只好去问一位极为高明的隐士，隐士正在垦地，国王问这三个问题，恳求隐士给予指点，但隐士并没有回答他。隐士挖土累了，国王就帮他继续干。天快黑时，远处忽然跑来一个受伤的人。于是国王与隐士把这个受伤的人先救下来，裹好了伤口，抬到隐士家里。翌日醒来，这位伤者看了看国王说："我是你的敌人，昨天知道你来访问隐士，我准备在你回程时截击，可是被你的卫士发现了，他们追捕我，我受了伤逃过来，却正遇到你。感谢你的救助，也感谢你让我知道了这个世界上最宝贵的东西，我不想做你的敌人了，我要做你的朋友，不知你愿不愿意？"国王听了微笑着说："我当然愿意。"

国王再去见隐士，还是恳求他解答那三个问题。隐士说："我已经回答你了。"国王说："你回答了我什么？"隐士说："你如不怜悯我的劳累，因帮我挖地而耽搁了时间，你昨天回程时，就被他杀死了。你如不怜恤他的创伤并且为他包扎，他不会这样容易地臣服你。所以你所问的最重要的时间是'现在'，只有现在才可以把握。你所说的最重要人物是你'左右的人'，因为你立刻可以影响他。世界上最重要的是'爱'，没有爱，活着还有什么意思？"

学着宽恕吧！遇事记恨别人的人，往往不能从被伤害的阴影中平安归来，痛苦总是如影随形，受伤害的反而是自己。因此，你一定要尽己所能地宽恕别人，这样做也正是在宽恕自己。

让恕道长存于内心

宽容就是潇洒。"处处绿杨堪系马，家家有路到长安。"宽厚待人，容纳非议，乃事业成功、家庭幸福美满之道。

明代养身学家吕坤在《呻吟语》中告诫人们："天地万物之理，皆始于从容，而卒于急促。"并说"事从容则有余味，人从容则有余年"。

当阿姆斯特朗踏上月球时，因一句话"我个人迈出了一小步，人类迈出了一大步"而家喻户晓，与他一同登月的还有一位叫奥尔德林的先生。在庆祝登月成功的记者招待会上，一位记者问奥尔德林："做为同行者，阿姆斯特朗成为登陆月球的第一人，你是否感到有点遗憾？"现场轻松的气氛一下子凝住了，在众人尴尬的注目下，奥尔德林很风趣地回答道："各位，千万别忘了，回到地球时，我可是最先迈出太空舱的！"他环顾四周笑着说："所以我是从别的星球回到地球的第一人。"大家在笑声中，给予了他宽阔胸怀最热烈的掌声。

法国文学大师雨果曾说过，"世界上最宽阔的是海洋，比海洋宽阔的是天空，比天空更宽阔的是人的胸怀。"宽容是一种博大，它能包容人世间的喜怒哀乐；宽容是一种境界，它能使人生跃上新的台阶。

生活中学会宽容，你便能明白以下道理：

宽容就是洞察。世界由矛盾组成，任何人或任何事情都不会尽善尽美。不必羡慕人家，不要苛求自己，常用宽容的眼光看世界，友谊、事业、家庭才能稳固和长久。

宽容就是忍耐。同事的批评、朋友的误解、过多的争辩和"反击"都不足取，唯有冷静、忍耐、谅解最重要。相信这句名言："宽容是在荆棘丛中长出来的谷粒。"能退一步，天地自然宽阔。

宽容就是忘却。忘记昨日的是非，忘记爱人曾经有过的一段浪漫，忘记别人先前对自己的指责和谩骂。时间是良好的止痛剂。放眼明日，来日方长，学会忘却，生活才有阳光，才有欢乐。

重庆一商人在劳务市场找保姆时，巧遇当年自己从乡下刚进城里时的雇主，她说："事隔八年能重逢，说明我们是有缘分的，能帮就帮一把吧！"当年这位雇主对这位乡下来的姑娘没给一天好脸色，还经常打骂。八年后主雇关系调了个儿，当年受虐待的保姆以德报怨，以加倍的工资和很好的生活条件回报原来的雇主。

宽容就是潇洒。"处处绿杨堪系马，家家有路到长安。"宽厚待人，容纳非议，乃事业成功、家庭幸福美满之道。事事斤斤计较、患得患失，活得也累。难得人世走一遭，潇洒最重要。

从容和宽容是一种不需要投资、保持心理健康的"维生素"。从容和宽容不仅能给我们带来平静和安定，也是通向健康的坦途，而且对赢得友谊、保持家庭和睦以及事业成功都是必不可少的。

1965年9月，顾准被第二次戴上"右派"的帽子，妻子被迫提出离婚，子女与他划清界限，革命群众更是痛斗痛打，可谓众叛亲离。然而，就是在这种绝境中，顾准的人格仍然熠熠发光。与其相处10年的吴敬琏先生记载了一则非常感人的故事：

"清理阶级队伍"运动中，顾准的一位老朋友兼老上司林里夫曾用荒诞牵强的推理"揭发"顾准，指斥他在30年代就是执行右倾投降主义路线的"内奸"，弄得顾准百口莫辩。很久以后，直到周扬得到解脱，顾准的"内奸"问题才告解决。1972年顾准回京后，对林里夫却多方照顾，考虑到这位老友也处境凄苦，逢年过节总是备下酒菜，约他共餐对酌。吴敬琏当时很不以为然，认为顾准完全不必当东郭先生，对这样的人，不去回敬他一拳已算仁慈。顾准却说：你真是不懂世事，他这种古怪个性和奇特的思想方法，完全是由党内不正常的政治生活和逼供"审干"做法造成的，是这套制度毁掉了他的一生，悲惨的人生遭遇形成了他的古怪脾性，我们应当同情他才是，怎么可以苛责呢？

林里夫乃上世纪30年代抗战前中国民族武装自卫会（宋庆龄任主席）党团书记，顾准的入党介绍人。由于顾准的"恕道"，这一对老战友的友谊得以维系始终。1974年10月中旬，顾准病倒后，林里夫每天赶到社科院经济所宿舍，为顾准炊煮饮食照料生活。顾准住院后，虽有经济所一位同志专事照顾，林里夫仍然每天三次看望照料。就是顾弟陈敏之从上海赶来后，林里夫每天下班还是要到医院探望，后又派其女每天上午顶替陈敏之照看顾准。其时，林里夫的政治处境也很艰难，经济条件尤窘。想来，林里夫一定是被顾准的人格感动。

顾准在其遗嘱中向里夫老友赠款500元，当时这可是一笔不小的款额。

顾准的座右铭是："宁可天下人负我，我不负天下人。"一次，女同事张纯音与顾准争论："别人要是打了你的左脸，你再将右脸递上去，完全是一种奴隶哲学。我的观点是针锋相对，以牙还牙，以眼还眼。"顾准答："人类社会正是因为有强烈的报复之心，你打我一拳我还你一脚，才总是斗争不已。如果大家都有宽容仁爱之心，这个世界会好得多。"

当然宽容要有一定原则，否则就成了纵容。

改变淡漠的生活态度

淡漠症患者往往表情淡漠，缺乏强烈或生动的情绪体验。他们对人冷淡，甚至对亲人也如此，缺少对他人的温暖与体贴。

有一位著名的数学家，曾在科研领域中作出过卓越的贡献，并以他的名字命名了一个数学定理。尽管他在科研事业上出类拔萃，然而他却是一个情绪障碍症患者。他性格孤僻内向，整天关在小房间里看书学习，演算公式，攻克难题，几乎谈不上人际交往。他为人沉默寡言，兴味索然，给人一种"古怪"的印象。他在40岁左右才在别人的催促下结了婚。但他结婚时不知如何操办婚礼，婚后不知道上街购买生活用品。由于过分内向离群，对外界反应不敏捷，社会适应力很差，他曾遇到车祸，身体也因此大受影响。

这位数学家所表现出来的情绪障碍症状，心理治疗学上称之为淡漠症。淡漠症患者往往表情淡漠，缺乏强烈或生动的情绪体验。他们对人冷淡，甚至对亲人也如此，缺少对他人的温暖与体贴。他们几乎总是单独活动，主动与人交往仅限于生活或工作中必须的接触，除一般亲属外无亲密朋友或知己，很难与别人建立深厚的情感联系。因此，他们的人际关系一般很差。

他们似乎超凡脱尘，不能享受人间的种种乐趣，如夫妻间的交融、家人团聚的天伦之乐等，同时也缺乏表达人类细腻情感的能力。故大多数淡漠症患者都独身，即使结了婚，也多以离婚告终。

　　一般说来，这类人对别人的意见漠不关心，无论是赞扬还是批评，均无动于衷，从而过着孤独寂寞的生活。其中有些人，可能会有些业余爱好，但多是阅读、欣赏音乐、思考之类的安静、单独的活动，部分人还可能一生沉迷于某种专业，作出较高的成就。但总体来说，这类人生活平淡、刻板，缺乏创造性和独立性，难以适应多变的现代社会生活。

　　淡漠症患者适合在人少的场所工作，如图书馆书库、山地农场林场等，他们更容易从事宗教事业和过隐居生活，不适合在人员众多的场合工作。

　　淡漠症的形成一般与人的早期心理发展有很大关系。人类个体出生以后，有很长一段时间不能独立，需要父母亲的照顾。儿童就是在与父母的关系中建立自己的早期情绪特征的。在成长过程中，尽管每个儿童不免要受到一些指责，但只要感觉到周围有人爱他，就不会产生心理上的偏差。如果终日不断被骂、被批评，得不到父母的爱，儿童就会觉得自己毫无价值。更进一步讲，如果父母对子女不公正，就会使儿童产生心理上的焦虑和敌对情绪，有些儿童因此而分离、独立、逃避与父母身体和情感的接触，这样就会出现淡漠症状。

　　由于淡漠症患者往往无法与他人建立正确的人际关系，难以适应生活的需要，因此必须对他们进行一定的心理治疗。治疗目标就是要纠正其孤独离群性、情感淡漠及与周围环境的分离性。具体可要求他本人有意识地分析自己，确定积极人生的理想、追求和目标。应使其懂得一个道理：人生是一个奥妙无穷的愉快旅程，每一个人都应该像一位情趣盎然的旅行家，像欣赏天地万物那样，每时每刻都沉醉在奇趣欢乐中，这样才能充满生活的乐趣和前进的活力。要尽力创造条件，有意识地接触社会实际生活，扩大接受社会信息量，促使兴趣多样化，并逐步参加一些兴趣小组活动，增加与他人的交往，享受集体生活的乐趣。这样，情绪淡漠的冰山才会逐渐消融，世上也才会又多一个快乐的使者。

以下是少女们对于"什么东西使她们幸福"的回答："倒映在河上的路灯；从树叶间隙能够看得到红色的屋顶；烟囱中冉冉升起的烟；红色的天鹅绒；从云间透出光亮的月儿……

虽然这些答案并没有充分表现出幸福的完整性，但无疑却存有某些宇宙美的精华。想要成为幸福的人，重要的秘诀便是：改变淡漠的生活态度。

树立正确的人生观

人际关系最易引起人的情绪变化。人际关系友好，引起满意的愉快的情绪反应，使人心情舒畅，有利于身心健康。

愉快的、稳定的情绪是健康的重要心理条件。而不良的情绪在一定条件下可导致心身疾病。因此培养良好的情绪对增强健康、防治疾病是很重要的。

1. 正确的人生观

不管你从事何种职业，只有树立了正确的人生观，把自己同为之奋斗的事业联系起来，并对此抱有希望与期待，才能经常保持乐观，心情舒畅。碰到问题，要正视，要向前看，要在困难中看到光明和希望，并泰然处之，从容对待。

2. 强烈的事业心

工作是人对社会应尽的责任，应该热爱自己的工作。只有这样，才会从中得到乐趣。要知道，充满信心和希望地工作和学习，乃是医治一切痛苦、不快的最好药物。

3. 妥善处理人际关系

人际关系最易引起人的情绪变化。人际关系友好，引起满意的愉快的情绪反应，使人心情舒畅，有利于身心健康。

4. 关心家庭并培养多方面兴趣

不论怎么忙，都应关心自己的家庭，应该保持一个健全的家庭，以及和谐的家庭内的人际关系（特别是夫妻关系），懂得"结发夫妻丑也好，粗布缝衣衣也牢"以及"家和万事兴"的道理。当然，也要结识良师益友，与周围人多接触，寻求安慰和支持。同时还要有一些业余活动的兴趣，丰富生活情趣，藉以转移注意方向，松弛精神紧张。

5. 学会控制情绪

人的情绪是受人的意识和意志控制的，应该善于驾驭自己的情绪。遇到心理刺激时，要学会主动地控制自己的情绪，进行自我心理调整，使各种矛盾得到缓解，情绪得以安定。比如，当怒气涌上心头时，不妨赶快冷静一下，默默地从一数到十，利用这个间隙想一想，认识到发怒实在不值得，只会给自己带来更多的苦恼；可以看看书报杂志、听听音乐、眺望远处的景色等；或通过咬咬牙齿，紧闭嘴唇、做深呼吸等小动作，藉以转移注意力，求得暂时的缓冲。

6. 积极锻炼体魄

人的情绪与身体健康有密切关系。一个人身体健康往往表现精力充沛、心情开朗，一个人长期疾病缠身，则容易抑郁。因此，积极锻炼身体、合理安排生活、适当睡眠是情绪饱满与安定的基础。

遗忘让你更快乐

想要遗忘却不是想像中那么容易。遗忘是需要时间的，如果你连"想要遗忘"的意愿都没有，那么，时间也无能为力。

上天赐给我们很多宝贵的礼物，其中之一即是"遗忘"。只是我们过度强调"记忆"的好处，却反而忽略"遗忘"的功能与必要性。生活中，许多事需要你记忆，同样也有许多事却需要你遗忘。

比如，你失恋了，总不能一直溺陷在忧郁与消沉的情境里，必须尽快遗忘；股票失利，损失了不少金钱，心情苦闷提不起精神，你也只有尝试着遗忘；期待已久的职位升迁，人事令发布后竟然没有你，情绪之低可想而知，解决之道别无他法——只有勉强自己遗忘。

只有遗忘了那些不快，才会更好地前进。

然而，想要遗忘却不是想像中那么容易。遗忘是需要时间的，如果你连"想要遗忘"的意愿都没有，那么，时间也无能为力。

一般人往往很容易遗忘欢乐的时光，对于不快的经历却常常记起，这是对遗忘的一种抗拒。换言之，人们习惯于淡忘生命中美好的事物，但对于痛苦的记忆，却总是铭记在心。就如你吃过了糖会很快忘记甜，吃过了黄连却口有余苦。

的确，很多人无论是待人或处事，很少检讨自己的缺点，总是记得"对方的不是"以及"自己的欲求"，其实到头来，还是很少如愿——因为，每个人的心态正彼此相克。

反之，如果这个社会中的每个人，都能够试图将对方的不是及自己的欲求尽量遗忘，多多检讨自己并改善自己，那么，彼此之间将会产生良性的互补作用，这也是每个人想见到的。

有这样一个故事：有一次，一位女士给了一个朋友三条缎带，希望他也能送给别人。这位朋友自己留了一条，送一条给他不苟言笑、事事挑剔的上司两条，因为他觉得由于上司的严厉使他多学到许多东西，同时他还希望他的上司能拿去送给另外一个影响他生命的人。

他的上司非常惊讶，因为所有的员工一向对他是敬而远之。他知道自己的人缘很差，没想到还有人会感念他严苛的态度，把它当做是正面的影响而向他致谢，这使他的心顿时柔软起来。

这个上司一个下午都若有所思地坐在办公室里，而后他提早下班回家，把那条缎带给了他正值青春期的儿子，他们父子关系一向不好，平时他忙着公务，不太顾家，对儿子也只有责备，很少赞赏。那天他怀着一颗歉疚的心，把缎带给了儿子，同时为自己一向的态度道歉，他告诉儿子，其实他的存在带给他这个父亲无限的喜悦与骄傲，尽管他从未称赞他，也少有时间与他相处，但是他是十分爱他的，也以他为荣。

当他说完了这些话，儿子竟然号啕大哭。他对父亲说：他以为父亲一点也不在乎他，他觉得人生一点价值都没有，他不喜欢自己，恨自己不能讨父亲的欢心，正准备以自杀来结束痛苦的一生，没想到父亲的一番言语，打开了心结，也救了他一条性命。这位父亲吓得出了一身冷汗，自己差点失去了独生的儿子而不自知。从此改变了自己的态度，调整了生活的重心，也重建了父子关系，加强了儿子对自己的信心。就这样，整个家庭因为一条小小的缎带而彻底改观。

送人以缎带，证明你已遗忘了相处中所受的那些委屈和责难，忆起别人给你的快乐和益处。而受你缎带者却更能被你感动，看到你的心灵之美，爱你，助你。学会遗忘，拾起那根缎带送给让你受伤的那个人，他将回报你一片灿烂的阳光。

给自己的心灵洗个澡

一个人要学会净化心灵，首先必须相信净化是令人向往的，正义是至高无上的，诚实具有永恒的力量。

一个人怎样才能拥有灵魂的家园？要用什么方式才能克服内心牢不可破、根深蒂固的不纯洁的思想？要经过什么样的过程才能找到驱散黑暗的光明？

大多数人的痛苦，都是因为自己看不开，放不下，一味地固执而造成的。痛苦就犹如人心灵中的垃圾，它是一种无形的烦恼，由怨、恨、恼、烦等组成。

清洁工每天把街道上的垃圾带走，街道便变得宽敞、干净。假如一个人也每天清洗一下内心的垃圾，那么他的心灵便会变得愉悦快乐了。

以前有个人在洗澡盆边写了九个字——"苟日新，日日新，又日新"。这个人在洗澡的时候，外洗身，内洗心，所以他在洗完澡后"身心舒畅"。就是说，他洗澡时外去身上污垢，内去内心渣滓，所以他洗完澡后身心舒畅。

现在一般人洗澡，只洗身，不洗心，在洗澡的时候，还怨这个恨那个，这样的洗澡，不洗也罢。真正的洗澡，应该是外洗身，内洗心，把身体里里外外都洗得干干净净。

一个人要学会净化心灵，首先必须相信净化是令人向往的，正义是至高无上的，诚实具有永恒的力量。他必须一直秉持着神圣的美德，努力不懈并且决不退缩地去完成它。这份信念就像一盏油灯，必须保持燃烧，并仔细修剪灯芯，因为只有火焰才能让黑暗得到光明。当火焰越来越强烈，燃起的光线就越来越稳定，信心和精力也会同时增加，他的进展会随着前进的脚步而加快。最后，知识之光开始取代信心之灯，黑暗也开始在灿烂光辉中消失，和谐的生活原则将会映入他的心灵，当他一接近，登峰造极的美感就会令他大开眼界，让他的心灵感受到前所未有的喜悦。

所以，一个人一旦掌握了自己内心的某些力量，他便会对在那些力量领域中运作的一切法则有所认知，再看尽自己内心的因果循环。心中有了领悟后，他会明白这些力量足以改善全人类。

而且，他看出人世间的所有法则都是人心需求的直接结果，如果将那些需求加以改造和变化后，再以改善后的法则为依据，就能够控制和克服身体内自私的力量。

这是一种心灵简化的过程，这是一个清洗心灵的过程，它将一切多余的杂质除去，只留下性格中最纯的真金。经过这样的简化，表面看来深不可测，错综复杂的内心世界就会呈现出越来越简单的面貌，直到全部改变成几项永恒的原则，然后最终合而为一，成为一个纯洁、高尚、无私的人。

欢乐与爱相依相存

其实在没有爱心的地方，熙攘的人群并非伴侣，如流的面孔无非是条画廊，而交口攀谈也不过是铙钹作声。

每个人都有心情不好的时候，放任不管，心情就会越来越糟。因此你要多想一些快乐的事，一些积极的事，这样低沉的心就会飞扬起来。

在你的身边，样样都不通，样样都不顺，你就感到心情确实坏透了。

但不通和不顺，来源于何方？不通和不顺，都来自于通和顺。所以说，当你不顺或者不通的时候，你应该高兴了。因为物不可以终通，也当然不可以终不通。假如不顺和不通都出现了，那么，离顺和通已经不远了。

正如文学家所说的：黑暗已经来临，离光明还会远吗？同样道理，不好的心情已经到来，离好心情还会远吗？这个时候，你去洗一个澡，或者去换一套新衣服，或者出游几天，只要你再迈出一步，心情就会好了。

有烦恼不可怕，可怕的是没有认识烦恼的思想和去掉烦恼的方法。

在你心情不好的时候，其实是人生反常的一个时候。这个时候，也许对正直不利，即或你坚守正道，也得不到任何利益。但你必须坚守正道，等待转机。以人事比拟，这个时候，也许是小人得势，君子被斥。

天地闭塞，畅流断，鸟音绝。冰河底层的鱼儿不再浮头，凛冽大地上的鸟儿不再飞翔，正直善良的人们噤若寒蝉……

这个时候，不透明的空间里，罂粟花也许开了，玫瑰也许凋谢了，荆棘也许长高了，乔木也许枯萎了。

这个时候，你可要记住——

鱼儿最好不浮头，鸟儿最好不飞翔。

因为，君子在闭塞的状态之下，应当收敛自己的才华。不可炫耀，以避免小人陷害的灾难；不可追求荣华富贵，以避免遭小人妒嫉。

当你心情不好的时候，是你回顾自己，检查自己最好的时机。

黑夜来临，你要把灯捻亮；风雨过后，你要把羽翼梳理；身处低谷，你要检点你的真诚，你的包容，以及你的果断、大度，是你走进别人心里的通行证；能在别人心里做客的人，无论顺境逆境，你都会得到抚慰的。这样，便会少有心情糟糕的时候。

已经是黑夜，白天就在眼前。谁没有辗转过黑夜，谁没有跋涉过冬天？只要你宽容，只要你耐心，好心情与欢乐人生，就像朝阳，会在新的一天出现……

当你心情糟糕的时候，要知道欢乐与爱相依相存。要得到欢乐，就要献出自己的爱心。

被马克思称之为"英国唯物主义和整个现代实验科学的真正始祖"的英国思想家培根曾经说过："其实在没有爱心的地方，熙攘的人群并非伴侣，如流的面孔无非是条画廊，而交口攀谈也不过是铙钹作声。"人类如果没有爱心，那世界将是一片荒野。

要心情舒畅，必须要有友谊。友谊的一个主要作用是宣泄积压的感情，使你心情舒畅。培根说：人可以用菝葜剂疏肝，用铁质丸浚脾，用硫磺粉宣肺，用海狸香通脑，可除真正的朋友外，世上无任何灵丹妙药可以舒心；而只有对知心朋友，人们才可能倾吐其忧伤、欢乐、恐惧、希望、猜疑、忠告，以及压在心头的任何感情，这就像一种教门外的世俗忏悔。

过去的帝王也懂得：要有分享者，也要有分忧者。快乐和胜利，需要人来分享，让快乐和胜利更加隆重；痛苦和悲伤，也要人来分忧，让痛苦和悲伤不致深重。

对于老百姓来说——

春种夏收，夜息日作。因应时势，才欢乐。

择善而和，择祥而居。大家全是朋友，才欢乐。

一年四季，雨雾风霜。岁月风云，知变才欢乐。

乐一时，才时时乐。

时时乐，就终不乐。

乐中知不乐，才是常乐。

让心灵平静如水

动是世界的阳面，静是世界的阴面。阳面，是看世界的；阴面，是想世界的。动，是世界的亨通，但静，才是世界的推动。

现代人的心态越来越浮躁了，终日钻营求取，把自己也弄得心慌意乱，现在是该回归宁静的时候了。

佛家无门有一句语录：世界这般广阔，为什么僧人只披袈裟，听钟声？一般的僧人认为，能够执于声色，闻到钟声就能悟道，见到黄色就可以明心，知道自己是出家之人，要做出家之事，就认为了不起，是为专心致志了。无门大师却认为，能够做到以上的地步，在佛门当中只算小儿科，初级阶段。你能够执于声色，为外境所转，说明你作为修禅入境界不高，只知糊糊涂涂过日子。你能够闻声悟道，见色明心，只是寻常事，不足为道。

能骑声盖色才是高僧。在声色，又能超声色，即从声色悟道，却又不滞于一声一色。对任何声色都能头头上明，着着上妙，都能悟道得大自在。用耳去听，由耳逐声，还是执着于外境。要用眼去听，能够打破原来声色的执着，才是圆融无碍的境界。这就是佛家入静的要求。一般人做不到用眼去听声音，但声色之中无声色总可以做得到。

动是世界的阳面，静是世界的阴面。阳面，是看世界的；阴面，是想世界的。动，是世界的亨通，但静，才是世界的推动。

所以，人在行动的时候，往往会被认为很有力量，其实人在思想的时候，最有力量。

静不下来，是对静的意义认识不足。处变不惊，你才能静下来。孔子说：迅雷烈风，必然使人变色。世界震动，许多人必然恐惧，如果因恐惧而戒备，后来就会幸福。当灾难来临，恐惧万分，但过后就忘记，谈笑自若，不知警惕，这样没有好处，将来要吃大亏。只有平时戒备的人，当突然遭到震惊，才不至于不知所措。

你要静得下来，要对周围发生的一切，有足够的思想准备，要知道发生的一切对你没有什么影响，即使有影响，你也有能力应付。这样，你才能静得下来，记取了教训，你才能静得下来。

过去发生的事情，曾经使你夜不能寐，惊恐万状，但你已经有了经验了，再次发生这样的事情，你就能安静如初。你经历了打击，经历了磨难，经历了别人的整治，以后你重新面对这一切的时候，你内心也会平静如水。毛泽东说过，"不管风吹浪打，胜似闲庭信步"，这就是静的最高境界。

没有静思，总在动，不会有什么好结果。

江河奔腾，虽然能够百川汇海；然而，每一条江河都宣泄无度，就会泛滥成灾。民情沸腾，虽然能够百业兴旺；然而，每一个人都狂热无度，就会歇斯底里。群芳尽绽，虽然能够春光娇娆；然而，每一朵花都争艳斗芳，繁荣的背后已经隐藏着衰败。进而不急，动而不躁，张而不露，才是动的极致，也是静的基础。

静能生美，静能出思。静是万动之源，你为什么不先静下来呢？

生活不安定，思想不安定，周围就会缺少关照的人，心里一定很悲戚。这个时候，情绪容易激动。千万要坚守正道，小心行事。如果行为不安定了，那就要有一个固定的住所，把身先安定，然后安定心灵。如果心灵不安定了，那就要出游，要在山水间求得心灵的安定。

奥地利诗人莱瑙说过一个关于三个吉普赛人的故事：三个吉普赛人正在沙漠中间一个荒凉的地方，第一个吉普赛人手拿提琴，悠然自得，自拉自唱一首热情的歌曲，夕阳就映照在他坚毅的脸上；第二个吉普赛人嘴里衔着烟斗，望着袅袅的烟雾，还是那样的快乐，好像世界上没有什么让他忧愁的；第三个吉普赛人却愉快地睡着了，他的提琴就丢在草丛中，风儿掠过他的琴弦，也掠过他的心房……

大度，随和，是安定的支柱。

贪婪，猜疑，是安定的蛀虫。

让心平静下来，以一颗泰然之心处事，才是人生的最高境界。

学会享受生活的真味

在竞争激烈的现代社会中，没有享受生活的本领，你就会永远被困在梦想、计划、奋斗……之中，也就永远不能达成真正意义的成功。

现代人，生活在紧张、繁杂、高速的经济社会中，人们为了达成自己的种种目标，努力工作拼命奋斗，身心却很难适应日新月异的世界，于是人们感到身心疲惫而空虚，出现了不安、焦虑、倦怠和绝望的心理倾向，究其原因，乃是人们陷入了一种迷惑，只着眼于目标，或只展望于未来，而忽略了享受生活中的美好时光。不会享受生活，那么你的生存就失去最重要的一面。就像爬一座高山，如果只顾登上山顶而忘记欣赏路边的鲜花、溪水等美好事物，那么，即使登上山顶，这次登山的意义也损失了不少。更何况，人生是一座没有山顶的高山。

也许你会认为，只有努力成功后，才能放松自己，享受生活，可是怎样才算成功呢？即使你目前自认可以制订出这样一个标准，但是，在迈向成功的路途中，你的评断标准很可能不断改变。你如果把成功当作最终目的地，也许你会发现，它和地平线一样难以捉摸。每当你往前移动，它也跟着向前，因而永远距你前面有一大段距离。你完成的事情愈多，会发现有更多事尚待完成，所以你应该从现在开始，学会享受生活，培养自己享受生活的本领。

在竞争激烈的现代社会中，没有享受生活的本领，你就会永远被困在梦想、计划、奋斗……之中，也就永远不能达成真正意义的成功。

1. 享受现在的阳光

叔本华说："有一种人一心只为未来奋斗，一切只寄望未来，总是焦躁地等待所有事物的快点到来。他们以为，一旦得着这些事物，就能令他们快乐，却不知道自己这副蠢模样，简直和我们在意大利看到的笨驴没两样。意大利人把棍子放在驴面前，棍子尾端悬着一束干草，驴就使劲加快步伐，岂不知于草永远只是悬在面前，看得见，却吃不到，然而傻驴却不断努力地想吃到。这种人一辈子活在幻觉中，始终'为未来而活，至死不变。'"

一行禅师通过一本名为《步步安乐行》的书教导我们，如何享受"此时此刻"的丰富美好。他提醒我们，无论在心智或情感方面，皆应关注自身经验的丰富性——不可等闲视之。要把握生活中每一个稍纵即逝的时刻，尽可能彻底品尝每一行"现在"。

17世纪法国有位大数学家、科学家、宗教思想家巴斯噶，他在《沉思者》一文中有这样一段话："我们向来不曾把握现在；不是沉缅于过去，就是殷盼着未来；不是拼命设法抓住已经如风的往日，就是觉得时光的脚步太慢，拼命设法使未来早点到临。我们实在太傻，竟然流连于并不属于我们的时光，而忽视唯一真正属于我们的此刻……"

如果检视自己的思想，便会发现，我们关心的完全是过去与未来。我们几乎不考虑"现在"，顶多只是考虑眼前事物对未来计划的影响。我们从来不会把"现在"当作目标，往往把过去和现在都当作手段，唯独把未来当作目标。因此，从来也没真正的去生活，而只是"期望"如何去生活。而且，由于总是在计划如何让自己快乐，所以注定永远也不会快乐。

这就是我们与时间关系的困境。然而，我们可以让自己脱困，可以学习如何把握现在，完全活在现实中，并且享受此刻所能享有的一切，我们现在就可以快乐。

一行禅师的话，是针对匆忙的人说的。他建议我们暂时停下一切，去感受鞋子里的两只脚丫，感受与皮肤相接触的衣服，以及脸上的空气。他奉劝我们听听四周的声音，看看四周的景物、颜色、形状，并且在优美的气氛下畅饮美酒。这段忠言可能让你即刻受益。

汤姆·莫里斯就有过这种成功的享受经验，他无疑受到了《步步安乐行》的启发，他的经历给了我们许多启示：

读完那本书的当天，我到超级市场排队购物。我向来是个急性子，讨厌排长龙，觉得浪费时间。通常，假如没有看过藏书，我便会焦躁不安、东张西望，每隔几分钟就看一次手表。我的心里不断演练接下来该做的事，同时密切注意一切减缓我前进到收银台的事情。就在这特别的一天，我刚刚获得大师教诲，学习如何专心，所以格外注意周围的一切。我鉴赏颜色、形状、声音，心中因此也觉得喜悦。我感觉到夹克布料有点柔软，于是轻轻举起右臂，瞧瞧衣服的衬里；我把目光转回身旁的人，发现其他人都以异样眼神看我，我突然发现，自己陶醉在"此时此刻"的喜悦时，满脸竟堆满了微笑。在排队付账的行列中，很少看到这副表情。

人生最可怜的一件事就是，我们所有的人，都拖延着不去生活，我们都梦想着天边的一座奇妙的玫瑰园，而不去欣赏今天就开放在我们窗口的玫瑰。

2. 培养享乐的本领

如何充分培养享乐的本领，使自己一路享受人生历程？方法很多：

首先，切记要感受"鞋子里的脚丫"。要留意此时此刻，注意并享受周遭"内在的享受"。活在这个美好的世界，每一刻都不可浪费。

其次，尽可能让生活中有更多事情，连结上较大意义的架构。连结的途径包括通过家庭、朋友、社区、工作等方面的关系，不仅思想连结，心灵也要连结。

第三，我们应该设定有意义的目标，努力去实现。心理学家席克森米哈利认为，如果能自己设定合理而颇具挑战性的目标，并且，在致力追求这些目标过程中，随时留意所有的回馈，那么，我们必将获得最大快乐，所以我们不会说："好好努力，追求成功，假如有机会的话，可以顺便寻找快乐。"因为，适度努力追求目标，就是寻找快乐的最佳途径。反过来，让自己快乐，则可以释放最深处的潜能，而有助于完成目标。人类的心理就是有这种连带关系。我们为追求成功而付出努力，可以增添生活色彩、改良做事技巧、提高成就、增进友谊、改善关系，因而使我们愈来愈有机会享受人生之乐。我们不但因此而进一步培养自己的享乐本领，更提高了成功的可能性。

赫胥黎曾说："人的思想与感觉，多半取决于内分泌腺与内脏的状态？"但实际情形往往相反。

无论任何工作，只要专心致志，多半会觉得其乐无穷。我们若能提升"对焦"本领，就能培养"享乐"本领。倘若心有旁骛，做起事来八成不会太愉快。而且，会觉得好像永远做不完似的。

假如专注手头上正在做的工作，时间会仿佛静止一般，但时钟上的指针却加速往前走。每当我们全神贯注于写作，往往好几个小时溜过而浑然不觉。反之，如果有许多不同的追求方向，导致我们分神，甚至严重到让我们什么事都无法进行时，时钟指针就如蜗牛般缓慢爬行。假如我们脑子里想的是观众，而不是自己的表现，必然会妨碍我们充分发挥潜能，因而达不到个人本领所及的卓越境地。假如我们工作只是为了赚钱，或只是为了迎合他人的看法，就需不断得到金钱以及他人的肯定，否则就无法长久维持卓越与快乐。各行各业最拔尖、最快乐的人，都是那些把焦点置于工作上的人。

在每个人的本领范围内，都应该努力为自己及他人创造快乐的环境。在这样的环境下，我们得以发挥创意，也可以专心从事所该做的工作。良好的福利与津贴，可以去除员工不必要的后顾之忧，使他们得以专心投入眼前该做的事。令人满意的工作条件，可以创造既有意义且人性化的环境，有利于心灵成长。精彩的挑战，可以刺激心智成长。若能建立重视道德的企业文化，便可驱使成员全心付出，彼此高度信任，且以参与为荣。假如我们能塑造一个全面照顾人性基本需求的工作环境——包括心智、美感、道德及性格等层面都能予以照顾，无异就是提供自己及他人追求最大快乐与最大成功所需要的全部条件，如果所提供的条件有所不足，终不免失败，这个道理，也适用于工作以外的一切人际关系。

3. 利用休闲时间享受生活

如果你想保持年轻，你必须将你所做的每件事与"玩"联系起来。所谓"玩"就是一种乐观的精神。无论工作、学习，还是健身都要保持一种乐观主义。如果你这样做，你将属于这样一种人：他们在每件事上，每一分钟都充满幸福和快乐，在我们看来，乐观的价值无限。

（1）运用电视。应该使电视这项发明真正成为放松、娱乐的好办法。预先看一下一周电视节目预告，并找出几个你愿意独自观赏、与家人或与朋友共享的节目。在节目开始之前马上打开电视，节目播完后马上关掉电视。不要看那些有关暴力和给人造成紧张的节目（你自己知道哪些内容使你放松，哪些内容令你紧张）。如果地方和全国新闻变得让人沮丧或过于激动，不妨将电视关掉，你可以买新闻周刊来作为了解国家大事的办法。要有选择地去看，去读，去听。

（2）朋友聚会重叙友情。预先几个星期便发出邀请，请朋友们吃一顿便餐。在请柬中注明晚餐开始和结束的时间，这样到时才不致混乱。便餐也可在最好的邻里间举行，这样你会在邻居间结识新朋友。

（3）明确报偿。把休闲与要完成的工作联系起来，无论是做家务还是做任何一件事，要让自己知道：完成这件事后自己会得到什么报偿，永远不要忽略这种报偿！这种方式对于孩子来说就更有效果。如果家里有人每天下班后或是星期六或其他时间打扫房间、做家务，便可奖励他。尝试带他每周出去吃一次饭。

（4）创造空间。在家中要创造一个属于自己的工作和爱好的特别空间，即使只是房间的一小部分也行，让这个地方保持安静和轻松。家中的每个人，如果愿意的话都可以在这里冥想，松弛一下，做一些富有创造性的事，或只是简单地待在那儿。

奢侈一下，去理理发、洗头、按摩、桑拿，或是做脸部美容，现在有越来越多的男士与女士一样享受着这些服务。

如果你喜欢植物，可以把时间用来更多地了解灌木、树和花，工作之余修整盆栽是最有效的休息方法。

建议去图书馆的期刊部和音像部。在翻阅自己喜爱的杂志时带上耳机听一些轻松的音乐，这会对身心有很大益处。

订一份经常登载美好回忆，或是你喜欢并愿意尝试的活动的娱乐性杂志，每个月只花几元钱甚至更少。杂志会每个月定期给你带来一段愉快的时光。每个图书馆都可以在大量出版的杂志中帮你找到你所需要的那一种。

有时人们会发现很难去进行一些娱乐活动，因为不清楚自己喜欢什么（或许是忘记了），那么你不妨心情愉快地用几分钟列出一张单子：你的爱好是什么？你是喜欢独自娱乐，还是愿意与同年龄的人一起，并且男女朋友都有？你是喜欢体育运动还是智力活动？你是喜欢社交方面的还是富有激情和创造力的活动？从娱乐活动中你愿意获得什么感觉？是成就感、被认同，还是轻松愉快的感觉？你愿意将休闲时光，放在城市里度过还是在乡村度过？在湖边森林里度过还是在海滩上度过？你喜欢在什么时候娱乐？早晨、晚上、周末还是假期里？运动、游戏、手工制作或怀旧，哪一种更适合你？

有计划的娱乐。你应学会做一个懂得娱乐的人，定期让自己放松而不觉得内疚，然后可以制定出一个休闲计划。考虑如何休闲就像计划一次出差一样，要认认真真当回事，计划好。娱乐对许多人来说意味着与朋友共享欢乐。所以，当我们听一些朋友谈话时，最后总是说："我们什么时候再聚一聚？"然而你知道，大多数时候你们并不知道何时会重新聚在一起，应该多用几分钟来做一下具体的安排，保证朋友们得以重聚。

也许你属于那些做事总是拖延或是对娱乐有内疚感的人，那么有计划的休闲是一个很好的开端。请考虑选择有关运动、游戏、品酒、厨艺、背包旅行、训练小狗、诗歌欣赏、掷马蹄铁游戏、玩纸牌等，地点可选在当地的公园、康乐中心和社区里的活动室（可向社区服务计划部门查询）。一般来说，人们可以在这些地点花费很少就可享受到多种精彩娱乐。

一些人会抱怨因为家务繁重而无暇娱乐。有一个家庭解决这种问题的方法是：用一个晚上全家集体做家务。每个星期三从5：30～7：00，家中的每个人，母亲、父亲和两个孩子会一同做事先已经分工好的重要家务，并保证分工平等。各种家务也尽可能地轮换来做，每个人都努力干活，而报偿是大家一同到餐馆吃晚餐。迅速的回报是很重要的。以前他们的周末都忙于各种家务，而现在全家却用来休闲。

休闲并不简单意味着坐下来休息，尽管也包含着这个内容，它还使你发现自己的童心，并允许自己开怀大笑、嬉戏，因此要经常更新休闲方式。

休闲包括一切使你的身心和精神重新振奋的内容，休闲时间是你享受生活的最好时光。

第十章

把握良好的心态

——自制力是良好心态的体现

　　人们在尘世的喧嚣中日复一日地进行着各自的奔波劳碌，像蜜蜂般振动着生活的羽翅，难免会有种种不安。只要平静地对待取舍，放弃应该放弃的，轻松地放飞自己的心灵，用一种乐观的情绪观察周围的一切，就会发现，其实，置身于尘世的喧嚣并不可怕，可怕的是过于沉重地审视尘世的喧嚣而使自己的心境躁动着喧嚣。

先控制自己才能控制别人

因为一失去自制之后，另一个人——不管是目不识丁的管理员还是有教养的绅士——都能轻易地将他打败。

在拿破仑·希尔事业生涯的初期，他发现，缺乏自制，对生活造成了极为可怕的破坏。这是从一个十分普通的事件中发现的。这项发现使拿破仑·希尔获得了一生当中最重要的一次教训。

有一天，拿破仑·希尔和办公室大楼的管理员发生了一场误会。这场误会导致了他们两人之间彼此憎恨，甚至演变成激烈的敌对状态。这位管理员为了显示他对拿破仑·希尔的不悦，当他知道整栋大楼里只有拿破仑·希尔一个人在办公室里工作时，他立刻把大楼的电灯全部关掉。这种情形一连发生了几次，最后，拿破仑·希尔决定进行"反击"。某个星期天，机会来了，拿破仑·希尔到书房里准备一篇预备在第二天晚上发表的演讲稿，当他刚刚在书桌前坐好时，电灯熄灭了。

拿破仑·希尔立刻跳起来。奔向大楼地下室，他知道可以在那儿找到这位管理员。当拿破仑·希尔到那儿时，发现管理员正忙着把煤炭一铲一铲地送进锅炉内，同时一面吹着口哨，仿佛什么事情都未发生似的。

拿破仑·希尔立刻对他破口大骂，一连5分钟，他都以比管理员正在照顾的那个锅炉内的火更热辣的词句对他痛骂。

最后，拿破仑·希尔实在想不出什么骂人的词句了，只好放慢了速度。这时候，管理员站直身体，转过头来，脸上露出开朗的微笑，并以一种充满镇静与自制的柔和声调说道：

"呀，你今天早上有点儿激动吧，不是吗？"

他的这段话就像一把锐利的短剑，一下子刺进拿破仑·希尔的身体。

想想看，拿破仑·希尔那时候会是什么感觉。站在拿破仑·希尔面前的是一位文盲，他既不会写也不会读，虽然有这些缺点，但他却在这场战斗中打败了自己，更何况这场战斗的场合，以及武器，都是自己所挑选的，他的良心用谴责的手指对准了自己。拿破仑·希尔知道，他不仅被打败了，而且更糟糕的是，他是主动的，而且是错误的一方，这一切只会更增加他的羞辱。

拿破仑·希尔转过身，以最快的速度回到办公室。他再也没有其他事情可做了。当拿破仑·希尔把这件事反省了一遍后，他立即看出了自己的错误。但是，坦率说来，他很不愿意采取行动来化解自己的错误。

拿破仑·希尔知道，必须向那个人道歉，内心才能平静。最后，他费了很长的时间才下定决心，决定到地下室去，忍受必须忍受的这个羞辱。

拿破仑·希尔来到地下室后，把那位管理员叫到门边。管理员以平静、温和的声调问道：

"您这一次想要干什么？"

拿破仑·希尔告诉他："我是回来为我的行为道歉的——如果你愿意接受的话。"管理员脸上又露出那种微笑，他说：

"凭着上帝的爱心，你用不着向我道歉。除了这四堵墙壁，以及你和我之外，并没有人听见您刚才所说的话。我不会把它说出去的，我知道你也不会说出去的，因此，我们不如就把此事忘了吧。"

这段话对拿破仑·希尔所造成的伤害更甚于他第一次所说的

话，因为他不仅表示愿意原谅拿破仑·希尔。实际上更表示愿意协助拿破仑·希尔隐瞒此事，不使它宣扬出去，对拿破仑·希尔造成伤害。

拿破仑·希尔向他走过去，抓住他的手，使劲握了握，拿破仑·希尔不仅是用手和他握手，更是用心和他握手。在走回办公室途中。拿破仑·希尔感到心情十分愉快，因为他终于鼓起勇气，化解了自己做错的事。

在这件事发生之后，拿破仑·希尔下定决心，以后绝不再失去自制。

因为一失去自制之后，另一个人——不管是目不识丁的管理员还是有教养的绅士——都能轻易地将他打败。

在下定这个决心之后，他的身上立刻发生了显著的变化，他的笔开始发挥出更大的力量，他所说的话更具分量。在他开始所认识的人当中，他结交了更多的朋友，敌人也相对减少了很多。这个事件成为拿破仑·希尔一生当中最重要的一个转折点。拿破仑·希尔说："这件事教导我，一个人除非先控制了自己，否则他将无法控制别人。它也使我明白了一句话的真正意义：'上帝要毁灭一个人，必先使他疯狂'。"

学会情绪转移法

其实调整控制情绪并没有你想象的那么难，只要掌握一些正确的方法，就可以很好地驾驭自己。

大多数人都有过受累于情绪的经历，似乎烦恼、压抑、失落甚至痛苦总是接二连三地袭来，于是频频抱怨生活对自己不公平，企盼某一天欢乐突然降临。其实喜怒哀乐是人之常情，想让自己生活中不出现一点烦心之事几乎是不可能的，关键是如何有效地调整、控制自己的情绪，做生活的主人，做情绪的主人。

许多人都懂得要做情绪的主人这个道理，但遇到具体问题就总是知难而退："控制情绪实在是太难了"，言下之意就是："我是无法控制情绪的"。别小看这些自我否定的话，这是一种严重的不良暗示，它真的可以毁灭你的意志，丧失战胜自我的决心。还有的人习惯于抱怨生活，"没有人比我更倒霉了，生活对我太不公平。"在抱怨声中他得到了片刻的安慰和解脱，"这个问题怪生活而不怪我。"结果却因小失大，让自己无形中忽略了主宰生活的职责。所以要改变一下身处逆境的态度，用开放性的语气对自己坚定地说："我一定能走出情绪的低谷，现在就让我来试一试！"这样你的自主性就会被启动，沿着它走下去就是一番崭新的天地，你会成为自己情绪的主人。

输入自我控制的意识是开始驾驭自己的关键一步。

曾经有个中学生，不会控制自我情绪，常常和同学争吵，老师批评他没有涵养，他还不服气，甚至和老师争执，老师没有动怒，而是拿出词典逐字逐句解释给他听，并列举了身边大量的例子，他嘴上没说却早已心悦诚服。从此，他有了自我控制的意识，经常提醒自己，主动调整情绪，自觉注意自己的言行，就在这种潜移默化中他拥有了一个健康而成熟的情绪。

其实调整控制情绪并没有你想象的那么难，只要掌握一些正确的方法，就可以很好地驾驭自己。在众多调整情绪的方法中，你可以先学一下"情绪转移法"，即暂时避开不良刺激，把注意力、精力和兴趣投入到另一项活动中去，以减轻不良情绪对自己的冲击。

佳佳高考落榜了，看到同学接到通知书时深感失落，但她没有让自己沉浸在这种不良情绪中，而是幽默地告别好友："我要去避难了"，说着出门旅游去了。风景如画的大自然吸引了她，辽阔的海洋荡去了她心中的郁积，情绪平稳了，心胸开阔了，她又以良好的心态走进生活面对现实。

你可以转移的活动很多，你最好还是根据自己的兴趣爱好以及外界事物对你的吸引力来选择，如各种文体活动、与亲朋好友倾谈、阅读研究、琴棋书画等。总之将情绪转移到这些事情上来，尽量避免不良情绪的强烈撞击，减少心理创伤，也有利于情绪及时稳定。

情绪转移的关键是要主动及时，不要让自己在消极情绪中沉溺太久，立刻行动起来，你会发现自己完全可以战胜情绪，也唯有你可以担此重任。

充分了解自己的价值

每个人的意识中都有一个理想的积极的自我形象，但这个理想的自我形象，并不是总能指导和主宰自己的行为。

热爱自己，因为没有人更了解自己；相信自己，因为除了自己，你没有人可以相信。把自己当成宝，因为没有什么比你更有价值。

一位禅师为了启发他的门徒，给他的徒弟一块石头，叫他去蔬菜市场，并且试着卖掉它，这块石头很大，很好看。但师父说："不要卖掉它，只是试着卖掉它。注意观察，多问一些人，然后只要告诉我在蔬菜市场它能卖多少钱。"徒弟去了。在菜市场，许多人看着石头想：它可以做很好的小摆设，我们的孩子可以玩，我们可以把这当作称菜用的秤砣。于是他们出了价，但只不过几个小硬币。徒弟回来，说："它最多只能卖到几个硬币。"

师父又说："现在你去黄金市场，问问那儿的人，但是不要卖掉它，只问问价。"从黄金市场回来，这个徒弟很高兴，说："这些人太棒了，他们乐意出到1000块钱。"师父说："现在你去珠宝商那儿，但不要卖掉它。"徒弟去了珠宝商那儿。他简直不敢相信，他们竟然乐意出5万块钱，他不愿意卖，他们继续抬高价格——他们出到10万。但是徒弟说："我不打算卖掉它。"他们说："我们出20万、30万，或者你要多少就多少，只要你卖！"徒弟说："我不能卖，我只是问问价。"他不能相信："这些人疯了！"他觉得蔬菜市场的价已经足够了。

徒弟回来。师父拿过石头说："我们不打算卖了它，不过现在你明白了，如果你生活在蔬菜市场，那么你只有那个市场的理解力，你就永远不会认识更高的价值。"

这个故事告诉我们，应该正确认识自己的价值，对自己有一个充分的认识。如何能做到这一点呢？你对自己的价值了解吗？如何才能建立起充分的自信？

据说，在日本的富士山上，有一所专门培养企业领导人的学校。这所学校有一项很特别的课程，就是每天出操、上课时，学生都要大声地连续呼喊："我能行！我能行！"

呼喊声响彻操场，响彻教室。呼喊声在富士山上回响，也在学生们的心里久久地震荡。这所学校的创办人认为：一个成功的人，一定要有"我能行"这样一种强烈的成功意识和自信。

心理学研究表明，每个人的意识中都有一个理想的积极的自我形象，但这个理想的自我形象，并不是总能指导和主宰自己的行为。因为，它会常常受到另一个消极的瞬息万变的自我形象的干扰。前者不怕困难，勇往直前；后者遇事萎缩，知难而退。前者对你说："我能行！"后者则会大唱反调："我不行。"

成功的道路总是充满艰辛，而成功者在走向成功的道路上，他们的内心也往往充满着矛盾和斗争。高呼"我能行"，其实就是要强化心中那个积极的、理想的自我形象，战胜和排除消极的自我形象的干扰，用自信来融化存在于心中某一角落的自卑。

意大利著名的男高音歌唱家卡鲁索有一次在歌剧院的厢房等着上场演唱时，突然旁若无人地大声叫嚷起来："别挡住我的路！走开！走开！"身边的后台工作人员听了，都手足无措。不知发生了什么事情，因为当时并没有任何人挡住他的路。

这位大歌唱家后来解释说："我觉得我内心里有个大我，他要我唱，而且知道我能唱好。但另外还有一个小我，他觉得胆怯，而且说我不能唱好。我只得命令那个小我离开我。"

他所说的"大我"和"小我"，其实就是心灵深处两个互相对立的自我形象，他们就像是一个人和他的影子。

把自己的成功信念大声呼喊出来，固然是一个好办法，但有时候，即使不大声喊出来，只要给予自己一个积极的心理暗示，也能达到相应的效果。

心理学者曾在一所著名的大学挑选了一些运动员做实验。他们要这些运动员做一些别人无法做到的运动，还告诉他们，由于他们是国内最好的运动员，因此他们能够做到。

这些运动员分为两组，第一组到达体育馆后，虽然尽力去做，但还是做不到。第二组到达体育馆后，研究人员告诉他们，第一组已经失败了，并对他们说："你们这一组与前一组不同，我们研制了一种新药，会使你们达到超高的水准。"

结果，第二组运动员吃了药丸后，果然完成了那些困难练习。事后，研究人员才告诉他们，刚才吃的药丸，其实是用没有任何药物成分的粉末做的。如果你相信自己能做到，你就一定能做到，第二组运动员之所以能完成这些困难的练习，是因为他们相信自己一定能够做到，这就是积极的心理暗示所产生的效果。

我们每个人都不可避免地会有长处和短处，可是生活中的大多数人往往只记得自己不能做什么，记得自己的短处，却不记得自己的长处。更多的时候，他们根本不相信自己可以控制自己，而习惯于把责任推诿给一些不可控制的外在因素。

一个人就其本能而言，更容易接受消极的心理暗示，而难以接受积极的心理暗示，这正是普通人的一个极大的弱点。消极的心理暗示总是对自己说："我无能为力……我就是这个样子……"

消极的心理暗示使我们失去了理智，失去了对自己充分的自信，这些不利的心理暗示，就像是心灵巨大的黑洞。自信是医治颓废最好的良药，自信可以提升你对自己的认识，一定要把自己当成宝石，不要在菜市场上轻易地把自己卖掉。

狂妄与无知是孪生姐妹

狂妄与无知常常联系在一起，俗话说："鼓空声高，人狂话大"。凡是狂妄的人，都过高地估计自己，过低地估计他人。

狂妄，指极端的自高自大。

人为什么狂妄自大呢？这要从狂字的本意谈起。狂字本谓狗发疯，如狂犬。因而"狂"字与"人"字结合，便会失去人的常态，会产生不文雅的名声。

人们称狂妄轻薄的少年为"狂童"，称自高自大的人为"狂人"，称狂妄无知的人为"狂夫"，称放荡不羁的人为"狂客"，称举止轻狂的人为"狂者"，称不拘小节的人为"狂生"，称狂妄放肆的话为"狂言"，称放荡骄恣的态度为"狂妄"……

从这里可以看出，我们要做一个有文化教养的人，必须加强文化修养和道德修养，做到终生戒狂、忌狂。

狂妄，有时是因为太自大，有时却是因为太自卑。

面对一个狂妄而骄横的人，我们无需与之理论，时间自会证明他的实际价值，事实自会惩戒他的可笑无知。狂妄的人常常在无意中伤人，也常常因为这种无意而受伤。

有一些人，并不一定没有才华，他之所以不能施展才华的原因，是因为太狂妄。没有多少人乐意信赖一个言过其实的人，更没有多少人乐意帮助一个出言不逊的人。

狂妄之人，多是无礼之人；无礼之人，多是孤立之人；孤立之人，多是最终失败之人。大凡具有大家风度的人，多具有谦逊的品德，而狂妄之人，骨子里实在是透着一股小家子气。

最糟糕的要算是既狂妄又无能的人，狂妄使他什么都敢干，无能使他把什么都弄糟。狂妄使荣誉受损，成就减半。从近处来说，狂妄会限制发展；从远处来说，狂妄会断送前程。

在科学上，你若是爱因斯坦，你或许有资本狂妄，而爱因斯坦只有一个；在哲学上，你若是柏拉图，你或许有资本狂妄，而柏拉图只有一个；在音乐上，你若是莫扎特，你或许有资本狂妄，而莫扎特只有一个；在文学上，你若是莎士比亚，你或许有资本狂妄，而莎士比亚只有一个；在美术上，你若是米开朗基罗，你或许有资本狂妄，而米开朗基罗只有一个……

世界之大，伟人之众，即使一天 24 小时掰着指头不停地数，什么时候才能数到我们头上呢？我们又有多大的本事和成就可以狂妄呢？

狂妄与无知常常联系在一起，俗话说："鼓空声高，人狂话大"。凡是狂妄的人，都过高地估计自己，过低地估计他人。他们口头上无所不能，评人论事谁也看不起，总是这个不行，那个也不行，只有自己最行；在他们眼里，自己好比一朵花，别人都是豆腐渣。

有的人读了几本书，就自以为才高八斗，学富五车，无人可比，现时的文学大家、科学巨匠全部不在话下；有的人学了几套拳脚，就自以为武功高强，身怀绝技，到处称雄，颇有打遍天下无敌手的气势；有的人演过一二部电影，就自以为演技超群，名扬四海，俨然当代影视圈中最耀眼的明星……

狂妄的结局是自毁，是失败，这是被无数事实证明了的客观规律。纵观历史，只有虚心谨慎、求真务实的人，才能在事业上有所成就。

在现实生活中，无知者狂妄，当然令人鄙夷，就是有一些本事的人，狂妄起来也毫无益处。有了本事自视过高，进而发狂，表面看来，似乎狂得有点"道理"，其实，这是不知天高地厚的浅薄气在作怪。他们不懂得天外有天、山外有山的道理，妄自尊大，总想出人头地露一手。殊不知，等待这些人只能是摔大跟头。

人生在世，总是谦虚一些、谨慎一些，多一点自知之明为好。人们常说"天不言自高，地不言自厚"。自己有无本事，本事有多大，别人都看得见。

看看那些成绩斐然、为人类社会作出重大贡献的科学家们，看看那些功力深厚、饮誉世界的艺术大师们，他们当中，绝少有人因为自己具有足够资本而狂妄的，他们倒是非常自知而又非常谦虚的。所以，我们的行动准则，应是戒骄破满，为人不可狂妄。

不要刻意追求幸福

获得幸福的最有效的方式就是不为别人而活，就是避免去追逐它，就是不向每个人去要求它。

人生活在这个世界上，并不是一定要压倒他人，也不是为了他人而活。人活在世上，所追求的应当是自我价值的实现以及自我珍惜。

如果你追求的幸福是处处参照他人的模式，那么你的一生都会悲惨地活在他人的价值观里。

生活中的我们常常很在意自己在别人的眼里究竟是一个什么样的形象，因此，为了给他人留下一个比较好的印象，我们总是事事都要争取做到最好，时时都要显得比别人高明。在这种心理的驱使下，人们往往把自己推上一个永不停歇的痛苦的人生轨道上。

一个人是否实现自我并不在于他比别人优秀多少，而在于他在精神上能否得到幸福和满足。只要你能得到别人所没有的幸福，那么即使表现得不高明也没有什么。在这方面，珍妮做得非常好。

有一天下午，珍妮正在弹钢琴时，七岁的儿子走了进来。他听了一会儿说："妈妈，你弹得不怎么高明吧？"不错，是不怎么高明。任何认真学琴的人听到她的演奏都会退避三舍，不过珍妮并不在乎。多年来珍妮一直这样不高明地弹，弹得很高兴。珍妮也喜欢歌唱和绘画。从前还自得其乐缝纫，后来做久了终于做得不错。珍妮在这些方面的能力不强，但她不以为耻，因为她不是为他人而活。她认为自己有一两样东西做得不错，其实，任何人能够有一两样做得不错的东西就应该够了。

从珍妮的经历中我们不难看出，她生活得很幸福，而这种幸福的获得正在于她做到了不为向他人证明自己是优秀的，而有意识地去索取别人的认可。改变自己一向坚持的立场去追求别人的认可并不能获得真正的幸福，这样一条简单的道理并非人人都能在内心接受它，并按照这条道理去生活。因为他们总是认为，那种成功者所享受到的幸福就在于他们得到了我们这个世界大多数人的认可。

假定你确实希望从他人那儿得到认可，更进一步假定得到这种认可是一种健康的目标，脑子里装满这种假定后，你就会想到，实现你的目标的最好最有效的途径是什么呢？在回答这一问题之前，你的脑子里就会想象你的生命中有这样一个似乎获得了大多数人认可的人。这个人是一个什么样的人呢？他怎样行事呢？他吸引每个人的魅力何在呢？你的脑中这个人的形象也许就是一个坦率、不转弯抹角的人；也许就是一个不轻易苟同他人意见的人；也许就是一个实现了自我的人。不过，出乎意料的是，他可能很少或没有时间去寻求他人的认可。他很可能就是一个不顾后果实话实说的人。他也许发现策略和手腕都不如诚实正直重要。他可能不是一个容易受伤的人，而是一个没有时间去想那些巧舌如簧和将话说得很有分寸之类的雕虫小技的人。这难道不是一个嘲讽吗？似乎得到了生命中最多认可的人却是从不为他人而活的人。

下面的这则寓言也许更能说明问题，因为幸福无须寻求他人的认可。

一只大猫看到一只小猫在追逐它自己的尾巴，于是问："你为什么要追逐你自己的尾巴呢？"小猫回答说："我了解到，对一只猫来说，最好的东西便是幸福，而幸福就是我的尾巴。因此，我追逐我的尾巴，一旦我追逐到了它，我就会拥有幸福。"大猫说："我的孩子，我曾经也注意到这些问题。我曾经也认为幸福在尾巴上。但是，我发现，无论我什么时候去追逐，它总是逃离我，但当我从事我的事业时，无论我去哪里，它似乎都会跟在我后面。"

获得幸福的最有效的方式就是不为别人而活，就是避免去追逐它，就是不向每个人去要求它。通过和你自己紧紧相连，通过把你积极的自我形象当作你的顾问，你就能得到更多的认可。

当然，你绝不可能让每个人都同意或认可你所做的每一件事，但是，一旦你认为自己有价值，值得重视，那么，即使你没有得到他人的认可，你也绝不会感到沮丧。如果你把不赞成视作是生活在这一星球上的人不可避免地会遇到的非常自然的结果，那么你的幸福就会永远是自己，因为，在我们生活的这一星球上，人们的认知都是独立的，人人都应该为自己而活。

不要盲目和别人攀比

我们不妨换个角度去看，你就会发现，你自己什么也不缺，你应该羡慕的人不是别人，正是你自己。

在莱茵河畔，一位青年正垂头丧气地来回走动着，他心烦意乱，真想跳进河里一死了之。

但他舍不得这个世界，正在犹豫不决之时，一位牧师经过他的身边，停下来问道："小伙子，你有心事吗？"

青年深深地叹了口气说："我叫莱恩，但上帝从来没给我什么。年近 30 岁却一事无成，一文不名，家里还有个叫人看了就恶心的黄脸婆，这样的日子我真受够了。"牧师听了微笑着问道："莱恩先生，那么你的理想是什么呢？说出来，看看我能不能帮你实现。"莱恩说："我曾经有三个理想：金钱、权力和美女。"牧师笑着说："莱恩，这很容易，你跟我来吧！"说着，转身就走。莱思大喜过望，紧紧跟在了后边。

牧师领着莱恩先来到世界超级富翁怀特的豪宅，只见他正躺在床上大声咳嗽，脸色蜡黄，面前的金盆里是他刚吐过的带血丝的痰。牧师转身对莱思说："怀特先生不惜牺牲自己的健康追求财富。为了得到财富，他付出了超负荷的精力，结果财富得到了，他却累倒了。他还不知道自己的三个儿子正祈祷他早日升天，好早日继承遗产呢。"

牧师说着，领着莱恩来到另一个房间，只见怀特的三个儿子正在和几位漂亮小姐喝酒，一副声色犬马的样子。莱恩看了十分恶心，不由得转身。牧师对莱恩说："我们再去拜访一下议长斯皮尔吧。"

两人又来到斯皮尔的官邸，只见他身边围着几个人，显然是保镖。斯皮尔吃饭，保镖先尝；斯皮尔睡觉，保镖都瞪大了眼睛盯着他。就是斯皮尔上厕所，他们也在马桶旁蹲着。牧师对莱恩说："斯皮尔的政敌很多，稍不注意就要遭到黑手，他就是上街散步，保镖都寸步不离。"莱恩叹了口气，失望地说："那他和蹲监狱有什么两样？"牧师无奈地摇摇头说："我们再去看看当代最红、最性感的女明星布蕾丝吧。"说着，他领着莱恩来到布蕾丝的家里。

布蕾丝正冲一位菲律宾佣人大发脾气，她甚至拿起手里的烟头朝佣人身上按，佣人的皮肤很快起了泡，佣人硬挺着，不敢呻吟。牧师悄悄对莱恩说："如果他发出惨叫的话，将招致更严厉的惩罚。"布蕾丝折磨完佣人，要回房睡觉了，这时一个女佣走进来对她说："小姐，伯格先生求见。"布蕾丝眼皮也不抬地吩咐道："叫他给我滚出去，今天我已经和他离婚了，与他什么关系也没有了。"佣人小心地答应着要退出去，布蕾丝又说："顺便带个信儿给他，明天我就要和我的第12任丈夫结婚了，他有兴趣的话，可以来参加我们的婚礼。"说完，"啪"一声关上了房门。

莱恩看得目瞪口呆。从布蕾丝家中出来后，牧师问莱恩："小伙子，三个理想，你随便挑一个，我都可以替你实现。"莱恩想了一会儿，说："不，牧师，其实我什么也不缺，与怀特先生相比，我有他所有金钱都买不来的健康；与斯皮尔先生相比，我有他没有的自由；至于布蕾丝嘛，我老婆可比她贤淑善良多了……"牧师满意地伸出手来和莱恩相握，莱恩满脸笑意，一抹温暖的阳光洒在他的身上。

生活中，每个人都会有不尽人意的地方。我们不妨换个角度去看，你就会发现，你自己什么也不缺，你应该羡慕的人不是别人，正是你自己。

别把自己看得太重

一个人最大的弱点，就在于他自以为聪明。刚愎自用的人有这样的弱点，但他们常常意识不到，甚至不愿意识到。

1. 如何克服刚愎自用

刚愎自用的人就是这样一种人：倔强固执，不接受别人的意见，以"我"为中心，对别人兴趣不大；常常认为自己"对"的时候总比"错"的时候多；认为别人的意见不太有用，因为自己比别人更熟悉情况，大败之后，很不服气，常抱怨运气太差。

这些是刚愎自用者惯常犯的毛病。看了之后，你的结论有所变化吗？请注意一点：刚愎自用者，往往认为自己不是刚愎自用者。

当你拿起一张你也在内的团体照片，你最先看的是谁呢？可以肯定地说，绝大多数人会去找自己，看看自己的形象如何。这是很正常的，因为每个人当然得关心自己。

关心自己，看重自己，这都没错，但坏就坏在，很多人把自己看得太重，而对别人则没有多大的兴趣。刚愎自用的人在这方面就做得太过分。无论在处理人际关系上，还是在工作中，他们总错误地想办法使别人对自己感兴趣。事实上，这种方式是没有用的。因为既然别人和你一样关心自己，别人就不会轻易对你感兴趣。因此，一个只对自己有兴趣的人，是不会让别人感到有兴趣的。

就交朋友而言，刚愎自用的人比较失败。成功学大师卡耐基曾真诚告诉我们："一个人只要对别人真感兴趣，在两个月之内，他所得到的朋友，就能比一个要别人对他感兴趣的人，在两年内所交的朋友还要多。"的确是这样，你对别人表示兴趣，别人当然会有所报答。你如果细心体验的话，就会发现，你对别人真感兴趣，即使他很忙，也会注意到你。

一个人最大的弱点，就在于他自以为聪明。刚愎自用的人有这样的弱点，但他们常常意识不到，甚至不愿意识到。

通常情况下，我们总喜欢品评他人，但却不喜欢受人品评。大概没有人喜欢受人批评，除非他想真正地进步。

批评针对的往往是缺点、短处、不足……无论是谁，被人指出缺陷之处，总是一种不愉快的经历。刚愎自用者更是不喜欢遭人批评，他们甚至会认为批评者是不怀好意，因而他们对待批评的做法，往往就是置之不理或加以反驳。无论怎样，总的一个目的就是不让批评损坏了自己的形象。

刚愎自用的人不仅对批评拒之千里，而且对良言忠告似乎也没多大兴趣。对于任何事情，无论决定与否，建议对他们说没有实际的意义，因为归根到底，他们还是愿意自己作出决定。

有一双善听的耳朵，是每个人进步的重要条件。别人的良言劝诫是一味很好的药。很多人往往由于在紧要关头听不到这样的忠告，而做出后悔莫及的事情。所以，当别人向你提出一条建议，无论它合理与否，你的第一个态度是接受它，然后，反观自身，加以对照，有则改之，无则加勉。然而，对于刚愎自用的人而言，改变是不容易的，不能期望一步登天。

你因为刚愎自用犯了错，你会怎样做？首先，不要羞于承认它。然后，对自己说："很抱歉发生了这样的事，让你看看我能做些什么。"不要用这样的话推卸自己的责任，比如："我一直忙得晕头转向，所以我出了错。"

你可能觉得很难承认自己做错了。我们都会有做错的时候，大多数人都憎恨承认这一点。许多人错误地以为，一旦他们承认自己错了，人们就会小看他们。可事实却正好相反，你犯了错误，承认了它，并愿意改正它，事情就会好办多了。

所以记住，克服刚愎自用的最好方法就是有错就改。

2. 如何克服固执己见

做一个有主见的人当然不是坏事。俗语说："如果你对什么事情都没有主见，那么你什么也做不成。"然而，如果情况总是发生变化，而你的意见却一成不变，那么你就是固执己见了。

导致固执己见的原因有两个：首先，对安全与持久的考虑可能让你固守自己的看法。你感到不稳定，而且心理上也没有安全感，于是你寻找一成不变的感觉，让自己感到稳定。其次，你需要找到自己能够认同的东西。正是这种认同才能让你意识到自我的存在。

寻求认同的结果是，一旦你做出了决定，你就不愿改变自己的主意。改变主意是对自我的威胁。事实上，质疑你的想法等于质疑你自己，你不想这样做。

（1）确定你是谁

每个人都有自己的特性，你也不例外——你只需要在内心进一步确认它。这里有一个有趣的练习，它能让你准确地锁定目标。假设一个外星人走近你并且问："你是谁？"进一步假设这个好斗的外星人规定你必须得讲至少一个小时，否则他会武断地认为人类很无聊，应当立刻被灭除。你会说些什么呢？

在纸上写出你的答案或者对着录音机讲，越多越好，尽可能深入地回答这个问题。除了你的姓名、年龄、出生日期外，还有什么让你成为一个活着的、能呼吸的三维的人？你还记得小时候听过的故事吗？你每天都想些什么？你最喜欢的英雄或者神话人物是谁，而且原因是什么？你想为还没有出生的地球人做些什么？让那个外星人为没有出生在地球上而嫉妒不已！如果你无话可说了，就开始谈谈你想成为什么样的人，一定要让外星人明白理想对人类的重要性。

（2）学习灵活处事的艺术

固执己见的人总是不愿接受任何事情，但是他却非常渴望吐露自己内心的感受——比如自己的意见。一个真正自信和有安全感的人乐于听取新的观点和信息，并且将它们融合在自己的实际行动中。得到大量的信息和观点不会损伤你的特性——你在建立自己的特性。

当前，找出一个你不知道的领域，然后试图闯入。比如，假设你是一个律师，而你对海洋学知之甚少，去图书馆，或者到网上查阅资料，开始自学。或许你能为环境保护做出贡献，或许你能享有环保律师的美名呢？

（3）透过别人的眼睛看世界

从别人的角度看问题，这恐怕是治疗固执的最好办法了。读一本观点与你的老观念完全不同的书，或者更好的办法是找一个愿意在一天之内被你"影响"的人。这个人可能是你的配偶（知道你爱人的体验该是多么好的事情！）、同事、老板、亲友、警察、一个陌生人或者街上的流浪汉。

当你经历了这个过程之后，你对生活会产生不同的看法。你不仅更欣赏别人、更尊重别人，而且你也会更强烈地意识到自己的特性，而你也不会再将固执与力量混为一谈。相反，你将乐于成为一个心胸真正开阔的人，从生活中学习并且受益。

内省是净化心灵的手段

在人生道路上，成功者无不经历几番蜕变。蜕变的过程，也就是自我意识提高、自我觉醒和自我完善的过程。

一个人对自己应该有一个清醒的认识，内省就能帮你做到这一点，它会帮你认清自己，正确地评价自己。

在人的八大智能中，内省智能是非常重要的一项智能，它又叫自省智能。自省是自我动机与行为的审视与反思，用以清理和克服自身缺陷，以达到心理上的健康完善。它是自我净化心灵的一种手段，从心理上看，自省所寻求的是健康积极的情感、坚强的意志和成熟的个性。它要求消除自卑、自满、自私和自弃，消除愤怒等消极情绪，增强自尊、自信、自主和自强，培养良好的心理品质。

自省者审视自我，使个性心理健康完善，摆脱低级情趣，克服病态畸形，净化心灵。自省有助于强者伦理人格的完善和良好心理品质的培养，同时也成为强者的特征之一。

自我省察对每个人来说都是严峻的。要做到真正认识自己，客观而中肯地评价自己，常常比正确地认识评价别人要更困难得多。能够自省自察的人，是有大智大勇的人。

哲学家亚里士多德认为，对自己的了解不仅仅是最困难的事情，而且也是最残酷的事情。

心平气和地对他人、对外界事物进行客观的分析评判，这不难做到，但这把"手术刀"伸向自己的时候，就未必能让人心平气静、不偏不倚。然而，自我省察是自我超越的根本前提。要超越现实水平上的自我，必须首先坦白诚实地面对自己，对自身的优缺点有个正确的认识。

在人生道路上，成功者无不经历几番蜕变。蜕变的过程，也就是自我意识提高、自我觉醒和自我完善的过程。人的成长就是不断地蜕变，不断地进行自我认识和自我改造。对自己认识得越准确越深刻，人取得成功的可能性就越大。在每个人的精神世界里，都存在着矛盾的两面：善与恶、好与坏、创造性和破坏欲。

你将成长为怎样的人，外因当然起作用，你对自己不断地反思，不断地在灵魂世界里进行自我扬弃，内省所起的作用是不能低估的。

一个真正成熟的人，应该在充分认识客观世界的同时，充分看透自己。

常会遇到这样一些人，他们身上有些缺点那么令人讨厌。他们或爱挑剔、喜争执，或小心眼、好忌妒，或懦弱猥琐，或浮躁粗暴……这些缺点不但影响着他的事业，而且还使他不受人欢迎，无法与人建立良好的人际关系。

许多年过去了，这些人的缺点仍丝毫未改，细究一下，他们的心地并不坏，他们的缺点未必都与道德品质有关，只是他们缺乏自省意识，对自身的缺点太麻木了。本来，别人的疏远，事业的失利，都可作为对自身缺点的一种提醒，但都被他们粗心地忽略了，因而也就妨碍了自身的成长。用诚实坦白的目光审视自己，通常是很痛苦的，也是难能可贵的。人有时会在脑子里闪现一些不光彩的想法，但这并不要紧，人不可能各方而都很完美、毫无缺点，最要紧的是能自我省察。

凡属对自身的审视都需要有大勇气，因为在触及到自己某些弱点、某些卑微意识时，往往会令人非常难堪、痛苦。不论是对自己、对自己的偏爱物、对自己的民族传统、对自己的历史，都是这样。但是，无论是痛苦还是难堪，你都必须去正视它。不要害怕对自己进行深入的思考，不要害怕发掘自己内心不那么光明，甚至很阴暗的一面。

勇士称号不仅属于手执长矛、面对困难所向无敌的人，而且属于敢于用锋利的解剖刀解剖自己、改造自己，使自己得到升华和超越的人。

当然，自我省察不仅仅是对自己的缺点勇于正视，它还包括对自己的优点和潜能的重新发现。每个人都有巨大的潜能，每个人都有自己独特的个性和长处，每个人都可以通过自省发挥自己的优点，通过不懈的努力去争取成功。认识自我，是每个人自信的基础与依据。即使你处境不利，遇事不顺，但只要你的潜能和独特个性依然存在，你就可以坚信：我能行，我能成功。

一个人在自己的生活经历中，在自己所处的社会境遇中，能否真正认识自我，肯定自我，如何塑造自我形象，如何把握自我发展，如何抉择积极或消极的自我意识，将在很大程度上影响或决定着一个人的前途与命运。

换句话说，你可能渺小而平庸，也可能美好而杰出，这在很大程度上取决于你是否能够反省，充分地认识自己。认识自我，你就是一座金矿，你就一定能够在自己的人生中展现出应有的风采。

谦逊也是一种有效的驭人术

只有懦弱的人，短视的人，才当着大众粉饰自己，才永不停地叫人注意他做成了什么事，知道得怎样多。

美国总统柯律支生平有两则著名轶事，在那轶事中，最著名的是可以引领我们到另一种有趣方式的驭人术。

柯律支是以谦虚闻名的，第一则轶事，便是表示他的谦逊，第二则轶事所表示的，从表面上看，恰好和他谦逊的美德矛盾。现在先说第一则轶事：

当柯律支在安慕斯既大学毕业最后的一年，他获得一枚金质奖章，这是国人看重的荣誉，由美国历史学会所授予的。但是他没有把这事对任何人说起，甚至对他自己的父亲，也没有说起。

毕业以后，任用他的人诺桑泼顿的裁判官费尔特，在无意中从春田共和杂志里看到有关这事的一节记载，那时距离柯律支领到这枚奖章已 6 个星期了。

从伏蒙脱州的村庄，一直晋级而至总统府做了著名的总统，柯律支常以这种真诚的谦逊、不邀身价的精神而闻名。

第二则轶事：当柯律支在为麻省省议员连任运动的时候，在选举的第二晚，他拿好了小而黑的手提袋，大踏步赶向诺桑泼顿的车站去。原因是他忽然听到省议员一席已经虚悬的消息。

两天以后，他从波士顿回来，在他的小黑手提袋里，已装满了多数议员亲笔签名愿推举他为省议员的举荐书。就这样柯律支便第一回迈上了政治的路，而受任麻省省议会议长。

在适宜的时机，对适宜的人，这位谦逊的人，用最迅捷的方法脱颖而出，真是平地一声惊雷。杰克逊是美国南北战争时南方联盟的战将，"天生的谦逊"是杰克逊显著的特性。在西点军校时，他便以谦逊著称。后来他竭力陈说"石城"一役的美名，应属于他所辖的一旅之众，而并不仅仅属于他自己；在对墨西哥的战争中，总司令司各脱将军对他的勇猛公开表示赞扬，杰克逊后来从未提过，甚至于在他的亲朋好友面前，也没有提过半句。

但在墨西哥战事初起的时候，杰克逊给他姊姊的信中，充满着建树声誉，博取报纸上登载显要地位的计划，同时，还充满着完成这种志愿时克服困难的勇气。

因为他在那时，只有一个不重要的副官空衔。在他追求声誉的过程中，这位勇敢而真诚谦逊的人，引起司各脱将军不断地增加给他的称赏，和几次迅速的升迁。

杰克逊恰像柯律支一样，真诚而谦逊，并迅速的升迁。因此，我们可以得出一个相似的结论，就是这种表面上的矛盾，从任何伟大领袖的事业中都能找到。不过实际上这里面完全没有矛盾，只有完美的声誉。

例如，洛克菲勒在回答人家访问"成功的秘诀"时，曾说："时机适宜罢了，一个人不必要知道很多。"

铁路建筑专家海立门，无论什么时候，态度都很谦逊。在他几种最光耀的事业成功之后，他的一个老朋友还并不知悉，直等到后来无意中在别人处得知。真正伟大的人物，没有一个人不这样谦逊。

只有懦弱的人，短视的人，才当着大众粉饰自己，才永不停地叫人注意他做成了什么事，知道得怎样多。他只想获得一种浅薄的、自命不凡的声誉，他天天都会被这种愿望所左右。

哥萨尔士用 12 分的谦逊，让他的功勋自行表彰。成功的人，常这样建树起他们大部分的声誉。

一般人并不相信虚荣和夸大的人，因为，这种虚荣和夸大，是有许多地方可以怀疑。因为他把自己的才能估得太高，所以大家都觉得他在别的事物上的估价不免是错误的。不过，一个人把自己估价得太低，过分的谦虚和羞怯也是不对的。虚伪的谦逊，就是虚伪的自尊——都是一种虚荣。

能干大事者自己是谦逊的，同时，他也是懂得如何自求升迁的方法的。

盛名之下无完肤

盛名之下，一颗心活得很累，因为它只为别人活，名人风范是令人艳羡，但你可知他的苦衷？

《伊索寓言》里有这样一个故事：

城市老鼠和乡下老鼠是好朋友。有一天，乡下老鼠写了一封信给城市老鼠，信上写道："城市老鼠兄，有空不妨到我家来玩，在这里，可以享受乡间的美景和新鲜空气，过着悠闲的生活，不知意下如何？"

城市老鼠接到信后，高兴得不得了，立刻动身前往乡下。到那里后，乡下老鼠拿出很多大麦和小麦，放在城市老鼠面前。城市老鼠不以为然地说："你怎么能过这种清贫的生活呢？住在这里，除了不缺食物，什么也没有，多么乏味呀！还是到我家玩吧，我会好好招待你的。"

于是乡下老鼠就跟着城市老鼠进城了。

乡下老鼠来到豪华、干净的房子，非常羡慕。想到自己在乡下从早到晚，都在农田上奔跑，以大麦和小麦为食物，冬天还在那寒冷的雪地上搜集粮食，夏天更是累得满身大汗，和城市老鼠比起来，自己实在太不幸了。

聊了一会儿，他们就爬到餐桌上开始享受美味的食物。突然，"砰"的一声，门开了，有人走了进来。他们吓了一跳，飞也似地躲进墙角的洞里。

乡下老鼠吓得忘了饥饿，想了一会儿，戴起帽子对城市老鼠说："乡下平静的生活，还是比较适合我。这里虽然有豪华的房子和美味的食物，但每天都紧张兮兮的，倒不如回乡下吃麦子，来得快活。"说罢，乡下老鼠就离开城市回乡下了。

城市老鼠和乡下老鼠都有他们各自的欲望，每只老鼠的欲望在满足的同时，也都有其不完美之处，但它们都觉得自己是快乐的、幸福的。所以，它们都懂得生活的真正意义，知道生活的艺术。人类的欲望比这两只小老鼠的欲望有过之而无不及。但许多人却并不知道去享受生活，只为名利所系，让自己失去了自由，而且还失去了自己。

有一座山多奇树。好多好多年以前，有一位名画家上山，快登临顶峰时，坐下小憩，忽然发现前方一棵树斜出悬崖，虬枝奇干，他连声赞美，画心大发，于是那树便跃然纸上。

这幅画参加画展，获奖、登报、选入画册，然后，被人们照着样子织在锦缎上、烧在瓷上、印在衬衫上、刻在纪念品上，一时间弄得满世界都是。这棵树一举成名，所有的人都知道那山上有一棵奇树，所有的人上那座山都要寻那棵奇树，要与它合影，以证明自己去过了那座山。

出了名的树渐渐地支撑不住自己的名声了，但这时它已身不由己。出了名的树是不可以偷懒的，出了名的树尤其是不可以倒下的，那座山的主人这样想，所有见过与没见过这棵树的人都这样想。山的主人便在树旁搭了一间小矮屋，派了一个人日日夜夜看护着这棵树，至今已有好几个年头。厚厚一大册簿子，记录着这棵树的每一根松针掉落，每一片树皮剥脱，每一根枝干变异。他们即使是这样细心呵护，这棵树也不行了，现在它必须随时随地依赖于一个可快速伸缩拆卸的撑架，以勉强维持它的雄姿。

现在这棵树早已不是当初迎风傲雪、生机勃勃的那棵树了，可慕名前来的人们依然对它兴致盎然，它只为不扫人们的兴才勉强站着。

出了名的树其实只有一个极小的愿望，希望能跟它的所有同伴一样，自生自灭。

盛名之下，一颗心活得很累，因为它只为别人活，名人风范是令人艳羡，但你可知他的苦衷？活着为自己，知道适时停下脚步，欣赏一下沿途的风光，才能感受活着的意义，那些被物欲所累，只知追逐的人是永远都不会知道，生活其实是一门艺术，有创作和被欣赏的过程，少了任何一个环节都不能称之为艺术，更不可能谈及到艺术的美感。

懂得自爱是健康的前提

天下没有哪一件东西比我们的体力与精神更宝贵。所以我们必须不惜任何代价，以获得和拥有他们。

凡是想在生命中大有成就的人，他必须懂得"努力自爱"。这就是说，他要尽一切努力，培育其身心健康，使力量达到顶点。他必须明白，成功大半依赖于自己的"成功机器"——身体。所以，对自己的身体必须要时刻在意。

健康是无价的。有一位英国著名医生说过：人要长寿，就要做到除了睡眠时间以外使脑部不断活动。每个人必须于职业、工作之外找一种正当的爱好。职业给他以生活的资本，爱好给他以生活的乐趣，可以使他在愉快、高兴的心情下，活动其精神。"行动"的意义等于"生命"，而"静止"则等于"死亡"。

　　许多人都是不知"自爱"的人。他们对自己身体的残酷，远甚于对待牛马。他们总是饮食不足，或饮食过量；他们总要剥夺自己应有的休息与睡眠时间；他们简直要破坏一切生理的、精神的规律；虽然年纪很轻，却已是"白发苍苍"，未老先衰了。他们不明白，为什么自己的体力竟不能与自己的意愿相称？为什么自己的能力竟不能执行自己的意愿？于是他们只好勉强着自己"强弩之末"的身心去从事工作。

　　天下没有哪一件东西比我们的体力与精神更宝贵。所以我们必须不惜任何代价，以获得和拥有他们。假如有一个人，有着一水池的宝贵生命力，但他却在蓄水池上到处凿孔，让池中的生命力流走。对于这种人，你会作何感想，你一定认为他是个傻瓜。其实，生活中有好多人都是这么做的。他们有着一大池的生命力，但由于他们不谨慎、不留心，使得大部分的生命力都从漏孔中流走。有的人时刻在浪费自己的精力、摧残自己的生命力，因而减少了许多成功的可能性，他们却还要诧异为什么自己总不能成功。

　　缺乏睡眠、缺乏户外运动、缺乏朋友间交流的欢娱、缺乏有营养的食物、工作过度——这些都可以使我们的精力流走、生命力漏掉。有许多宝贵的精力是在烦闷、愤怒、恐惧、忧愁及各种不良心境中耗费的。请你每天检阅一次，你的精力是怎样用去的，检阅一下，有多少精力是浪费在无谓与不正当的地方。恐怕你因动一动感情、发一次脾气而损失了比整天工作还要多的脑力与精力吧？

　　"壮志未酬身先死，常使英雄泪满襟"，这是纪念古代的一位伟大人物诸葛亮的一句话。

　　凡是足以减低你的活力、减少你的成功机会的事，你都不应该做。我们到处可以看见，某些有作为、有智慧、有才能的青年男女，为不健康的身体所羁绊，壮志未酬。天下最大的失望，莫过于有志而不能酬，感觉到自己有着大量的精神能力，而同时没有充分的体力作为拼搏的后盾；感觉到自己有凌云壮志，却没有充分的力量足以实现它，这是人世间最悲哀的一件事情。许多人之所以饱尝"壮志未酬"的痛苦，因为他们不懂得去维持自己身体的健康。如果你想做一个有志于成功的人，你必须摒除一切足以摧残你的活力、阻碍你的前程、浪费你的精力、折损你的生命资本的东西。

不要为每一件错事自责

人一生中犯的错误很多，要是对每一件都深深地自责，一辈子都背着一大袋的罪恶感生活，你还能奢望自己走多远？

由于工作的原因，我们常要和外人接触。因为密切的互动，大多数人都很亲切，很有爱心，宽大为怀。如果你犯了错，而且真诚地要求他人宽恕时，绝大多数的人不仅会原谅你，他们也会把这事儿忘得一干二净，使你再次面对他们时一点愧疚感也没有。

我们这种亲切的态度对所有人都一样，没有什么人种、地域、民族的区别，但就只对一个人例外。谁？没错，就是自己。

也许你会怀疑："人类不都是自私的吗？怎么可能严以律己，宽以待人？"是的，人总是会很容易原谅自己，不过，这只是表面上的饶恕而已，如果不这么自我安慰的话，如何去面对他人？但在深层的思维里，一定会反复地自责："为什么我会那么笨？当时要是细心一点就好了。"或是"我真该死，这样的错怎能让它发生？"

如果你还不相信，请你再想想自己有没有犯过严重的错误，如果想得出来的话，那你一定还耿耿于怀，没真的忘了它。表面上你是原谅了自己，实际上你是将自责收进了潜意识中。我们可以对他人这么宽大，难道就没有资格获得自己这种仁慈的对待吗？

人无完人，孰能无过？犯了错只表示我们是人，不代表就该承受折磨。我们唯一能做的只是正视这种错误的存在，在错误中学习，以确保将来不会发生同样的憾事。接下来就应该获得宽恕，把它忘记，继续前进。

人一生中犯的错误很多，要是对每一件都深深地自责，一辈子都背着一大袋的罪恶感生活，你还能奢望自己走多远？人生之帆，不论顺风或逆风都要前进。宽恕自己，才能把犯错与自责的逆风，化为成功的推力。

要学会尊重自己，其中一个方法就是接受自己——不仅接受自己的优点，也接受自己的缺点。我们绝大部分人对自己都持有双重的看法，在他们的想像中，在两个不同的房间里挂着自己不同的肖像画。一个房间的画像全是用浓墨重彩画成，全部表现优秀品质，没有任何阴影。另外一个房间里挂的是帆布画，画像稀奇古怪，就像达利安人所做的涂鸦一样，画面阴暗沉重，令人窒息。我们不能将这两幅画像隔离开来，片面地看待自己，而是需要将其放到一起综合考察，最后合二为一。

我们在踌躇满志时，往往不敢正视自己内心的愧疚、仇恨和羞辱；在垂头丧气时，却又不敢相信自己拥有的优点和取得的成就。我们应该画出自己的新画像，更应该实事求是地接受自己、了解自己，我们所做的一切都不是十全十美的。很多人常常会过分严格地要求自己，凡事都希望完美无缺，这是不理智的想法。我们每个人都是一个综合体，在我们身上都有暴君、批评家和勇士等的某些性格特征。有时候我们希望支配他人、算计别人，快意于别人的苦痛，但这些恶劣品性是能够也必须服从于人格中的善的一面的。

有些人因为自己有时候具有消极的破坏性感情，就以为自己是邪恶的，于是一蹶不振，自暴自弃，这很让人惋惜。我们应该明白，少许的性格缺点并不能说明我们就是不受欢迎的人。恩莫德·巴尔克曾警告人类说，以少数几个不受欢迎的人为例来看待一个种族，这种以偏概全的做法是极其危险的。在今天，对人的个性采取以偏概全的做法，同样也是极其危险的，我们应该避免这种做法。我们对自己、对别人具有攻击性、怀有仇恨，这些感情是人性的一部分，我们不必因此就厌恶自己，觉得自己就像社会的弃儿一样。意识到这一点，我们就能在精神上获得超脱和自由。如果我们能坦然接受自己的这些缺点，我们就不必戴着面具去生活。我们就会真正成为自己本身！道德上过于自负及苛刻的自我要求，都是内心世界的最大敌人。我们要学会适当地宽容自己，要知道我们不可能像天使那样纯洁无瑕，能认识到这一点，我们才能保持内心的平静。

在现实生活中，人会有各种各样的心境、冲动、品性、情感，我们应该为之高兴才是。史蒂文森曾经说过："世界是如此的丰富多彩，我们就像国王般幸福快乐。"这句话虽然带着孩子般的天真烂漫，但如果采取前述的态度理解这句话，我们便可以充分领会到这句话的深刻内涵。可是要想形成这种面对生活的态度，一蹴而就是不大可能的。我们的进步是缓慢的、渐进的，有时甚至让人灰心丧气。纽约的一位精神病医生遇到一个病人，这个病人酒精中毒，已经为此治疗了两年。有一次，病人来看医生，要进行心理治疗。病人告诉医生说，前两天，他被解雇了。当心理治疗完毕后，病人说："大夫，如果这件事发生在一年前，我是承受不住的。我想自己本来可以做得更好，避免这类事情的发生，但却未能做到，为此我会去酗酒。说实话，昨天晚上我还这么想呢。但我现在明白了，事情既然已经发生了，就该正视它，坦然地接受它。失败就像成功一样，是人生中难得的经历，它是我们人生中不可避免的一部分。"

医生认为，病人对自己如此宽宏大度，这是一个显著的进步。正像医生所预测的那样，此后，在另外一个工作领域，这个前来求医的患者取得了令人瞩目的成就。如果人们能坦然接受生活的全部，那么不论成功还是失败，都不可能使他为之所动。

如果我们对自己采取一种多元主义的态度，我们就会正确看待各种不良心境。沮丧、残酷、执拗，这些都只是暂时的现象，是人的多种情感之一。要求自己完美无缺，怀有这种想法的人往往极其脆弱，他们常常会因为对自己过分苛刻而感到绝望。作为多元主义者，我们有时可以将自己想象得更好一些，有时把自己想象得差一点也无妨，我们不再要求自己完美无缺。每个人的性格中都有引起失败的因素，也有导致成功的因素。我们应有自知之明，把这两个方面都看作是人性的固有成分，接受它们，进而努力发挥人性中的优点。人类要学会正确的自爱，只要人类对自身的态度是错误的，他们就不可能正确地对待他人。如果人都不爱自己，那么要求他们像爱自己一样去爱邻人，又从何谈起呢？

塑造自己的人格

心灵澄澈才会灵动，因灵动而产生轻松而美妙的韵律，这是一种奇特的透射能量，能穿越光怪陆离的霓虹与灯红酒绿。

很多时候，人总是面临两种期待：自己对自己的和别人对自己的。两种期待都在塑造我们的人格，尤其是后一种。当我们在他人特别是互动的另一方的期待下如此这般地创造和扮演自己所选择的角色时，他人的期待就成为我们人格的一部分：有人必须做出忍气吞声的样子以完成下属的角色；有人必须时刻气宇轩昂以维护偶像的气质。

小文在朋友担任老总的公司供职，为了朋友的信任和自身价值的实现，兢兢业业、任劳任怨，在几次大的业务活动中表现出色，深受老总赏识。但是后来公司的规模越来越大，她和老总在很多公司的企划和问题的处理上看法不一，甚至分歧很大。小文不愿因为彼此的意见不合而伤了她们多年的友情，但也不愿违背自己的意愿做事。她向别人诉说，那段日子她像钻进了一个没有门的围城，很困惑，她不停地问自己该怎么办。

小文的另一个朋友给她讲了琴手谭盾的故事：谭盾初到美国时，只能靠在街头卖艺生存，那时有一个最赚钱的地盘——一家银行的门口。和谭盾一起拉琴的还有一个黑人琴手，他们配合得很好。后来谭盾用卖艺的钱进入大学进修，十年后，谭盾已是一位在国际上知名的音乐家了。一次他发现那位黑人琴手还在那家银行门前拉琴，就过去问候。那位黑人琴手开口便说："嘿！伙计！

你现在在哪个最赚钱的地盘拉琴？"

　　故事告诉人们：人，必须懂得及时抽身，离开那些看似最赚钱却不能再进步的地方；人必须鼓起勇气，不断学习，才能开创出生命的另一高峰。

　　听完故事，小文似乎有些如释重负。后来听说她提出了辞职，再后来遇见她时，她说："生活真是公平，我现在有了自己满意的工作，用自己的智慧创造着财富，而我的朋友也用她的机智走向了另一条成功的道路。放弃不但使我们之间的友谊更加坚固，还成就了我们各自的事业。"小文的经历应该给我们以启迪。

　　很多人不愿意放弃自己所拥有的东西，虽然这些东西给你带来过快乐，但是它就像手中的沙子，你越想把它抓得紧，它就越是从你的指缝中溜走。其实放弃也是一种智慧，它能让你更加快乐。

　　有位留美的计算机博士，毕业后在美国找工作，结果好多家公司都不录用他。思来想去，他决定收起所有的学位证书，以一种"最低身份"再去求职。

　　不久，一家公司录用他为程序输入员。这实在是大材小用，但他仍干得一丝不苟。不久，老板发现他能看出程序中的错误，非一般的程序输入员可比。这时，他亮出学士证，老板给他一个与大学毕业生相称的工作。

　　过了一段时间，老板发现他时常能提出许多独到的有价值的建议，远比一般大学生高明。这时他亮出了硕士证，老板又提升了他。

　　再过一段时间，老板觉得他的能力还是高人一筹。经了解，才知他是博士。这时，老板对他的水平已有了全面认识，毫不犹豫地重用了他。

在协调两种期待的策略上，那位留美博士的反序安排，给人的启迪意味深长。

人们在尘世的喧嚣中日复一日地进行着各自的奔波劳碌，像蜜蜂般振动着生活的羽翅，难免会有种种不安。只要平静地对待取舍，放弃应该放弃的，轻松地放飞自己的心灵，用一种乐观的情绪观察周围的一切，就会发现，其实，置身于尘世的喧嚣并不可怕，可怕的是过于沉重地审视尘世的喧嚣而使自己的心境躁动着喧嚣。

由钢筋水泥簇拥而起的高楼将狭长的影子倾覆在熙熙攘攘的街道上。空中纵横的电线密如蛛网，偶尔栖落几只可爱的小麻雀，远远望去，如活蹦乱跳的音符，透过喧嚣，竟给人以一种恬淡澄明的美妙。

心灵澄澈才会灵动，因灵动而产生轻松而美妙的韵律，这是一种奇特的透射能量，能穿越光怪陆离的霓虹与灯红酒绿，穿越红尘沉浮与大悲大喜，化解喧嚣于无形之中。放飞心灵的自由，我们才能在轻松的心境下收获更多。

顺势调整好心态

在平凡的生活中，你的锐气和创造才能就会被消磨掉。因此，要想改变自己的人生，就必须积极努力地去改变自己的现状。

如果你想改变你的世界，首先就应该积极地改变自己。只有这样，你才能成就一番伟业，有一个幸福而美好的人生。

佐拉就是靠积极努力改变自己人生的人。

佐拉现在是威尼斯著名的运输公司的老板，他完全控制了整个威尼斯海港的海上运输，资产已经可以购买整个威尼斯城了。但是在他30岁前，他和许多人一样过着非常平凡的生活，不过，他不甘心安于现状。那时，他是一名普通的搬运工，艰辛的工作与微薄的收入，让他产生了自己做老板的想法。

最初，他用手头上很少的资金，承包了一些搬运业务。开始时非常顺利，他手上有了一笔可观的积蓄。但他并没有为此满足，开始承包海港运输中的其他业务。就这样他慢慢熟悉了海港运输的整个流程，以及各种关系。经过几十年的努力与经营扩张，他拥有了整个威尼斯的海港。他在回忆自己的创业经历时说："如果我的想法保守一点的话，我现在依然过着普通而平凡的生活，但我就是不甘于那样，我的脑子里无时不在想着怎么通过努力去改变那样的生活，今天我终于成功了！"

纵观古今中外，凡是拥有非凡成就的人，无不是通过极大的努力改变了平凡的生活，然后步入辉煌的人生、事业的殿堂。

如果你在平凡的生活里得过且过，你的人生永远不会有阳光。在平凡的生活中，你的锐气和创造才能就会被消磨掉。因此，要想改变自己的人生，就必须积极努力地去改变自己的现状。

那么，我们应该怎样来调整心态呢？

调色。让心灵的色彩与环境的变化合拍适时。在冬雪纷飞的季节里，你穿一身淡色的服装，看上去一定很滑稽。

调温。心灵的温度很重要，也许有时会心灰意冷，有时会炽热异常。或冷或热。都不是正常的心灵温度。正常的心理温度应该是零度，得失怡然，褒贬随缘，气象万千，本然如初。

调度。即调整角度，"我们还有半杯水"和"我们只剩半杯水"，"屡战屡败"和"屡败屡战"，或是《红楼梦》中令贾瑞丧命的那个风月宝鉴，都是一个"问题"的两个方面，但角度一变，则境况迥异，道理就是这样。

调态。心灵的状态，时喜时怒，时慵时懒，要坚持一种生命状态就不能让心灵喜怒无常，或时爆时辍，或不适时地缓急失度。我们要像实验室的调剂员那样，不住地品试着心灵的试剂，碱性高了，就增加一点酸性；酸性高了，就增加一点碱性。总之，要想办法将心灵控制在最佳状态中。

学会自我激励

从某种意义上说自我激励就是自我期待。人们激励自己的目的，就是为达到所期待的目标。

生活中，我们难免会碰到困难，遇到挫折，而且你并不总能幸运地得到别人的帮助，因此，你一定要学会自我激励，只要你不放弃自己，那就永远不会真正地失败。

中古时期，苏格兰国王罗伯特·布鲁斯，曾前后10多年领导他的人民，抵抗英国的侵略，但因为实力相差悬殊，6次都以失败告终。

一个雨天，战败后的他悲伤、疲乏地躺在一个农家的草棚里，几乎没有信心再战斗下去了。

正在这时候，他看到草棚的角落里，有一只蜘蛛在艰难地织网，它准备将丝从一端拉向另一端，6次都没有成功，然而这只蜘蛛并没有灰心，又拉了第7次，这次它终于成功了。

布鲁斯受到了极大的启发，"我要再试一次！我一定要取得胜利！"

他以此激励自己，重新拾起自信心，以更高涨的热情领导他的人民进行战斗。这次，他终于成功地将侵略者赶出了苏格兰。

苏格兰国王从一只小小的蜘蛛身上，看到再度奋起的勇气，并以同样的方式激励自己，在再试一次中实现了自己的理想。

自我激励是人生中一笔弥足珍贵的财富，在人生的前行中能产生无穷的动力。一旦你拥有了自我激励的动力，你就给生命插上了美丽的翅膀。它将带着你展翅翱翔，创造属于你自己的人生辉煌。

从某种意义上说，自我激励就是自我期待。人们激励自己的目的，就是为达到所期待的目标。

走进美国航天基地的人，都会看到一根大圆柱上镌刻着这样的文字：IF you can dream it, you can do it. 这句话可译为：如果你能够想到，你就一定能够做到。

不错，想得到便做得到。一个心存梦想的人便是一个自我期待的人。

能够自我激励的人，首先就是一个能自我约束、自我了解的人。他能够在逆境中从容面对一切，鼓励自己，激发自己，让自己能够忍耐，在黎明到来之前做好充分的准备。

英国诗人拜伦在阿伯丁小学时，因跛足很少运动，身体虚弱，走路都困难。

一天，几个健壮的同学在操场上踢足球，拜化在旁边出神地观看。他有惊人的想像天赋，边看边在自己的脑海里想：自己该怎样拦截、抢球、射门，脸上不时呈现出坚张、惋惜、欣喜的神色。就在他自我陶醉的时候，一个健壮而顽皮的同学郎司拉他去踢球。拜伦不肯，郎司眼珠一转，想出了一个坏主意。他恶作剧式地找来一只篮子，强迫拜伦把一只脚放进去，"穿"着这只篮子绕场一圈。当时拜伦真想扑上去打郎司一拳。但他怎么打得过高大健壮的郎司呢？无奈只好忍气吞声地把篮子穿在脚上，一瘸一拐地绕操场走起来。同学们看了笑得前仰后合，郎司更是开心得双脚在地上跳。

但这次当众受辱的经历彻底改变了拜伦日后的命运。他意识到一切不公都来自于自己的体弱。从那以后，他激励自己，在别人嘲笑他的时候，他会在心里暗暗较劲。后来，这个意志坚强的人刻苦参加各项运动。一年半以后，他的体质明显增强了，手臂上的肌肉也凸了起来。在球场上，他能像三级跳远的运动员那样连续不断地飞跑。不久，他参加了学校的运动会，恰巧他在拳击比赛中与郎司相遇，激战相持了很久，最后，拜伦一个勾手拳，击中郎司下巴，把他打倒在台上。观众为拜伦的意志、力量和永不服输的精神深深感染，他们欢呼着将拜伦抛向空中。

有一句俗语：人生都是三节草，三穷三富过到老。既然，人生还有希望，任何人在困难的时候都应自我激励。

第十一章

未来在向你招手

——心动了就要行动

　　一个人在做事时，能否不达目的不罢休，这是测验一个人品格的标准。坚持的力量是最难能可贵的一种德性。许多人都肯随众向前，他们在情形顺利时，也肯努力奋斗；但是在大众都选择退出，都已向后转时，而他自己觉得是在孤军奋战时，要是仍然能坚持着不放手，这就更难能可贵了。这是需要坚韧力，需要毅力的。

培养客观理智的心态

我们决策之时，一定不能够"情人眼里出西施"。一定要调整好自己的心态，做到冷静客观、不急不躁、无爱无恨、无悔无怨。

人的行为常常由心态决定。

好心态决定正确的行为，坏心态决定错误的行为。

西方有一个古老的故事：一位住在海滨的哲学家，一天突然产生了这样一个想法。他想横渡大海，去海的对岸看一看。他是一位逻辑学家，经过冷静的思考，他理智地归纳出了这次航海可能遭遇的不同问题，结果他发现他不应当去的理由比应当去的理由更多：他可能会晕船；船很小，风暴也可能危及他的生命；海盗的快艇正在海上等待着捕获商船，如果他的船被他们捉住了，他们就会拿走他的东西，并把他当奴隶卖掉。这些理由和判断表明他不应该做这次旅行。

然而，这位哲学家还是做了这次旅行。为什么呢？因为他的想法已变成了一种心态在左右着他的行为。心态不断地对他的理智说："朋友，这件事在推理上虽有些令人生畏，但情况也许并不像你想象得那样坏。你常常都是一个幸运儿，这次也不例外。"心态的力量牢牢地控制住了这位哲学家，以至于后来，他觉得如果不进行这次航海，他就会坐立不安，甚至可以说，会成为他人生的一大遗憾。于是他扬帆起航了，但结果正如他理智所判断的那样，他成了海盗们的战利品。

这个悲剧故事生动地说明了一件事：行为跟着心态走！

成功需要勇气和信心，它有助于我们去面对所处的困难和挑战，调动起我们的一切能力。然而，当我们对某件事做决定时，心态就一定要平和宁静。此时我们不需要勇气和信心，也不需要所谓的积极心态和消极心态，而只需要把心态调整到一种恰当的状态。这是一种什么状态呢？就是一种心平气和、不急不躁的和谐状态——既不自卑也不自信，既不犹豫也不冒进，既不积极也不消极；只有在这种心态之下，我们才能敏锐地观察出客观问题的特点，才能准确地判断出事情的变化，才能够真正地做出正确的决策。

但是，如果我们的心态调整不到这一状态，我们对外界形势的判断就会受主观心态的影响，就不能够做到客观地判断，结果就会给自己造成极大的损失。

俗语说：情人眼里出西施。为什么会这样呢？因为情人被心态左右了，他的认识水平和判断力完全向心态屈服了。他爱意浓浓，对心爱之人一往情深，此时，他看见的一切都是自己希望看见的。于是，即使对方再丑，在情人的眼里，她也像西施一样美丽动人。

然而，我们决策之时，一定不能够"情人眼里出西施"。一定要调整好自己的心态，做到冷静客观、不急不躁、无爱无恨、无悔无怨。这样，我们才能认清客观形势、分析出情况的变化，从而做出准确的判断。倘若我们的心态调整不好，纵使变化就在眼前，我们也看不清楚。

有一位司机，干活任劳任怨，为人也挺仗义，是一个不错的小伙子，但就是心态不好，太急躁，开起车来左窜右窜，非常快。到公司不久，同事便发现了他的这一特点。对他说："你的心太急，要多注意一点，否则要出事。"果不其然，没过多久，他开车追尾了。刚开始，他怀疑刹车系统有问题。于是，他到修理厂将刹车系统彻底检查了一遍，结果是毫无问题。其实，这并不是车的问题，而是他心态的问题，他急躁的心态影响了他对车速和车距的判断。由于这位小伙子除了这一毛病之外，实在不错，领导就把他请到办公室谈了谈心，并告诉他心态影响了他的认识和判断，希望他能调整自己的心态。

然而，这次追尾过去整整一个月后，他又一次追尾了，情况比上一次还要严重。领导哭笑不得，他也十分内疚，说他控制不了自己的心态，并主动从公司辞了职。

当我们的人生遇到大的转折之时，我们就更应该控制好自己的心态，否则，就会对客观情况的变化视而不见、听而不闻，就会抓不住问题的症结所在，就会把内心的愿望误认为是客观的现实。如此一来，我们就不能真正地去审时度势，就会对情况做出错误的判断，采取错误的行为，导致我们的人生陷入更大的困境中。

不要轻言放弃

获得胜利的另一个因素是信心。相信自己能做到，而且你一定能做到。信心是解决问题中最有效的利器。

当许多事均不顺心，而你也疲于应付的时候，该怎么做呢？必须努力不懈，而且对未来有积极的憧憬，尽你所能。只要你能坚持，便能成功。

这就是历史上伟大人物用来面对困难的方法。阅读有关这些伟人的书籍，了解他们如何在困境时，坚持己见，绝不让步，这是个有利于自己学习如何面对困难的好方法。

获得胜利的另一个因素是信心。相信自己能做到，而且你一定能做到。信心是解决问题中最有效的利器。当你相信可以克服时，你已经离胜利不远了。最重要的原则之一是，人可以达到他们所想，可以完成任何事情。

多年前，大家都认为一个人在4分钟内跑完一公里是不可能的事。但是后来，英国医生班尼斯特，却在1954年晴朗的一天跑完了一公里，并且只用了4分钟。

为什么过去从没有人能在4分钟内跑完一公里呢？班尼斯特说，那是因为人们从不认为自己可以做到，所以就没有人可在4分钟之内跑完一公里，这似乎是很合理的结论。

在1886年，一名叫华克的人，以4分12秒75跑完一公里，这是当时的世界纪录。而在37年后，另一名叫纽米的人在1923年，以4分10秒75的新纪录跑完一公里，比华克快了两秒钟。这真是一项伟大的成就，大家称他为"全世界最快的人，纽米！"后来再也没有人能破纪录。

但是31年后，班尼斯特又刷新了纪录，这是第一次有人能在4分内跑完一公里，而现在呢？事情又变得如何？自从班尼斯特刷新纪录后，至少已有23位长跑健将在不到4分钟之内跑完一公里。有人问班尼斯特，是否因为科学的成就帮助了运动员缔造佳绩？他回答，不能那样解释。他认为那应该是一种心理的变化。当有人在整整4分钟内跑完一公里之后，人们的观念改变。大家会想，是否在4分钟之内也有可能。而这些长跑名将也相信是可能的，这才是主要原因。

当然，这是积极的思想发挥功效的最佳例证。运用积极思想去克服困难，已经被大家普遍接受。我可以用我收到的信来做说明。这些信成百上千封不断涌来，都是告诉我们以坚强的信心及积极的思想，可以帮助我们克服困难，超越各种障碍。

有一年，在芝加哥，汤姆和他的老朋友罗登贝克应全美住宅建筑业协会邀请发表演说。当时，在汤姆之前致介绍词的是他的老友罗登贝克。舞台已布置妥当，特殊效果的灯光架也已摆好，汤姆的演讲词也练习好了。这次的明星罗登贝克，他是一位成功的建筑师，他的致词主要是说明积极思想如何影响他，并帮助他如何克服困难。他说："我有许多问题，不是财务上的，而是人事方面。一走进办公室，外务员、领班、技工全都来了，听他们一说，似乎没有一件事是对的。于是，我便开始紧张、易怒，进而也影响了我的健康。"

另外有一封从马萨诸塞州寄来的信，提到积极思想满足人生的另一种形式。这封信说道，"你收到的信中，不会有一封比我这封对你所表达的感谢还要多的吧！我的先生是一名工程师，我们诚心诚意地认为，如果不是你的书中提到积极思想，而我依据你的书中所提，每天写一封信给17岁的儿子。如果不是这些信，我的儿子可能丧失了他一生中的好机会。"

我儿子高中毕业后，拿到了纽约一家颇负盛名学校的全额奖学金。这所学校非常特殊，几乎全由外界捐款成立。所需学生人数也限制严格。每一个申请者都需要经过审慎地考核，由入学委员会依各方面成绩决定录取与否。全美国申请的人很多，但每年获准入学的只有20人。他们的课业繁重，不但是考验一个人的头脑，也是测验其决心。

开学前6周，我儿子的挫折感很大。因为，若是依据他各学科的成绩，他肯定要被开除。这将是他人生中第一次失败，他非常焦虑、恐惧，甚至到了几近崩溃的边缘。

我每天写一封信给他，尽可能鼓励他积极思考。他也开始照我所说的去做，也是他这一生中第一次这么做。

结果如何？他继续努力，不轻言放弃。这个月刚考完期中考，总平均84分，全班第7名。现在他们班上只剩17名学生，已经有3名被开除了。问过我的儿子后，我得到一个结论：这3名被开除的学生，与其说是他们的能力或智力不足，倒不如说是他们的态度问题。

不付诸行动难以获得成功

克服懒惰的唯一办法就是立刻行动起来。就是不要浪费时间，要珍惜时间、节约时间，今天的事应该今天完成，不要拖到明天。

你希望有一笔巨大的财富，渴望成功，甚至想得到别人没有的东西，可你行动了吗？大多数人浑浑噩噩、不思进取，他们毫不吝惜地浪费时间，做起事来拖拖拉拉，这样的人永远不会有所作为，可他们又渴望成功，这种矛盾的心理冲突会造就浮躁。尽管成功是急不得的，但如果不立刻行动起来，永远都不会成功。

每个人都有或有过非常美丽的梦想，只是有的人将梦想变成了现实，而有的人只能永远与梦想相伴。一个声音说，我要将成绩提高到班级前三名，另一个声音说，这不可能，你不够聪明，你条件不好；一个声音说，我想要考上大学，另一个声音说，那么多人要考大学，你竞争不过的；一个声音说，我想考上研究生，另一个声音说，你平时成绩也不怎么好，希望太小了，简直是浪费时间；一个声音说，我想自己创业，另一个声音说，你一没资金，二没经验，三没市场，四没技术，等等吧，等到有了资金，有了经验，有了机会，再创业吧……这些声音听起来似曾相识，因为我们都曾有过这样的内心冲突。是的，我们每个人都可以拥有美丽的梦想。但并非每个人都能真正实现，因为没有立即行动起来。

人们常常对那些精力充沛、善于利用时间的人很羡慕。同样是一双手，为什么他们能创造令人羡慕的财富？同样都有24小时，为什么他们却能将这24小时当作48小时来使唤？他们在完成工作的同时，还能从容惬意地享受生活。而你，却只能永远地拒绝朋友的邀约，因为一天的工作已经耗干了你的精力，更加不能忍受的往往是老板给你的最后期限已经步步紧逼，可是工作却依然没有完成。这究竟是为什么？

曾经有一位哲人说过：时间会飞翔，而你是驾驶员。不过，时间却并不能被每个人轻易地控制在手中。因为时间就像潜伏在我们身边的小偷，它总是在你不留意的瞬间出击。偷走你那些宝贵的时间。或许，你因为个性弱点，成为了时间小偷紧盯不放的对象，他就在你犹疑、斟酌、抱怨的时候悄无声息地把时间带走了；又或许，你自以为个性圆满，不应被时间小偷侵袭，可却整日生活在生死时速中，又无所作为。

如果你是个思前想后、犹豫不决的人，那么，你必须想一想迟疑的后果，既浪费了时间，又增大了压力。你是否要求事事完美？你是否带着情绪去做一件你不愿做的事？无论前者或后者，都是错误的做法。事实上，这样的行事风格只会延误工作、降低效率，并且导致你的自信心受损，以及令别人对你失去信任。

俗话说"一懒百病生"。人的许多恶劣品质都是由懒滋生的。克服懒惰的唯一办法就是立刻行动起来。就是不要浪费时间，要珍惜时间、节约时间，今天的事应该今天完成，不要拖到明天。

学会将时间据为己有，善于利用时间，一分钟都不要轻易浪费，会使你的工作更加精彩。

如果事情对你很重要，同时你也很想做到，那建议你现在就开始做，现在就开始行动起来。将你的全部能量都投入到为成功所做的努力中，这样，结果往往会令你满意的。最重要的是，不要考虑失败，不要考虑万一，只要你行动起来，你就会有所收获。

守住心中的目标

早熟便是小材，大器必然晚成，所积累的厚，成就便大，日积月累，坚持不懈，就会年年精进，这就要靠君子的恒持之心。

恒心就是持之以恒，锲而不舍。我们只有守住心中的目标和理想坚持不懈地奋斗、再奋斗，才会有出人头地的时刻。

我们如果对事业有一种朝秦暮楚的思想观念，或者是时做时辍的疟疾病状态，这样便是一个不可救药的死症。所以孟子说："一日的曝晒，又以十天的冰冻，没有能成功的。"又说："挖井数丈，还不见水冒出来，等于是口废井。"

另一方面，更不能求速达。古语说："想求速度就不能达到目的。"又说："他的进度快退缩得也快。"《孟子》中有一个寓言说：宋国有个人，认为他家的禾苗生长得太慢了，于是他就在地里一棵一棵地拔高禾苗，还自认为这样是帮助它们生长。然后一副得意的样子回到家中，对他的儿子说："今天我累坏了，我帮助禾苗长高了。"他的儿子跑到地里一看，禾苗都枯死了。因此说，我们想养成一种事业的恒心，首先要培养自己对一种事业的爱好，然后培养一种不求速达的心理状态，稳扎稳打，循序渐进。

想求速达，就难以把事业办扎实。达不到实际上的要求，就容易灰心丧气。灰心丧气就会渺茫，就容易辍业或者改业，也就难得有恒心了。尤有恒心事业难成，想速达也不会达。所以说：时间想它快而功力不想它快，功力想它快而效果不想它快。早熟便是小材，大器必然晚成，所积累的厚，成就便大，日积月累，坚持不懈，就会年年精进，这就要靠君子的恒持之心。

所以孔子说："善人，我没有看到过，所见到有恒心的人，这就可以了。把没有当做有，把虚充当为盈，将约以为泰，难得有恒心了。"又说："恒心大，没有错处，利益坚定，同时利也就有所来到了。"有人说："凡是事业的成功，都在于有恒心，所失败的，就是缺乏恒心。所以做人立业，贵在守住恒心以待成功，抱一守终，必有所得。"

成功的要点就是：把全部精力集中在一点。这是千古以来无数人物成功的一个要诀。

我们要想取得事业的成功，就必须全力以赴，一心一意地扑在一件事上，三心二意则无所作为。

改掉优柔寡断的个性

一般来说，优柔寡断者大都具有如下性格特征：缺乏自信、感情脆弱、易受暗示、在集体中随大流、过分小心谨慎等。

遇事优柔寡断，拿不定主意，这是生活中常见的现象。有人上街要买台彩色电视机，由于价格较高，又不是名牌，往往反复比较，反复动摇，结果跑了许多家商店，去了许多次，就是决定不下来。心理学家认为，人在处理问题时所表现的这种拿不定主意、优柔寡断的心理现象是意志薄弱的表现。

为什么有些人遇事容易反反复复、优柔寡断？这主要是因为：

1. 认识障碍

心理学认为，对问题的本质缺乏清晰的认识，是使人遇事拿不定主意并产生心理冲突的原因。只要留心观察，就不难发现优柔寡断多发生在青年人身上，这是因为青年人涉世不深，对一些事物缺乏必要的知识和经验的缘故。

2. 情绪刺激

俗话说："一朝被蛇咬，十年怕井绳"。一旦遇到类似的情境，便产生消极的条件反射，徘徊不前。

3. 性格特征

一般来说，优柔寡断者大都具有如下性格特征：缺乏自信、感情脆弱、易受暗示、在集体中随大流、过分小心谨慎等。

4. 缺乏训练

这种人从小在备受溺爱的家庭中长大，过着"衣来伸手，饭来张口"的现成生活，父母、兄弟姐妹是其拐杖。这种人一旦独自走上社会，遇事易出现优柔寡断的现象。

另一种情况是家庭从小管束太严，这种教育方式教出来的人只能循规蹈矩，不敢越雷池一步，一旦情况发生变化，他们就担心不合要求，在动机上左右徘徊，拿不定主意。

怎样克服这种遇事拿不定注意、优柔寡断的毛病呢?

1. 自强自立

培养自信、自主、自强、自立的勇气和信心，培养自己性格中意志独立性的良好品质。

2. 决定取舍

不要追求尽善尽美，"金无足赤，人无完人"，只要不违背大原则，就可以决定取舍。

3. 有胆有识

心理学认为，人的决策水平与其所具有的知识经验有很大的关系。一个人的知识经验越丰富，其决策水平就越高;反之则越低。这也就是俗话所说的"有胆有识，有识有胆"。

4. 主动思维

"凡事预则立，不预则废"。平时经常开动脑筋，勤学多思，是关键时刻有主见的前提和基础。

5. 遇事冷静

排除外界干扰和暗示，稳定情绪，由此及彼、由表及里地仔细分析，亦有助于培养果断的意志。

突破心态的瓶颈

固执的心态可以直接影响到你的思维方式，它会让你变成"一根筋"。因此，我们一定要突破这个心态瓶颈，才能从容走向成功。

固执是一种偏激的心态，它会让你刚愎自用，让你遇事钻牛角尖，让你听不进别人的好言相劝，这确实是一件非常危险的事。我们应该明白自己的选择不一定总是对的，自己的目标不一定总能够达到，因此不要太过固执，发现不合时宜时就要学会放弃。

1. 固执要付出代价

执着是人生的一种积极姿态，但不合时宜的执着便不再有积极的意义。此时的执着也就只能称之为固执，其结果只会让你为了一颗树而放弃大片的森林。

亨利·福特就是一个固执个人好恶的人。他在企业管理和用人上，只管自己的想法，从来就不考虑别人的感受，他炒手下人的"鱿鱼"，从来就不管什么正式理由，甚至有时只是看不顺眼就把人赶走。

一天，亨利命令时任福特汽车公司总裁的李·艾柯卡解雇某一位高级职员。按他的看法，此人是搞同性恋的人。

"别犯糊涂了，"李·艾柯卡说，"此人是我的好伙伴，他已结婚，还有了一个孩子，我们一直在一起吃饭。"

"快把他弄走，"固执的亨利重复说，"他搞同性恋。"

"你在说些什么？"

"你瞧他，他的裤子太瘦了。"

"亨利，"李·艾柯卡心平气和地说，"他的裤子究竟和别的事情有什么关系呢？"

"他很怪"亨利说，"一副娘娘腔，把他弄走。"

结果，李·艾柯卡不得不委屈这位高级职员，把他从"玻璃大楼"请出去。

他确实常这么做：他从不公正地听取别人的意见，使一个在福特汽车公司有发展前途的员工就这样地完蛋了，而理由竟是看他不顺眼。

高傲可以是自信、自立、不甘于平庸，但却不是固执，高傲一旦与固执划等号便成为人人厌弃的东西。

1979 年 5 月 10 日，亨利·福特在他主持的最后一次股东会议上平静地说："早在 1957 年，我就开始花大量的时间思考将来如何进行公司的经营管理，考虑谁能代替我担任董事长的职务。现在是推心置腹的时刻了，我决心把此事说得清清楚楚：掌握了 B 种股票并不就获得了登上'福特汽车公司'高级职位的保证，不是说就可以进入董事会或者进入管理部门，它没有授予任何特权。如果我家里有谁能获得公司的高级职位，那要靠他的能力和功绩，还要由董事会决定，'福特汽车公司'里没有王储。"

1979 年 10 月 1 日，即在亨利·福特主持的最后一次股东会议 5 个月之后，63 岁孤立无援的亨利·福特辞去了"福特汽车公司"董事长的职务，将公司的经营大权，让给了福特家族以外的人菲利普·考德威尔。

固执的亨利·福特，使公司流失了许多杰出人才，以致于员工们不得不担心自己的前途。他的执着成就了他的汽车王国；但他的固执又使公司的发展陷入混乱的局面，他自己也为此付出了惨重的代价。

执着是一件好事，但它与固执也只有一线之隔。所以，如果某天你发现身边的人都在反对你，那么你就该检讨一下自己，是不是真的执着过了头。

2. 突破你的心态瓶颈

固执的心态可以直接影响到你的思维方式，它会让你变成"一根筋"。因此，我们一定要突破这个心态瓶颈，才能从容走向成功。

生物学家曾做过这样一个有趣的实验，他们把鲅鱼和鲦鱼放进同一个玻璃器皿中，然后用玻璃板把它们隔开。开始时，鲅鱼兴奋地朝鲦鱼进攻，渴望能吃到自己最喜欢的美味，可每一次它都碰在了玻璃板上，不仅没捕到鲦鱼，还把自己碰得晕头转向。

碰了十几次壁后，鲅鱼沮丧了。当生物学家轻轻将玻璃板抽去之后，鲅鱼对近在眼前、垂手可得的鲦鱼已经视若无睹了。即便那肥美的鲦鱼一次次地擦着它的唇鳃不慌不忙地游过，即便鲦鱼尾巴一次次拂扫了它饥饿而敏捷的身体，碰了壁的鲅鱼却再也没有进攻的欲望和信心了。

为什么？这是每一个人需要思考的问题。思维一旦成为定式，它就会像一个瓶颈一样制约着你的行动。人的心态同样会有"瓶颈效应"，如果放弃你心中固执的一面，你就可以看到比"瓶颈"更宽的地方。

我们现在用的圆珠笔在当初发明时，发明者用了一根很长的管子来装油，但他发现管子里的油还没有完，笔头就先坏了。他做了很多次的实验，不是换笔头的材料就是换笔头的珠子。结果还是会出现笔头已经坏了油还剩下很多的情况。这个"瓶颈"他一直没有突破。一天朋友去找他，他把问题告诉了朋友，朋友一语道破天机，"既然你没办法解决笔头的问题，不妨试试把笔管剪短一点，这样问题就解决了。"他高兴地说："我为什么一直都没想到呢？"是啊，你固执的认为只有一个方向可以走通，一直坚持下去，结果只会让自己徒劳。突破心理的瓶颈，视野才会开阔。

朋友们都认为，吉米总是缺乏自己做老板的勇气。对他而言，公司的工作更安全，更可以为他的妻子和家庭提供必要的保障。但是后来，经济萧条了，他的工作确实不像原来那样是个永恒的港湾，他不由得惊醒了。

一时间，一种无休止的恐惧闯进他的生活。如果公司开始裁员怎么办？如果他苦心经营了多年的地区市场萎缩了怎么办？随着萧条的加剧，恐惧感不断地膨胀着。无数个夜晚，他无法入睡，彻夜担忧家庭的财务前景。终于，这种坐以待毙的恐惧膨胀得令他再也无法忍受。

其实出路只有一条：采取行动，慢慢建立起自己的企业。下班之后，他开始经营二手医疗设备。应该说，作为一名国际知名医疗设备制造公司的推销员，他所接受过的培训足以使他很快发展起来。

由于不像大贸易公司那样要支出很多管理费用，吉米从一开始就组织了一个有赢利能力的小机构。六个月之内，他创建了区域性公司，辞掉了自己原有的工作。他终于成为自己的财务大臣了。

现在，吉米再也不会有那种依赖每月拿到工资的感觉。他再也不用为他的工作担心，因为他再也没工作了，他现在有自己的公司了！

吉米成功地拥有了自己想要的东西，他再也不用去担心工作的危机给自己造成的心理负担。这是他突破"心态瓶颈"争得的成果。现在，许多失业者都无法突破这个瓶颈，而许多面临失业的人更是在想方设法地保全自己的工作。他们固执地认为，这份工作可以给他们带来安全感，于是死死地抓在手里唯恐丢了就再也找不回来了。他们宁可在一棵树上吊死，也不愿另求他路，这是人性的悲哀。

心的力量可以超越一切困难，可以粉碎障碍，达成期望，但需要你突破瓶颈，不再固执地坚守错误的方向。

毅力要与行动结合

有许多满怀雄心壮志的人毅力很坚强，但是由于不会进行新的尝试，因而无法成功。请你坚持你的目标吧，不要犹豫不前。

拿破仑·希尔有一位集顾问、作家、评论家于一身的朋友，他曾经谈到"成为名作家，需要哪些条件"的看法。

"有很多爱好写作的人，对于想要写作不太热衷。"他说，"他们都尝试过一段时间，但在发现写作本身所牵涉的东西又多又杂以后，就退出了写作的行列。我个人不太同情他们，因为他们都只是在寻找捷径而已。可是现实世界里，哪有这种事。"

有许多满怀雄心壮志的人毅力很坚强，但是由于不会进行新的尝试，因而无法成功。请你坚持你的目标吧，不要犹豫不前。但是也不能太生硬，不知变通。如果你确实感到行不通的话就尝试另一种方式吧。

那些百折不挠，牢牢掌握住目标的人，都已经具备了成功的要素。拿破仑·希尔指出，下面几个建议一旦和你的毅力相结合，你期望的结果便更易于获得。

1. 告诉自己"总会有别的办法可以办到"

每年有几千家新公司获准成立，可是五年以后，只有一小部分仍然继续经营。那些半路退出的人会这么说："竞争实在是太激烈了，只好退出为妙。"

真正的关键在于他们遭遇障碍时，只想到失败，因此才会失败。

你如果认为困难无法解决，就会真的找不到出路，因此一定要拒绝"无能为力"的想法，告诉自己"总会有别的办法可以办到"。

2. 先停下，然后再重新开始

我们时常钻进牛角尖而不知自拔，因而看不出新的解决方法。

美国总统艾森豪威尔有一次在记者招待会上被人问到："为什么你的周末度假那么长呢？"总统的回答对于每一个爱动脑筋的人都很宝贵。总统说：

"我不相信，一个人无论是经营通用汽车公司或管理美国政府，坐在办公室埋头批阅公文就是认真负责。任何机构的最高领导人都应该避免琐事的干扰，应该把有限的精力用在基本决策上，只有这样才会作出更好的判断。"

拿破仑·希尔以前的一个同事，每个月都跟太太到郊外度假三天。他发现，暂时放下手边的工作换一下气氛，然后再重新开始，可以提高他的工作效率，因而在客户心目中显得更能干。

当你遇到重大的难题时，不要马上放弃，先放下手边的工作换换气氛。当你回来重新面对原有的难题时，答案便会不请自来了。

观察好的一面，在重大的场合也很管用。有个年轻人告诉拿破仑·希尔，当他失业而走投无路时，如何把注意力放在好的一面。他说："我当时在一家信息报道公司工作。待遇虽然不怎么好，但以我的资历，还是可以的。那时经济不景气，公司不得不裁员。因此，对公司可有可无的员工就成为遣散的对象了。一天，我忽然接到解雇通知，接下来的几小时我真是万念俱灰。

后来，我决定把它看成是外表不幸，其实万幸的事。我一直不太喜欢这个工作，要是一直留在那里，我的前途就不可能有进展了。所以，解雇正是找一个真正喜欢的工作的好机会。果然不久我便找到一个更称心的工作，而且待遇也比以前好。我因此发现被辞退这件事，确实是件好事。"

不论什么情况，你所见的正是你一直期望见到的事物。请你处处往"好"的一面想，这样就能顺利克服失败的打击。如果真能培养出观察入微的眼光，就会看到所有的事物都在往好的一面发展。

拿破仑·希尔总结，把失败转变为成功，往往只需要一个想法，紧跟一个行动。

3. 学会专注

见过攀岩吗？攀登峭壁的人从不左顾右盼，更不会向脚下——万丈深渊看上一眼，他们只是聚精会神地观察着眼前向上延伸的石壁，寻找下一个最牢固的支撑点，摸索通向巅峰的最佳路线。同一办法对你也能有所帮助。每逢做事情时，不要把注意力放在你面前的整个任务上，最好先拟定第一个步骤——它必须是你确信自己能完成的，尔后再拟定第二个、第三个，如此各个击破，最终达到自己的目标。

4. 有必胜的信心

碰上新情况时，人们往往花过多的时间去设想最糟糕的结局——这等于在预演失败。斯坦福大学的研究表明，头脑里的想象会按事情进行的实际情况，刺激人的神经系统，就是当一个高尔夫球运动员嘱咐自己"不要把球击入水中"时。他脑子里将出现球掉进水中的映象，试想，这种心理状态打出的球会往哪儿飞呢？

一位著名的击剑运动员在一次比赛中输给了一个与自己水平不分伯仲的对手。第二次相遇，由于上次失利阴影的影响，这名运动员又输掉了，尽管他并非技不如人。第三次比赛前，这名运动员做了充分的准备，他特意录制了一盘磁带，反复强调自己有实力战胜对手，每天他都要将这盘录音听上几遍，心理障碍消除了，他在第三次比赛中轻松击败对手。

我们总能听到在体育比赛中，弱队战胜强队，大爆冷门。或是在商战中，实力弱的公司战胜实力强的公司。在诸多因素之外，充满必胜的信心去迎接挑战，是取得成功的基础。

5. 决不能等待

在挫折面前，耐心等待并不是一种美德。因为在当今社会，假如你被解雇了，公司不会主动找到你，雇用你。如果你不采取行动，只是静候佳音，那将是你所能做的所有事情中最糟糕的选择。等待只会浪费时间，坐失机会。

等待的结果，最后会使你受制于不可抗拒的力量，而使情况更加棘手。如果你想解决问题，你必须负起责任，不要期待别人拔刀相助，相信你自己解决问题的能力。如果期待别人的帮助，你只会得到失望，更糟糕的是你可能变得愤世嫉俗而一无所成。

6. 摒弃消极思想

你一旦受到周围消极思想的影响，想要再建立起积极的态度几乎是不可能的。在你耳边，经常会响起一些消极词汇："小心""慢慢来""还不错""我早说过了""不可能""事情结束了"等。你应学会分辨消极和积极的言词，避免接触和使用消极的言词，因为答案总存在于积极正面的一方。

7. 把握要点

遇到问题，你应冷静下来，想想是不是曾经有其他人遭遇过类似的问题，却成功地加以克服了？问题的关键在哪里？只有找到问题的关键，才能解决好问题，俗语说："打蛇要打在七寸上"，"七寸"就是蛇的致命处。我们对待问题，也要握住问题的"七寸"，才能把问题"置于死地"。

8. 正确下饵

当你考虑积极解决问题的时候，你已经激发了行动的力量，于是你不禁想问：到底如何行动？但我的回答是：就如你抓一只兔子一样行动。这句话的意思是：你如果想抓一只兔子，你就不应该待到家里，要到兔子经常出没的地方去，然后拿出自己抓兔子的本领。处理问题也是一样，比如你被解雇了，想再找一份工作，你必须到有工作机会的公司去应征，提出申请，或者刊登广告，让公司知道你是他们需要的人才！

9. 开口求助

排除挫折时，援助常常来自外界，不要羞于开口，而错失可能的帮助。

"一个篱笆三个桩，一个好汉三个帮。"拒绝或忽视可能的协助，只会导致失败。

你应积极地思考，诚实地提出你的问题，倾听别人的回答，广求建议，这样，你将会发现，别人是多么乐意帮助你，你的问题也就可以顺利解决了。

10. 全力以赴

大多数人的失败，并不是因为他们缺乏智慧、能力、机会或才智，而往往在于没有全力以赴。即使生活平淡无奇，只要拥有足够的热忱，任何人都可能成功。

保持积极的态度，你就能够解决挫折，运用上面列举的 10 项原则，你就能妥善控制情况。但是，首先你必须积极地控制自己的思维和言行，否则这些原则将起不了任何作用。

做个屡败屡战的强者

通向成功之路并非一帆风顺，有失才有得，有大失才能有大得，没有承受失败考验的心理准备，闯不了多久就要走回头路了。

无论你做了多少准备，有一点是不容置疑的：当你进行新的尝试时，你可能犯错误，不管作家、运动员或是企业家，只要不断对自己提出更高的要求，都难免失败。但失败并非罪过，重要的是从中吸取教训。

因此，那些跌倒了爬起来，掸掸身上尘土再上场一拼的人，才会在生意场中获得成功。美国百货大王梅西就是一个很好的例子。他于 1882 年生于波士顿，年轻时出过海，之后开了一家小杂货铺，卖些针线，铺子很快就倒闭了，一年后他另开了一家小杂货铺，仍以失败告终。

在淘金热席卷美国时，梅西在加利福尼亚开了个小饭馆，本以为供应淘金客膳食是稳赚不赔的买卖，岂料多数淘金者一无所获，什么也买不起，这样一来，小铺又倒了台。

回到马萨诸塞州之后，梅西满怀信心地干起了布匹服装生意，可是这一回他不只是倒闭，而是彻底破产，赔了个精光。

不死心的梅西又跑到新英格兰做布匹服装生意，这一回他时来运转了。他买卖做得很灵活，甚至把生意做到了街面商店，头一天开张时账面上才收入 11.08 美元，而现在位于曼哈顿中心地区的梅西公司已经成为世界上最大的百货商店之一了。

另一个饱尝失败滋味的零售商是詹姆士·彭尼。

彭尼在密苏里州长大，高中毕业后在一家布匹服装店当了 11 个月的小伙计，共得薪水 25 美元。

彭尼的身体不好，医生劝他到户外活动活动。于是彭尼辞职前往科罗拉多州，干起了零售商的行当，他把历年所得全投进了一家小肉铺。肉铺的最大主顾是当地一家旅馆，这家旅馆的厨头兼采购是个嗜酒如命的人。有一天他跟年轻的彭尼说，以后只要彭尼每星期白送他一瓶威士忌，他就把整个旅馆的生意包给彭尼做。彭尼不干，认为这是贿赂。于是他们之间的生意从此断绝，彭尼的小店也开不下去了。

不得已，彭尼只好再去当地一家布匹服装店当店员。他以行动和言词说通了这家商店的两名店主，让他当第三名合伙人，即由他出一笔钱，加上原店的部分资金和存货，由他单独去经营一家新店。这个主意就是联营的最初思路。

过了几年，彭尼开始了他自家的联营商店生意。他允许雇员享有自己从前曾经享有的机会。

当彭尼的联营商店发展到34家时，彭尼公司诞生了。如今，这家公司已拥有2400家分店。此外，它还涉足银行、信贷和电子业。

当你似乎已经走到山穷水尽的绝境的时候，离成功也许仅一步之遥了。

保罗·高尔文是个身强力壮的爱尔兰农家子弟，充满进取精神。13岁时，他见别的孩子在火车站月台上卖爆玉米花，他不由得被这个行当吸引了，也一头闯了进去。但是他不懂得，早已占住地盘的孩子们并不欢迎有人来竞争。为了帮他懂得这个道理，他们抢走了他的爆玉米花，把它们全部倒在街上。

第一次世界大战后，高尔文从部队复员回家，他在威斯康星办起了一家电池公司。可是无论他怎么卖劲折腾，产品依然打不开销路。有一天，高尔文离开厂房去吃午餐，回来只见大门上了锁，公司被查封了，高尔文甚至不能再进去取出他挂在衣架上的大衣。

1926年他又跟人合伙做起收音机生意来。当时，全美国估计有3000台收音机，预计两年后将扩大100倍。但这些收音机都是用电池做能源的。于是他们想发明一种灯丝电源整流器来代替电池。这个想法本来不错，但产品还是打不开销路。眼看着生意一天天走下坡路，他们似乎又要停业关门了。

此时高尔文通过邮购销售办法招揽了大批客户。他手里一有钱，就办起了专门制造整流器和交流电真空管收音机的公司。可是不出 3 年，高尔文依然破了产。

这时他已陷入绝境，只剩下最后一个挣扎的机会了。当时他一心想把收音机装到汽车上，但有许多技术上的困难有待克服。

1930 年底，他的制造厂账面上已净欠 374 万美元。在一个周末的晚上，他回到家中，妻子正等着他拿钱来买食物、交房租，可他摸遍全身只有 24 块钱，而且全是借来的。

然而，经过多年的不懈奋斗，如今的高尔文早已腰缠万贯，他盖起的豪华住宅就是用他的第一部汽车收音机的牌子命名的。

通向成功之路并非一帆风顺，有失才有得，有大失才能有大得，没有承受失败考验的心理准备，闯不了多久就要走回头路了。

以坚韧的意志为资本

大胆、无畏，永远是成就大事业人的特征。生性胆小，不敢冒险，而逃避困苦的人，自然一生只能做些小事了。

"坚韧"是解除一切困难的钥匙，它可以使人成就一切事情。它可以使人在面临大灾祸、大困境时不致覆亡；它可以使贫苦的青年男女接受大学教育，并在这个世界上有所成就；它可以使纤弱的女子担当起家中的负担，维持家庭的生计；它可以使残疾人挣钱养活衰老的父亲；它可以使人们逢山凿隧道，遇水架大桥；它可以使人们修筑铁路、建设现代化通讯设施，将各大洲贯通联络起来；它可以使人们发现新大陆，挖掘人类更大的潜力。

世界上没有任何东西可以比得上或是替代"坚韧的意志"。教育不能替代，财力雄厚的父亲、有权有势的亲戚，也不能替代。

坚韧的意志，是一切成就大事业的人所具有的特征。他们或许缺乏其他良好的品质，或许有各种弱点与缺陷，然而他们具备了坚韧的意志，凡有成就大事业的人所决不可缺少的涵养。劳苦不足以使他们灰心，困难不足以使他们丧志。不管处境如何，他们总能坚持与忍耐，因为坚韧是他们的天性。

青年人可以用"坚韧的意志"作为资本，去从事他们所追求的事业，他所能取得的成功，比那些以金钱为事业之本的青年还要大。人们的成功史已经证明，"坚韧"可以使人摆脱贫穷，可以使弱者变成强者，可以使无用变成有用。

卡耐基曾经说过，很多人成功的秘诀，就在于他们不怕失败。他心中想要做一件事时，总是用全部的热忱，全力以赴，从来不想任何失败的可能。即使是失败了，也会立刻站起来，以更大的决心，向前奋斗，直至成功为止。

一些人，一经失败，就会一败涂地，一蹶不振。而那些有坚韧力的人，则能够坚持不懈。那些不知怎样才算受挫的人，是不会一败涂地的。他们纵有失败，但从不把那些失败做为最终的命运。每次失败之后，他们会以更大的决心，更多的勇气，站起来向前进，直至取得最后的胜利！

你曾经见过一个做事时不管情形怎样，总是不肯放弃，不肯停止，而在每次失败之后，总会站起立，并以更大的决心，向前冲去的人吗？你曾经见过一个不知失败为何物的人；不知何时才算受挫的人；一个将"不能"、"不可能"等字眼，从他的字典中抹去的人；一个任何困难与阻碍都不足以使他跌倒；一个任何灾祸、不幸都不足以使他灰心的人吗？假如你曾经看到过这样一个人，那他就是一个伟人、一个人上人。

大胆、无畏，永远是成就大事业人的特征。生性胆小，不敢冒险，而逃避困苦的人，自然一生只能做些小事了。

当你在事业上，有"向后转"的念头时，你最应该注意：这是最危险的时候，最重要的关键！历史上许多大事业，都是大多数人想"向后转"的时候所成就的。

每项造福人类的科学发明，都是出于那些极坚韧的人之手。霍沃在发明缝衣机时所经受的痛苦、贫穷与损失，恐怕一万人中没有一个人能忍受得了！世界上的一切伟业，都是在别人放弃而自己仍然坚持所取得的。一个能够坚持到底，而且即便上帝也笑他不明智时仍然坚持的人，他的前程多半令人感到"可畏"。

许多人做事往往有始无终，他们开始时还满腔热忱，但在遇到了困难后，往往会半途而废。他们之所以会如此，就因为他们没有充分的坚韧力，来使他们达到最终的目的。当一个人满腔热诚，意气豪迈的时候，他做事是何等的容易啊！所以开始做一件事时，是毫不费力的。正因为如此，我们不能在一个人刚开始做事时就估量他的真价值。我们不能以一个人竞赛起步时的速率评判他得到冠军的潜力，而应该在他将达到终点时的速率来评判他。

一个在做事时，能否不达目的不罢休，这是测验一个人品格的标准。坚持的力量是最难能可贵的一种德性。许多人都肯随众向前，他们在情形顺利时，也肯努力奋斗；但是在大众都选择退出，都已向后转时，而他自己觉得是在孤军奋战时，要是仍然能坚持着不放手，这就更难能可贵了。这是需要坚韧力，需要毅力的。

有人向他的商人朋友推荐一位少年，在举出了那少年的种种优点后，商人这样问道："他有耐性吗？他能坚持吗？"

是的！这应是你终生的问句"你有耐性吗？你有坚韧力吗？你能在失败后仍然坚持吗？你能不管遇到任何阻碍仍然前进吗？"

懒惰是成功的大敌

懒惰之性总会冷不防地侵袭你，干扰你，让你奋进的脚步停滞不前，甚至让你红火的事业功亏一篑，半途而废。

在人生的征途中，勤奋是成功的必要条件之一，与此相对应的懒惰自然就是成功的大敌。

懒惰虽然是种行为，但其实质原因却是由心理因素引起的，这些心理因素是：

（1）看不起自己而导致的"自我击败感"。

（2）遇事经不起挫折而导致的"受挫折耐力低弱"。

（3）对自己要求过严过高而产生的对别人的敌对情绪。

懒惰为何会阻止你成功？这个问题不用多做解释大家也会明白，但我们还是来具体分析一下：

懒惰带来的"自我击败感"的意识常常导致抑郁、消沉、烦恼、妄自菲薄等种种不良的情绪，它可以使人涣散斗志、精神沮丧，使人感到沉重的精神压力。

正如高尔基所形容的那样。懒惰"像磨盘似的把生活中的美好的、光明的一切和生活中的幻想所赋予的一切，都碾成枯燥的音调和刺鼻的尘烟"，使人暮气沉沉，懒懒散散，很难焕发情绪和鼓起干劲。

懒惰带来的"受挫折耐力低弱"也是妨碍个人成功的重要原因。

这种心理，也就是人们常说的遇事经不起挫折。它能使人产生焦虑、急躁之感，心中常有一股无名之火，认为自己"必须"这样，或者"应该"那样等。

对别人产生敌对情绪，这与第二个原因有许多共同之处。它产生于一种"应该必须式"的意识。比如，我必须把这件事做好，做得完美无缺，然后赢得赞誉；别人应尊敬我，为我着想，都做我想要做的事。

然而，遗憾的是，天下哪里有那么多你需要的"应该"和"必须"呢？若是这种条件没有达到。你就会产生气愤怨怒，从而进一步产生拖延的心理。

懒惰之性总会冷不防地侵袭你，干扰你，让你奋进的脚步停滞不前，甚至让你红火的事业功亏一篑，半途而废。松懈情绪便是侵袭你、干扰你的毒素，它是惰性的产儿。

有位年轻人曾经说："我要写出一篇可以轰动社会的小说来"，当时他的确有一股火热的激情，于是沉醉于斯，一口气便写了五万多字，颇为自信地拿给朋友看。朋友觉得他的文字语言技巧很好，但是故事构架平平淡淡，情节也有些不伦不类，不但不能产生轰动效应，一般的杂志甚至都难以接受。但是，朋友仍怀着极大的热情鼓励他。希望他打乱现有的框架，重新设计故事中的某些细节。但是，他却好似泄了气的皮球似的瘪了，不想重新构思。他把这篇小说投了两家杂志均被退回。从此，他对写小说不再有强烈的兴趣，自信心也消失了。自那以后虽然也有过几次冲动，开过几篇小说的头，但至今没有结果，后来便放弃了文学之路。

这位年轻人以他的文学基础及他的创造条件而论，他完全有才能在文学创作上取得成就，但可悲之处在于缺乏耐性，缺乏坚韧的意志，松懈情绪窒息了他的创造才能。

《尚书》上说："为山九仞，功亏一篑。"

一堆九仞之高的土山，待接近完工之时，只因松懈情绪的产生，差了那么一筐土的工夫而没有完成，岂不遗憾！

肖伯纳曾说："人生有两出悲剧：一出是万念俱灰，另一出是踌躇满志。"这两种悲剧，都会导致勤奋努力的中止。

人生只是短暂的一瞬，生命的弓弦应该是紧绷不松的。生命不息，奋斗不止，应该是每个人生存的原则。战胜了惰性，便是战胜了自己，而后，便会拥有成功与幸福。

正因为这样，有自知之明的人总是对成功的美酒漠然置之，不让自己的生活太安逸，以保持勤奋进取的精神境界。居里夫人获得诺贝尔奖金之后，照样钻进实验室埋头苦干，而把代表荣誉与成功的奖章丢给小女儿当玩具。实际上，她和许多著名科学家都有同感：人生最美妙的时刻是在勤奋努力和苦苦探索之中，而不是在摆庆功宴席的豪华大厅里。

勤奋的努力如同一杯浓茶，比成功的美酒更于人有益。一个人，如果毕生能坚持勤奋努力，本身就是一种了不起的成功，它使一个人精神上焕发出来的光彩，绝非胸前的一打奖章所能比拟。

所以，当你找出懒惰的理由来为自己开脱的时候，应该先想想，自己为什么被懒惰所俘而不愿意将精力用于更具体的行动上呢？

战胜优柔的心态

一旦决定了，就要断绝自己的后路，有破釜沉舟的决心，不要随意再改变它们。只有这样做，才能养成坚决、果断的习惯。

一旦决定了，就要断绝自己的后路，有破釜沉舟的决心，不要随意再改变它们。只有这样做，才能养成坚决、果断的习惯，这样既可以增强人的自信，同时也能博得他人的信赖。

1. 将优柔消灭在萌芽状态

对一个人的成功来说，犹豫不决、优柔寡断是一个阴险的仇敌。在它还没有伤害到你，还没有限制可能影响你一生的机会之前，你就要立刻把这一敌人置于死地，不要再等待，再犹豫，决不要等到明天，今天就应该开始，要强迫自己训练一种处理事情果断坚定的能力。

当然，对于比较复杂的事情，在决断之前，需要从各方面加以权衡和考虑，并充分调动自己的常识和知识，进行最后的决断，但一旦打定主意，就不要再更改，不再留给自己回头考虑、准备后退的余地。有了这种习惯后，在最初的时候，也许会时常作出错误的决策，但由此获得自信等卓越的品质，则足以弥补错误决策所可能带来的损失。

需要注意的是，一个人不要随意改变自己的人生目标。无论事情多么重要，都不要让自己陷入优柔寡断之中，要运用自己最佳的判断力迅速做出决策。还应注意的是要学会专注于大事，学会在一段时间里只集中精力做一件事。这样在你放下这件事之前，就能对它做出判断，或至少能提出解决的办法。久而久之，就使自己培养出了一种良好习惯，而这种良好的习惯能为你的将来带来较好的报酬。另外，还要适时奖励一下自己。在每次按时完成计划的时候，都给自己一个小小的奖赏，比如给自己买点好吃的，买件漂亮的衣服，找个阳光明媚的日子出去玩玩等。虽然事情不大，但给自己的鼓励却很重要。

2. 打开心扉与人谈

遇到不顺心的事，不要一个人躲在角落里生闷气，要直率、坦诚、畅所欲言地讲给亲友听，该提出意见就提出来，该容忍就容忍，该体谅就体谅，千万不要闷在心里，要将心中的不平向朋友、亲人、师长等倾吐出来，不要自寻烦恼。培根曾说："缺乏真正的朋友乃是最纯粹最可怜的孤独，没有友谊则斯世不过是一片荒野。"尼西姆·伊勃恩·沙兴在《如何摆脱困难》中也讲过一个类似的故事。

一旦决定了，就要断绝自己的后路，有破釜沉舟的决心，不要随意再改变它们。只有这样做，才能养成坚决、果断的习惯，这样既可以增强人的自信，同时也能博得他人的信赖。故事说：一个富人有 10 个儿子。他郑重地向他们宣告，当他快要去世时，他会给他们每个人 100 第纳尔。然而，随着时间的推移，他失去了一部分钱，只剩下 950 第纳尔了。于是，他给了其中的 9 个儿子每人 100 第纳尔。对最小的儿子说："我只剩下 50 第纳尔了。其中，我还得拿出 30 个做为丧葬费，因此只能给你 20 个，但是我有 10 个朋友，我把他们告诉给你，他们要胜过 1000 第纳尔。"

父亲把最小的儿子托给了他的朋友们。不久他就去世了，也被埋葬了。9 个儿子各自走了，最小的儿子慢慢地花着留给他的那些第纳尔。当他只剩下最后一个时，他决定用它来招待他父亲的 10 个朋友。

他们和他一块儿吃了饭，然后互相说道："所有弟兄中他是惟一仍然关心我们的一个，他这么好心好意，我们也应该有所报答。"于是，他们每人给了他一头怀着崽的母牛和一些钱。等到牛犊生下，他把它们卖掉，用那些钱做生意。上帝赐福，使他比他的父亲更富有。于是他说："确实，我父亲说得对。朋友比世界上所有的钱都更有价值。"

优柔的人往往既渴望得到别人的同情和理解，却又害怕遭到拒绝而缩头缩尾，因为总是觉得自己与别人不一样，所以不敢跟人接触。这就跟蚕宝宝作茧自缚一样，而一旦咬破这层自织的"茧"，就会发现跟别人交往并非一件难事。当然，关键的一点就是要敞开自己的心扉，用自己坦荡、真挚的情感，赢得友谊。如果你向别人敞开了心胸，别人就会邀请你进入他那神秘的内心世界，你就会发现许多新鲜而神奇的东西。

有时候优柔的人与一群人在一起时，别人都闹闹嚷嚷，自己却有形单影只的感觉。这是因为没能与周围的人融为一体的缘故，从而感到与周围的人格格不入，无法与其他人交流，自然也无法进入那种热烈的气氛中。要打破这种尴尬的局面，就要"忘我"，不要以为自己了不起，更不要以为只有自己才有痛苦。

3. 摆脱依赖心理

首先，需要加强意志的锻炼，摆脱依赖心理，丢掉自卑感，树立自立自强的勇气和信心，并学会肯定自己。既排除外界干扰或暗示，又尊重别人意见，在集思广益的基础上，冷静地分析问题，果断地处理事情。要从小事做起，每天认真反思自己的思想，一步一个脚印地去做。任何事情都是这样，不可能一下子就能做成，需要慢慢地起步，一步步地积累，最后才做成。这就像是跳高，总需要先慢慢跑几步，然后再快速跑，最后才起跳。犹豫不决的人常想为自己留一条退却之路，因此，克服犹豫还需要断绝一切后路，抱着任何障碍都不能使你退却的决心，把自己全部精力关注于目标，这样便可以产生一种坚强的自信，以克服优柔寡断的毛病。

其次，要提高知识水平，不断丰富自己的认识，拓宽知识面，扩大信息量，从而提高自己的知识水平，提高分析问题和处理问题的能力，这也为及时作出正确判断提供可靠基础。

再次，不要求全责备，要辩证地观察和思考问题，遇事不要求全责备，不要求十全十美，只要符合总的大目标，对一些枝节问题不必计较。

最后，要有独立意识，要自己替自己做主。要自己替自己做主，就是要时时想到，只有自己的劳动所得的成果，才是真正属于自己的；只有享受自己的成果，才会有真正的快乐。一个有独立意识的人，是一个摒弃了依赖心理的人。依赖自己，而不是依赖别人，依赖亲人。一切都靠自己去奋斗，去争取。只有一切依靠自己，才能获得真正的安慰，同时还要消除身上的惰性，因为依赖心理产生的根源，就在于人的惰性，要消除依赖心理，先要消除身上的惰性。要消除惰性，就得锻炼自己的意志。处理事情的时候，要果敢上前，说做就做，该出手时就出手。当然，还得有灵活的头脑，能够善于思考，勤于思考。

控制了依赖心理之后，一个人才会找到自己的生活目标，找到生活的方向，才能靠自己获得事业的成功，而只有靠自己取得的成功，才是真正的成功。

要相信明天会更好

人生固有它的磨难和困境，当我们独行于茫茫黑夜，手足无措的时候，都会不同程度地产生绝望情绪。

成功在于坚持

有这样一个故事：两个年轻人一起挖金矿，开始时，他们都抱有坚定的信念——不挖出金子决不放弃。两人从黎明挖到黄昏，又从黄昏挖到黎明，没日没夜地干，手磨出了血，脚磨出了泡。这天，一队人马经过，说是山那头有人挖出了石油，其中一人再也按捺不住了，说哪有什么金子啊，不干了，去山那头挖石油。另一个人什么也没说，继续埋头干他的活儿。

结局是放弃的那个人没挖到什么石油，更别提金子了，就这样两手空空回了家；而坚持下去的那个人，捧着金子乐开了花。相似的故事似乎并不少见，我们也总能清晰地悟出道理，可真轮到自己，又是那么地沉不住气。

不能坚守，乃是由于我们不自信。我们在本该放手一搏的时候，却犹豫彷徨，我们不愿意再试一下，是因为不相信奇迹。就像故事中的年轻人，自以为付出了足够多的汗水，却依然得不到回报，于是他开始陷入绝望，以为再努力也只是徒劳。他不知道金灿灿的财宝就在不远处闪光，等待着他去发现，而我们在许多时候，也像这不自信的年轻人一样，不知让多少金子在眼前白白溜走。

我们不愿意再试一下，因为我们不相信明天会更好。认为今天取得的成绩很不容易，放下这份荣耀继续往前赶，如果不成功呢，岂不是连今天都没了。就这样，机会溜走了，因为我们贪图安逸。缩手缩脚，或许拥有今天，却无论如何也换不来辉煌的未来。缩在角落里，暗自嫉妒他人，心想着当初要是如何如何，这不是一个强者的作为。

人在陷入困境时，靠什么去战胜危机？靠的是决心和毅力。因矿井塌方而被困井下的矿工，看到井口透过的一丝光，心中便充满了希望，他们相信下一刻，相信明天，就凭着这样一股劲儿，硬是熬了过来，盼来了重生。他们是生命的强者，靠着不变的信念把命运牢牢攥在了自己手中。生活在祥和安宁中的我们，是不是也该拥有这种精神呢？

"下一个进球是我最满意的。"球王贝利说。他脸上自信的表情，充满了人格魅力，王者风范。当我们也有勇气相信下一刻永远最好的时候，未来就属于我们了。

再拼一次，再坚持一下，一切都会变好。

2. 行百里者半九十

查德威尔是一位成功横渡英吉利海峡的女性，但她并不满足，决定超越自己，她想从卡塔林那岛游到加利福尼亚。

旅程十分艰苦，刺骨的海水冻得查德威尔嘴唇发紫，连续 16 小时的游泳使她的四肢像千斤一样沉重。查德威尔感到自己快不行了，可目的地还不知有多远，连海岸线都看不到。

越想越累，她感到自己一丝劲儿也用不上了，于是对陪伴她的艇上的人说道："我放弃了，快拉我上去吧。"

"不要这样，只有一公里就到了，坚持！"

"我不信，如果只有一公里，我怎么看不到海岸线，快拉我上去。"

查德威尔最终被小艇上的人拉了上去。

小艇飞快地向前开去，不到一分钟，加利福尼亚的海岸出现在眼前——因为大雾，它在半公里范围内才能被人看见。

查德威尔后悔莫及：为什么不相信别人的话，再坚持一下呢？

其实成功与失败的差距往往仅一步之遥，前面大部分的困难已使人筋疲力尽，这时即使一个微小的障碍也可能导致前功尽弃，只有咬紧牙关坚持一下，胜利便近在眼前。

"行百里者半九十"，最后的那段路，往往是一道难越的门槛，因为在我们历尽艰辛心力交瘁的时候，即使一个小小的变故或者障碍都有可能把我们击倒。这个时候，意志就显得至关重要了。一个拳手曾经说：在受到对手猛烈重击的情况下，倒下是一种解脱，或者说是一种诱惑。每当这时候，我就在心里对自己叫喊：挺住，再坚持一下，再坚持一下！因为只有我不倒下，才有取胜的可能。胜利往往来自于"再坚持一下"的努力。

由此会想到曾宣布自己发明了电话的雷斯。他确实做得很好，与贝尔的差别仅在于他没有将螺钉转动 1/4，使间隔电流转为等幅电流。但就因为这一点，法院将电话的专利判给了贝尔。就在胜利唾手可得的情况下，他也少坚持了那么一点点。

3. 只要再坚持一下

前不久有一篇报道，说一对下岗夫妻几经商海的沉浮与磨难后还是陷入了"绝境"，最后一个已成交的客户迟迟不能兑付他们货款，在各种沉重的压力聚拢之时，他们绝望了，打开煤气抱着3岁的女儿自杀了。几天后，一个人登门感觉情况不对，才报了警，发现了这出悲剧。这个人就是他们的最后一个客户。原来他刚刚把拖欠的一笔不小的款汇入他们的账号，想要通知一声时，电话无论如何也联系不上，才亲自登门。这笔款足够让那对夫妻东山再起……就差一步，他们没有等到。

人生固有它的磨难和困境，当我们独行于茫茫黑夜，手足无措的时候，都会不同程度地产生绝望情绪，只要凭着坚强意志抓住希望，回首会发现，一切其实都没什么大不了的。何况，大多数时候光明距我们仅差一步，只需再坚持一下。

有的时候人们总是会后悔，如果当初我再坚持一下就好了。是呀，其实有些事情就是少了那么一点点坚持，不论是爱情，事业，还是生命，只要再坚持一下，你就会发现，结局会很不一样！

第十二章

自信才能成功
——希望是生命的柱石

　　一个人应该在心中树立一个合理的目标，然后着手实现它。他应把这一目标作为自己思想的中心，这一目标可能是一种精神理想，也可能是一种世俗的追求，这当然取决于他此时的本性。但无论是哪一种目标，他都应将自己思想的力量全部集中于他为自己设定的目标上面。他应把自己的目标当作至高无上的义务，应该全身心地为它的实现而奋斗，而不允许他的思想因为一些短暂的幻想、渴望和想象而迷路。

找到自己奋斗的目标

目标，是一个人未来生活的蓝图，又是人的精神生活的支柱。你，能说出自己的人生目标吗？

你是否是一个成功者，关键要看你能否在变化中找到适合自己的目标，否则你就会被假定的不适合自己的目标所惑。

在半个世纪前，洛杉矶郊区有个没有见过世面的孩子，才15岁，本来他想当一名飞行师，但他读了《哥伦布一生的目标》后，他改变了自己的想法，他要做一名旅行家，他相信哥伦布的一句话："没有不变的目标，只有不变的人。"于是他在20岁时拟了个题为《一生的志愿》的表格，表上列出：

"到尼罗河、亚马逊河和刚果河探险；登上珠穆朗玛峰、乞力马扎罗山和麦特荷恩山；驾驭大象、骆驼、鸵鸟和野马；探访马可·波罗和亚历山大一世走过的路；主演一部像'人猿泰山'那样的电影；驾驶飞行器起飞降落；读完莎士比亚、柏拉图和亚里士多德的著作；谱一部乐谱；写一本书；游览全世界的每一个国家；结婚生孩子；参观月球……他把每一项编了号，共有127个目标。

当把梦想庄严地写在纸上之后，他开始循序渐进地实行。

他集腋成裘、不辞艰苦地努力实现包括游览中国长城（第40号）及参观月球（第125号）等目标。

到49岁时，他完成了127个目标中的106个。

这个美国人叫约翰·戈达德，他获得了一个探险家所能享有的荣誉。

你如果能像他一样行动，有一天，你也会发现自己是那走得最远的人！

目标，是一个人未来生活的蓝图，又是人的精神生活的支柱。你，能说出自己的人生目标吗？

爱因斯坦为什么年仅 26 岁时就在物理学的几个领域作出第一流的贡献？达·芬奇为什么能成为"全才"？仅仅是由于他们的天赋吗？试想，当时爱因斯坦才 20 多岁，学习物理学的时间不算长，作为一个业余研究者，他的时间更是极为有限，而物理学的知识浩如烟海，如果他不是运用直接目标法，就不可能在物理学的几个领域都取得第一流的成就。他在《自述》中说："我把数学分成许多专门领域，每一个领域都能费掉我们所能有的短暂的一生……物理学也分成了各个领域，其中每一个领域都能吞噬短暂的一生……可是在这个领域里，我不久就学会了识别出那种能导致深邃知识的东西，把许多充塞脑袋、并使那些偏离主要目标的东西撇开不管。"

爱因斯坦的直接目标法有哪些好处呢？

（1）因为确定了目标，所以可以早出成果，快出成果。

（2）因为确定了目标，所以有利于高效率地学习，有利于建立自己独特的最佳知识结构，并据此发现自己过去未发挥的优点，使独创性的思想产生。

（3）因为确定了目标，可以集中精力，攻其一点，收到成效。

这种直接目标法还可以使大胆的"外行人"毅然闯入某一领域并取得突破。

DNA 双螺旋结构分子模型的发现就是有力的例证：

DNA 双螺旋结构分子模型的发现被誉为"生物学的革命"，

是 20 世纪以来生物科学最伟大的发现，它的发现者是沃森和克里克，两人当时都很年轻（沃森当时仅 25 岁），而且都是半路出家。他们从认识到合作，从决定着手研究到提出 DNA 双螺旋结构分子模型，历时仅仅一年半。可以说，如果沃森他们不是直逼目标，是不可能在如此短的时间内获得如此巨大的成就的。

对准创造目标并不意味着没有一点知识也可以进入创造状态，而是指只有在阶段时间内集中精力，掌握某一领域所具备的知识，才能较快地取得成果。

不要失去人生的方向

一个人若是没有明确的目标，以及达成这个目标的明确计划，不管他如何努力工作，都像是一艘失去方向的轮船。

所谓"人生"，就是指人生的目标与理想，而为了达到这个目标，就必须运用合理而有效的克服劣势"战术"——为了实现"人生方向"而采用的手段。

有了目标，人生就变得充满意义，一切似乎清晰、明朗地摆在你的面前。什么是应当去做的，什么是不应当去做的，为什么而做，为谁而做，所有的要素都是那么明显而清晰。

于是，我们就会为了实现这些目标而发挥更大的心力，一个克服劣势而发挥优势的状态便可灿然显现。在为实现由劣势到优势的过程中，人生的乐趣与韵味昭然若揭，于是生活便会添加更多的活力与激情。此时我们自身隐匿的潜能也会迸发出来，经常有意识地创造出这样的情势——使人生更多彩，这就是"指南针"。

这对于那些积极向上、渴望改变生存劣势的人们来说，无疑是人生的指南针。

没有目标，等于失去行动的方向。这个道理再简单不过了，但为什么有很多人总是找不到自己的目标呢？原因就在于他缺乏确定自己目标的能力。那些拯救自己的人，非常善于在行动之前，通过自己的思维和判断来找到一个适合自己能力发展的目标，因为在他们看来，找准目标就等于成功了一半。

在工作中，有的人喜欢干到哪儿算哪儿，他们从来没有一个长远的计划和明确的目标，这种弱点使他们被永远地拒绝在成功的门外。一个人只有先有目标，才有前进的方向，才有成功的希望。

选择生命中一个明确的主要目标，有着心理上及经济上的两个理由。

一个人的行为总是与他意志中的最主要思想互相配合，这已是大家公认的一项心理学原则。

那些深藏在脑海中的主要目标，在我们下定决心要将它予以实现之际，它都将渗透到整个潜意识中，并自动地影响到我们的外在行动。

一个要想拯救自己的人必须要有改变自己生活的欲望，要改变自己的生活须从培养期望做起，但光有强烈的期望还不够，还得把这种期望变成一个目标。这就是说，你应该用想象力在头脑里把目标绘成一幅直观的图画，直到它完全成为现实。

譬如说，你对自己在学校里的学习成绩不够满意，想改变自己的落后状况，取得更高分数。那么你就必须确立一个你所向往的明确目标，而不是含糊其辞的想法，像"我想通过更多的课程"或者"我想取得更好的成绩"的想法是不行的。你的期望必须是一种具体的目标："这学期我一定要通过所学的五门课程中的四门"，或者："这学期我一定要至少得两个优和两个良好"。

如果你的目标是想获得更好的工作，那你就必须把这一工作具体描述出来，并自我限定准备哪一天得到这份工作。你决不能对自己说："我希望有一个更好的工作——也许是推销员吧！"你必须用肯定的语气说："我希望有一个更好的工作，不错，我想当推销员。我要推销某种商品。我就去找奥克先生谈谈，向他请教请教，他已经干了几年的推销工作了。然后我向招聘推销员的七个公司写自荐信，过一个星期，我再给每家收信公司打个电话，请他们给我安排一次面谈。"

如果你的目标是使家庭更加美满幸福，那你就必须确切地描述一下如何使你的婚姻状况得到改善。你必须把你所希望出现的那种美满婚姻描述出来——希望与你妻子或丈夫进行某种推心置腹的谈心；你为了改变生活而准备采取的某种行动；你们夫妻俩都能参加的某种活动。你还必须明确什么时候进行这种谈心，采取这种行动。

美国电影演员理查德·伯顿通过切身体验发现，制定一个目标是多么重要！他是一个享有声誉的演员，事业上颇有成就。可有一次他表演失败了，一时想不开，便常常喝得酩酊大醉，想以此来解除烦恼，结果是借酒消愁愁更愁，不仅糟蹋了自己的身体，还糟蹋了自己的艺术生命。

伯顿的好几个朋友也有过类似的经历，其中一位是电影演员皮特·奥图尔。当时，奥图尔的私人医生向他严厉地指出在他面前摆着的两条路：要么去戒酒，要么去殡仪馆。经过一番斗争，奥图尔最后戒了酒。

伯顿在其主演的影片《部族的人》中成功地扮演了一个拯救自己的人以后，也决心戒酒。他逐渐感到，由于酒喝得太多，他甚至连台词都记不住了。他说："我很想见见与我合作过的那些演员，我知道他们都是好样的，可我现在连一个单独的镜头都回忆不起来了。"

这一痛苦经历促使他产生了要改变自己生活的强烈愿望。他为自己制定了一个具体目标，即严格地节制——过一种与酒告别的无忧无虑的生活。他对自己期望的东西进行了明确的描述，甚至对与喝酒的朋友在一起相处会损失什么也着实考虑了一番。他明白，在漫长的人生旅途中，必须改掉自己一些不良习惯，他也相信，只要确定了某个具体目标，就能实现它。

伯顿为自己制定了一个理疗计划，每天游泳、散步，平常禁止喝酒。

经过两年时间的不懈努力，他终于达到了目的，他又重新组建了一个家庭，过着美满幸福的新生活。他兴奋地说："我的工作能力完全恢复了，我发现自己比酗酒以前更加敏捷，精力更充沛，脑子转得也更快了。"

伯顿通过确立明确目标获得拯救自己的机会了。你也应该培养自己的某些强烈的期望，并把它们转变成你生活中的具体目标。

心理学上有一种"自我暗示"的方法，即运用潜意识将你的明确目标深刻印在头脑中。拿破仑借助此法，使自己从出身低微的科西嘉穷人，最后成为法国的君主。林肯也是借助于同样的方法，跨越了一道宽广的鸿沟，从而走出肯塔基山区的一栋小木屋，最后成为美国总统。

一个人若是没有明确的目标，以及达成这个目标的明确计划，不管他如何努力工作，都像是一艘失去方向的轮船。

希望长存才能变得更强

对于大多数人来说，他们允许思想在生命的海洋上"飘流"，而并不懂这究竟意味着什么。

一个人应该在心中树立一个合理的目标，然后着手实现它。

体质虚弱的人能够通过精心、持久的训练变得强壮。同样道理，思想软弱的人也能通过正确思想的锻炼变得坚强。

思想与目标统一在一起时，就成为创造的力量。

只有思想与目的相联系时，才可能获得智慧的成果。对于大多数人来说，他们允许思想在生命的海洋上"飘流"，而并不懂这究竟意味着什么。漫无目的是一种过错，对于一个不想遭遇灾难和毁灭的人来说，这样的飘流必须终止。

在生命中没有一个中心目标的人，很容易受到一些微不足道的诸如忧虑、恐惧、烦恼和自怜等情绪的困扰。所有这些情绪都是软弱的表现，都将导致无法回避的过错（虽然途径不同）、失败、不幸和失落。因为在一个权力扩张的世界里，软弱是不可能保护自己的。

一个人应该在心中树立一个合理的目标，然后着手实现它。他应把这一目标作为自己思想的中心，这一目标可能是一种精神理想，也可能是一种世俗的追求，这当然取决于他此时的本性。但无论是哪一种目标，他都应将自己思想的力量全部集中于他为自己设定的目标上面。他应把自己的目标当作至高无上的义务，应该全身心地为它的实现而奋斗，而不允许他的思想因为一些短暂的幻想、渴望和想象而迷路。这是通向自我控制和集中思想的光明大道，即使在他为自己的目标而奋斗的道路上一次次的失败（这对于他来说在所有的软弱被克服之前是很自然的事），但是他愈来愈坚强的性格将是他真正成功的尺度。这也会为未来的力量与成功创造一个崭新的起点。

那些还没有准备好考虑一个伟大目标的人应该致力于准确无误地完成自己当前的任务，无论这些任务显得多么微不足道。只有通过这种方式，思想才能够被聚焦，果断的性格、充沛的精力才能逐渐地发展起来。当一切都就绪后，世上就再没有无法完成的事了。

人并无怯懦的灵魂，只要了解自己的怯懦，并且坚信这一真理，那就是——力量只能通过努力与实践才能得到增长，那么他会立刻将这一真理付诸实践，并通过坚持不懈的努力、坚韧不拔的耐心使自己的力量开始增长，使自己的灵魂不断成熟，最终成长为一个强有力的人。

抛开漫无目标和怯懦无能，开始为你的人生确定目标，这意味着你将加入强者的行列。在强者眼里，失败是通往成功的必经之路，他们能积极地利用外部条件，努力地思考、无畏地尝试，最终都会取得辉煌的成果。

在确定了自己的人生目标之后，一个人应该在心中标出一条通向成功的笔直的道路，不左顾右盼，而是专心致志。心中所有的疑虑与恐惧都应统统清除，这些杂念只会影响所有的努力，扭曲正确的方向。疑虑、恐惧的想法不会获得任何成就，永远不能，它们总是走向失败。目标、精力、行动的力量和坚强的思想都会因疑惑与恐惧的侵入而受到损害。

渴望行动来自于我们知道我们能够去做。疑虑与恐惧是我们了解自己的过程中最大的敌人。在心中放任疑虑与恐惧生长而不是将其扼制的人，即是在成功的道路上为自己设置了障碍，每走一步都会受到牵制、阻挠。

征服了疑虑与恐惧的人就征服了失败。他的每一缕思想都富有了力量，面对所有的困难他都能泰然处之，并运用才智加以克服。他的目标被牢牢地种植在内心深处，它们开花、结果、成熟，而不会过早地夭折、落地。

思想与目标统一在一起时，就成为创造的力量，知道这一点的人时刻准备着成为一个高尚、强壮的人，而不会是一个有摇摆不定的思想和变幻莫测的感情的人，实施这一点，你就能成为自己精神力量清醒、明智的支配者。

耽于空想只能浪费生命

消极的幻想通常叫"空想"或"梦想"。它的特征是脱离实际，以愿望代替行动，俗话叫"想入非非"。

心理学家告诉我们：幻想是一种与生活愿望相结合，并指向未来的想象，它是创造性想象的特殊方式。

幻想有积极的幻想和消极的幻想之分。积极的幻想通常叫"理想"，它是在正确的世界观的指导下产生的。这种幻想能激励人的斗志，鼓舞人的信心，推动人去努力学习和工作。

一个人如果没有这样的幻想，就会目光短浅，胸襟狭窄，不会为了明天的欢乐而去努力克服今天的困难。的确，积极的幻想是人的"一种宝贵的品质"。

消极的幻想通常叫"空想"或"梦想"。它的特征是脱离实际，以愿望代替行动，俗话叫"想入非非"。耽于空想的人，只能白白地浪费青春和生命。

产生病态空想的原因，一般有两种：一是自我意识成熟障碍，大多与智力开发有关，心理水平跟不上年龄；二是因受过挫折，现实情况不能满足自己的需要，便想入非非，求得幻梦中的精神满足，这实际上是对现实的逃避。

如果产生的原因得不到解除，加上意志的薄弱，这种病态空想就很容易成为强迫空想，自己想躲也躲不开，就像接待无赖的拜访者一样，尽管你不情愿也得接待。

据研究，强迫空想者大多是性格内向的，而且女性多于男性。这种强迫空想，如果得不到及时矫正，情况得不到改善，就有可能发展成为抑郁症——心因性疾病。

怎样才能摆脱强迫空想呢?

1. 树立正确人生观

社会赋予青年的任务是学习，储备长大后服务于人民的资本。一个人是否活得有价值，最主要的是看他是否尽了力。人生活计三十六，行行出状元。

2. 转移注意力

选择自己比较感兴趣的学科，投入力量，争取好成绩，之后再迁移到其他学科，臻至全面提高。这样，自己的信心就会逐步增强，空想就会步步退却。

除了学习之外，还应多参加活动，多与别人交往，以期改善内向性格，培养多方面的兴趣和乐观的情怀。

3. 增强意志力

当强迫空想来临时，运用意志力自我克制。在这个过程中，要学会自我暗示、自我命令。暗示、命令自己不要空想；暗示、命令自己把精力调到学习和活动上去。如果不行，还可以离开现场去访友或逛逛公园。

做灵魂之船的船长

我们是自己命运的主宰，也是自己灵魂的船长，因为我们有控制自己思想的能力。

一个敢于拯救自己的人相信："心想事成！"此话一点也不假，思考中若带有坚定的目标和不屈不挠的决心，其力量之大真如排山倒海，势不可挡。尤其当你有一股深切的渴望，要把行动目标和决心转化为财富或其他实质的目标时。

你就是你所想的那样的人。你的思想决定你的心态是积极的，还是消极的。

为了进行正确的思考，你必须抛弃对任何事情都无所谓的心态，你必须运用推理的方法。讨论推理或正确思考的科学叫作逻辑学。即使在日常生活中，人们也不可避免地运用到逻辑学推理，这样才能帮助你学会正确地思考。你可以从书本上学习逻辑学，特别是从论述这门学科的专著上学。这种专著有：福莱施的《清理思想的技巧》、约翰逊的《你最着迷的听者》、柯比的《逻辑学导论》、克拉克的《正确思考的技巧》等，这些书可能对你具有巨大的实际帮助。

人就像宇宙中无数的天体一样，他们都在按照自己的轨迹不停地运转。然而，对现实生活中的许多人来讲，他们虽活于世，却无法找到自己生活的轨迹，因为他们失去了人生的自我。他们只是按照别人的意愿而生活，他们不能控制自己的思想与情感，他们无法把握自己人生的幸福，他们不能保持自己的健康，他们不能拥有自己的现实生活，他们长期处于一种充满惰性的人生……这是许多人生活的第一大误区。

亨利博士曾写下了有警世意味的名句："我是自己命运的主宰，我是自己灵魂的船长。"他想必是希望让我们知道，我们是自己命运的主宰，也是自己灵魂的船长，因为我们有控制自己思想的能力。

他也一定想告诉我们，我们心中的信念会使我们的头脑化为磁场，然后不明所以地牵引那些与之共鸣的人、情境和力量亲近我们。

然而，要主宰自己，首先就得摒弃一些人们习以为常的，甚至误以为真的荒谬观点。例如，人们总是认为，衡量一个人智力水平的高低，要看他能否解决复杂的问题，能否在阅读、写作或计算等方面达到一定水平，能否迅速地解答出抽象的数学方程式等。要主宰自己，你还需要培养一种崭新的思维方式，这可能是一件很困难的事，因为社会中的许多其他因素有碍于个人去支配自己。

人类的通病，就是一般人对"不可能"一词的习以为常。所有行不通的法则大家都耳熟能详。所有做不来的事，也是无人不知，无人不晓。

成功只降临在那些自觉会成功的人的身上。失败则降临在满不在乎、任由自己自觉会失败的人的身上。

很多人都有的另一个弱点，就是以自己的成见来测度一切人、事、物。有些人会坚信他们无法思考致富，因为他们的思考习惯已沉浸在贫穷、缺乏、失败和不如意之中，无法自拔。

对自己要有绝对的信心

目标是对于所期望成就的事业的真正决心。目标比幻想好得多，因为它可以实现。

人生的变换，是需要全力贴近目标来实现的。怎样才能全力贴近自己的目标呢？在生活中，有不少人缺乏明确的目标，他们就像地球仪上的蚂蚁，看起来很努力，总是不断地在爬，然而却永远找不到终点，找不到目的地。结果只能是白费力气，得不到任何成就与满足。如果你是这样，一定要改变！

美国著名小说家杰克·伦敦说："没有目标的人改变人生的方式就是占领目标，像士兵扑向碉堡一样勇猛！"目标是对于所期望成就的事业的真正决心。目标比幻想好得多，因为它可以实现。有目标就有了前进的方向，就能够一步步改变自己，最终达到美好的人生境界。

没有目标，不可能发现任何事情，也不可能采取任何步骤。如果个人没有目标，就只能在人生的旅途中徘徊，永远到不了目的地。

你不是预言家，但却能够用一个简单的问题，预测一个人的未来。只要问："你的人生有何明确的目标？你计划如何达成目标？"

　　如果你问100个人同样的问题，其中98个人会这样回答："我要让自己过得好，努力追求成功。"这个答案乍听之下，似乎言之有理，但是仔细一想，你就会发现，真正成功的人，都有明确的目标及确实的执行计划；而随波逐流的人，一生都将一事无成，充其量只能捡拾成功者的残羹剩饭。因此，你必须在此时制定出你的目标，并且制定达成目标的步骤。

　　几年以前，一个名叫史都德·奥斯汀·威尔的人。他写了一个发明家的故事，从故事中得到启示，下定决心并且成功地改变了自己的一生，否则至今他可能还是一个穷作家。

　　他放弃记者的工作，回学校攻读法律课程，准备做一名专利律师，认识他的人对于这项决定都极为惊讶。他不想当一名泛泛的专利律师，他要成为"全美最顶尖的专利律师"。他把计划付诸行动，凭着这份热忱，他在破纪录的短时期内，完成了法律课程。

　　开业之后，他刻意承办最棘手的案件，很快扬名全国，案件应接不暇，即使收费高达天文数字，他所推掉的客户，还是比接办的更多。

　　一个人只要依照目标和计划行事，就会有很多机会。如果你不知道自己想要什么，不知道自己该何去何从，别人又如何帮助你追求成功？你必须要有明确的目标，才能克服所有的挫折和阻碍。

　　李·马朗兹是美国各类加盟店的始祖。他知道自己要什么，也知道该怎么做。马朗兹是机械工程师，他发明了一种自动冰淇淋冷却器，能够制作松软可口的冰淇淋。他希望从美国东岸到西岸开设冰淇淋连锁店，于是拟定计划并且付诸行动，终于梦想成真。

　　他帮助别人完成目标，因而铸就了自己的成功。他提供设备及营运企划，协助别人开设冰淇淋店，这种做法在当时是一项创举。他以成本价卖出冰淇淋制造机，然后从冰淇淋成品的销售额中获得利润。结果呢？马朗兹冰淇淋连锁店如雨后春笋般在美国各地开业。

"如果你对自己、对你正在做的事情及你想要做的事情都深具信心，就没有克服不了的难题。"他说。

如果你想要成功，从今天开始，拟出确实可行的计划之后，立刻把计划付诸行动。

你的未来操纵在自己手中，现在就可以决定你将来的成败。

你一定要先确定目的地，并且带好地图，才会开车出远门。然而，100个人当中，大约只有两个人清楚自己一生要的是什么，并且有可行的计划完成目标，这些人都是各行各业中的领导者——没有虚度此生的成功者。

奇怪的是，这些人和其他庸庸碌碌的人比起来，机会都一样多。

如果你确实知道自己要什么，对自己的能力有绝对的信心，你就会成功。如果你不知道自己的一生想要追求什么，现在就开始，此时此刻，想好自己要什么，你有几分的决心，何时会做到。

野心是永恒的希望

的确，健康的野心乃是形成自我尊重心理的伟大力量——如果这种野心是健康的而非是只追求名声的病态野心。

有些人，不管如何俗气都很愿意追求某种常人难以企及的名声，并且为此而不懈奋斗，这种人通常被认为是有野心的人。

然而，现实中存在着健康的野心。人最大的虚荣莫过于对荣誉的追逐，但这同时也是人聪明才智的最崇高的标志，因为无论他在世界上能够占有什么，无论他的健康和享乐达到何种水平，只要他尚未获得人的尊严，他就绝不会满足。人对人类理性的估价很高，以至于当他还没有被抬高到评判他人的地位时，他就绝不会满足。

托尔斯泰年轻时就在自己的日记里直言不讳，正是自尊和野心时常激励着他去行动。令他回味无穷的经历是在杂志上阅读《马克尔的笔记》的评论，托尔斯泰发现这些评论既能供人消遣又具实用价值，因为从中能看到"野心的亮光可以唤来行动"。

研究创造行为和科学多样性的心理学家，将野心看作一种最有创造性的兴奋剂，他们相信野心在本质上就是充满活力的东西。

当然，过火的野心勃勃便是丑恶了，但即使是人类最好的品质被夸大到荒谬绝伦的地步，不也会转变为它们的反面吗？

一位哲学家说："自我实现是人类最崇高的需要之一。它从来都是人生的兴奋剂，是一种抑止人们半途而废的内在动力。自我实现的欲望越是强烈，一个人在他生活旅途中就越是信心百倍，成绩卓然。"

的确，健康的野心乃是形成自我尊重心理的伟大力量——如果这种野心是健康的而非是只追求名声的病态野心。

健康的野心能使一个人变得更为完美，并能推动他探索自己前进的航向。一个人若不追随那些比自己知之更多也更聪明或完美的人，他要获得智慧、发展和提高自己，如果说不是不可能的话，至少也是很难的。竞争中的领先者——那些总走在前面的人——都会受到别人的嫉妒，如普希金曾说过的，人们会说这些人是"……竞赛的同胞姐妹，因此生产她们的种子好"。

我们应时刻牢记一条重要准则：人们根本不应当同情那种恶性的竞争，而应加强那种于其中无人落在最后的真诚的竞争，这是竞争的基石。

如果把野心隐藏起来，从而堕落为某种对他人有害的、病态的、邪恶的东西，那就很糟糕了。忽视了并怎么努力"提高自己的价值"，有这种野心的人也就会开始向他生活于其中的社会挑战。类似巴尔扎克和斯坦德哈尔作品中的人物罗斯蒂格那史和朱丽恩·索罗，都由于羞辱而陷入了这种境地——残害他们自尊的阶级不平等的作用机制。有时一些偶然的心理活动可以使一个人一时冲动，蓄意害人，从而导致自己野心的退化。因此必须当心：一旦你失去了那个关键的时刻，你个性作用的效能会立即下降。

俄罗斯有一句谚语："他是一名不愿成为将军的士兵。"这句谚语是对政党野心的解释。野心家类型的士兵会把成为"将军"当作最终的目的，他可以不惜任何代价、真心实意地献身于这项事业。在这里，令人发奋向上的其他种种冲动，与一个人既非为远大目标亦非为共同事业而牺牲一切不再有什么关系，那个士兵只有成为一名将军的欲望。

当一个人成熟的时候，他的各种动机就会发生变化，野心有时也会受挫折而失败。这种情况出现的早晚因人而异，但不管怎样，野心都会有所变化。个性的宇宙飞船在进入生活的正确轨道之后，野心的助推器就会脱落。

法国有一位年轻人，很穷、很苦。后来，他以推销装饰肖像画起家，在不到10年的时间里，迅速跃身于法国50大富翁之列，成为一位年轻的媒体大亨。不幸，他因患上前列腺癌，于1998年在医院去世。他去世后，法国的一份报纸刊登了他的一份遗嘱。在这份遗嘱里，他说：我曾经是一位穷人，在以一个富人的身份跨入天堂的门槛之前，我把自己成为富人的秘诀留下，谁若能通过回答"穷人最缺少的是什么"而猜中我成为富人的秘诀，他将能得到我的祝贺，我留在银行私人保险箱内的100万法郎，将作为睿智地揭开贫穷之谜的人的奖金，也是我在天堂给予他的欢呼与掌声。

遗嘱刊出之后，有48561个人寄来了自己的答案。这些答案，五花八门，应有尽有。绝大部分的人认为，穷人最缺少的当然是金钱了，有了钱，就不会再是穷人了。另有一部分认为，穷人之所以穷，最缺少的是机会，穷人之穷是穷在背时上。又有一部分认为，穷人最缺少的是技能，一无所长所以才穷，有一技之长才能迅速致富。还有的人说，穷人最缺少的是帮助和关爱，是漂亮，是名牌衣服，是总统的职位等。

在这位富翁逝世周年纪念日，他的律师和代理人在公证部门的监督下，打开了银行内的私人保险箱，公开了他致富的秘诀，他认为：穷人最缺少的是成为富人的野心。在所有答案中，有一位年仅9岁的女孩猜对了。为什么只有这位9岁的女孩想到穷人最缺少的是野心？她在接受100万法郎的颁奖之日说："每次我姐姐把她11岁的男朋友带回家时，总是警告我说不要有野心、不要有野心。于是我想，也许野心可以让人得到自己想得到的东西。"

谜底揭开之后，震惊法国，并波及英美。一些新贵、富翁在就此话题谈论时，均毫不掩饰地承认：野心是永恒的"治穷"特效药，是所有奇迹的萌发点。穷人之所以穷，大多是因为他们有一种无可救药的弱点，也就是缺乏致富的野心。

把快乐寄托在今天

保持快乐的唯一方式就是抓住生活中的每一次机会，享受生活。并非只有等到你有了金钱和地位时才可以享受生活。

无论对商人、学者、作家、教师、技师，还是对其他专业人员来说，如果要想不断地在自己的领域里取得进步，就一定要让自己的大脑多吸收一些新鲜养料。新知识和新思想正是人类得以进步、社会得以发展的基础。

在人类历史的早期，当时楠塔基特岛上的路很少，且道路状况很差。在那布满沙子的平原上，到处贴着告示，警示过客们"不要重复走老路"。最近，一个作家解释说："这句话的意思很明显，就是奉劝过路人不要每一次都去重复走前人的老路，最好自己开辟一条新路。这样，自己会有一些收获，也为大家做了好事。"

我们都知道思想僵化的害处。有一句成语叫"熟视无睹"，意思就是说，如果一个人总是处在同样的环境中，对环境的熟悉使我们对于它的缺点视而不见。如果思想缺乏交流，那么思想就失去了灵活性和对新事物的敏感性。如果我们不是常常追求进步，保持如年轻人般敏锐的头脑，那么不仅我们自己的工作会受到阻碍，我们整个人都会变得平庸。大脑像肌肉一样，只有在使用中才能得到磨炼。如果一个人在工作中停止了思考，那么日复一日，他的大脑会变得迟钝，他的工作毫无进步，直到最后他失去了进取心，不能公正地评价自己的工作，这个时候，他就不再进步了，而开始大步地倒退了。

不断地超越自我，没有什么比这更能够催人进步。不管一个人的职业是什么，如果他每年都能够彻底地反省一次，找出自己的缺点和认清阻碍自己进步的地方，那么他将会取得十倍于现在的成就。

涉世之初，我们或许会许诺，永远不会降低我们的理想，我们会永远追求进步，与时代最先进的思想潮流同步。但言之易，行之难。很多人没有告诫自己，要始终保持自己的理想，这样的人很快就没有希望了。

保持快乐的唯一方式就是抓住生活中的每一次机会，享受生活。并非只有等到你有了金钱和地位时才可以享受生活。一次轻松的旅行，购买一件艺术品，建一座舒适住宅，或者其他的一些抱负并不是只有你有钱有地位之后才可以实现的。一天天、一年年地推迟实现自己的梦想，不仅使自己失去了现在的乐趣，还阻碍我们追求未来幸福的脚步。

总是把快乐寄托在明天本身就是一个巨大的错误。许多年轻的夫妇，整年像奴隶般地工作，放弃了每一个放松和追求快乐的机会。他们不让自己有任何的奢侈行为，不会去看一场戏剧或听一场音乐会，也不会去做一次郊游，不会去买一本自己渴望以久的书，没有阅读兴趣和文化生活。他们想，等自己有了足够的金钱后，就会有更多的享受了。每一年他们都渴望着来年自己会过上幸福的生活，或许可以做一次奢侈的旅行。但是当第二年到来的时候，他们会发现自己必须再忍耐一些，节约一些。于是，一年年地这样推迟，直到自己变得麻木。

最终，当他们觉得他们可以去追求一点快乐的时候，他们可以去国外旅行，可以去听音乐会，可以去购买一件艺术品，可以通过阅读开阔自己的眼界时，已经太晚了。他们习惯了单调的生活。生活失去了色彩，热情消逝了，雄心磨灭了。长年的压抑破坏了自己享受生活的能力，他们牺牲了自己的健康和快乐得来的东西却变得一钱不值了。

难道生活就仅仅是吃喝拉撒睡吗？除了金钱、房屋和银行账户外，生活难道不应该有其他的一些乐趣吗？既然上帝赋予了我们神奇的力量，为什么要让它磨灭呢？如果人只像野兽那样过得毫无生活乐趣，人就不成其为人了。

机遇可遇也可求

善于把握机会，利用机遇完成创造是聪明的人，而在这种聪明的基础上创造机遇，让机遇为我所用则是更加了不起的人。

很多人都相信：机遇可遇不可求，所以很多人就把他们宝贵的时间用在等候机遇上。其实，如果你有过人的勇气、睿智的头脑、勤劳的双手，那么你也可以创造机遇。

有这样一个故事：一个年轻人躺在一块草地上，懒洋洋地晒着太阳。

这时，从远处走来一个奇怪的东西，它周身发出五颜六色的光，六条腿像桨一样向前划着，使它的行走十分快捷。

"喂！你在做什么？"那怪物问。

"我在这儿等待机遇。"年轻人回答。

"等待机遇？机遇什么样，你知道吗？"怪物问。

"不知道。不过，听说机遇是个很神奇的东西，它只要来到你身边，那么，你就会走运，或者当上了官，或者发了财，或者娶个漂亮老婆，或者……反正，美极了。"

"你连机遇什么样都不知道，还等什么机遇？还是跟着我走吧，让我带着你去做几件对你有益的事吧！"那怪物说着就要来拉他。

"去去去！少来添乱，我才不跟你走呢！"年轻人不耐烦地撵那怪物。

那怪物只好独自离去了。

这时，一位长髯老人来到年轻人面前问道："你为什么不抓住它啊？"

"抓住它？它是什么东西？"年轻人问。

"它就是机遇呀！"

"天啊！我把它放走了。不，是我把它撵走了！"年轻人后悔不迭，急忙站起身呼喊机遇，希望它能返回来。

"别喊了，"长髯老人说，"我告诉你关于机遇的秘密吧。它是一个不可琢磨的家伙。你专心等它时，它可能迟迟不来，你不留心时，它可能就来到你面前；见不着它时，你时时想它，见着它时，你又认不出它；如果当它从你面前走过时你抓不住它，那么它将永不回头，使你永远错过了它！"

"我这一辈子不就失去机遇了吗？"年轻人哭着说。

"那也未必，"长髯老人说，"让我再告诉你另一个关于机遇的秘密，其实，属于你的机遇不止一个。"

"不止一个？"年轻人惊奇地问。

"对，这一个失去了，下一个还可以出现。不过，这些机遇，很多不是自然走来的，而是人创造的。"

年轻人甚是不解。

"刚才的一个机遇。就是我为你创造的一个，可惜你把它放跑了。"老人说。

"太好了，那么，请您再为我创造一些机遇吧！"年轻人说。

"不，以后的机遇，只有靠你自己创造了。"

"可惜，我不会创造机遇呀。"

"现在，我教你。首先，站起来，永远不要等。然后，放开大步朝前走，见到你能够做的有益的事，就去做。那时，你就学会了创造机遇。"

人不仅要能把握机遇还要能千方百计地创造机遇。善于把握机会，利用机遇完成创造是聪明的人，而在这种聪明的基础上创造机遇，让机遇为我所用则是更加了不起的人。

在 1981 年的时候，英国王子查尔斯和黛安娜要在伦敦举行耗资 10 亿英镑，轰动全世界的婚礼。

消息传开，伦敦城内及英国各地很多工商企业都绞尽脑汁想借此难逢的良机大发一笔。有的在糖盒上印上王子和王妃的照片，有的把各式服装染印上王子和王妃结婚时的图案。但在诸多的经营者中，谁也没有一位经营望远镜的老板想法奇妙。

这位老板想，人们最需要的东西就是最赚钱的东西，一定要找出在那一天人们最需要的东西。

盛典之时，会有百万以上的人观看，将有一半人由于距离远而无法一睹王妃尊容和典礼盛况。这些人在那时最需要的不是购买一枚纪念章、买一盒印有王子和王妃照片的糖，而是一架能使他看清婚礼盛典的望远镜。

到了盛典那一天，正当成千上万的人由于距离太远看不清王妃的尊容和典礼盛况而急得毫无办法的时候，老板雇用的卖望远镜的人出现在人群中。他们高声喊道："卖望远镜了，一英镑一个！请用一英镑看婚礼盛典！"顷刻间，几十万架望远镜抢购一空。

不用说，这位老板发了笔大财！

在人生道路上，机遇有时不请自来，有时却偏要你自己去求取，用心去创造。在这个事例中，英国众多的工商企业都在利用王子的婚礼做文章，但他们只懂得抓住机会却不懂创造机遇，而经营望远镜的老板却创造出了难得的机遇。说到底，还是那位老板比别人研究得更细一层，所以说创造机遇，眼力和勇气是不可缺少的。

机遇绝非上苍的恩赐，优秀的人不会坐等机遇的到来，而是主动创造机遇，一个成功人士，绝不是一个逍遥自在，没有任何压力的观光客，而是一个积极投入的参与者，善于创造机遇，张开双臂拥抱机遇的人，是最有希望与成功为伍的。

理想是未来的预兆

梦想支撑了我们的这个世界，所以尽管人们经历苦难和艰辛，但是美丽的梦想却滋养、抚慰了他们的心。

心中怀有美丽的梦想和崇高理想的人，终有一天能够将之变为现实。

喜欢梦想的人给这个世界带来了福音。梦想支撑了我们的这个世界，所以尽管人们经历苦难和艰辛，但是美丽的梦想却滋养、抚慰了他们的心。人类不会放弃梦想，人类不会让自己的理想褪色、消逝。人类生存在梦想之中，并坚信，所有的梦想都将在某一天变成现实。

作曲家、雕塑家、画家、诗人、预言家、智者，他们是天堂的建筑师，是未来世界的创造者。这个世界因他们的存在而美丽，没有他们，人类会在艰苦劳动的压迫下走向消亡。

哥伦布梦想着另一个世界，他发现了新大陆；哥白尼梦想世界的多重性和一个更广阔的宇宙，他揭示了宇宙的奥秘，将人类的视野扩展到了广袤的天宇间；释迦牟尼梦想着一个纤尘不染、宁静平和的精神世界，他进入了其中。

珍藏你的梦想，珍藏曾经拨动你心弦的音乐，珍藏你心中圣洁的美，因为所有最令人快乐的环境，所有天堂的美好都来自于其中。只要你对自己诚实，对自己的理想诚实，最终你梦想的世界会变成现实。

渴望就是得到，向往就是取得。难道只有最卑贱的愿望能够充分地实现，而最纯洁的向往只会枯萎吗？这不是世界的公理。

做高尚的梦，你会飞向你的梦想。你的梦想预示着未来你会成为什么样，你的理想是未来的预兆。

最伟大的成就在最初的时候曾经是一个梦。橡树沉睡在果壳里，小鸟在蛋里等待，在一个灵魂最美丽的梦想里，一个慢慢苏醒的天使开始行动。梦想，是现实的情侣。

你的环境也许并不舒适，但只要你怀有梦想，并为实现它而奋斗，那么你的环境会很快改变。有一个年轻人，饱受贫穷与劳作的压迫，长时间地被困在一个环境恶劣的车间里，没有机会上学，缺乏艺术的熏陶。但是他梦想着更好的事情：他想到智慧，他想到优雅、高尚和美，他在心中建立了一种理想的生活模式，他梦想着更大的自由和更广阔的天空。心中的骚动促使他行动，他利用所有业余时间，无论多么短暂，他运用各种方法充分地发展自己潜在的力量与资质。很快他的生活发生了巨大的变化，小小的车间作坊已不能够容纳他，于是像扔掉一件旧袍子一样，现实中的困苦被远远地甩在了身后。许多年后，我们看到这个年轻人成为了一个完全成熟的人，他是自己思想的主人，他已实现了年轻时的梦想，他已与自己的理想融为一体。

朋友，你一定会实现你心中的梦想（不是懒散的愿望），不论你的梦想是卑微还是绚丽，或是二者的混合，因为你会永远地朝着你心中最渴望的目标努力。你所得到的将是你自己思想的结果，你将得到你应得的，不多，也不会少。无论你现在的处境如何，你会随着自己的思想、梦想和理想浮浮沉沉或是留在原地。你会变得像曾经左右你的欲望那样渺小，你也会变得像你的最重要的抱负一样伟大。你可能是一个照看羊群的牧羊人，有一天你会漫游到了城市——带着田野的芬芳，你会在神灵的指引下进入大学的课堂，直到有一天你会说，"我已倾囊相授了。"现在，你成了老师，但在不久以前你还在牧羊，还在梦想伟大的事情。你应该克服心理上的障碍，承担起改造世界的责任。

那些没有思想、愚昧、懒惰的人只看到事物表面的效果而不曾注意事物本身，他们认为一切都是运气、命运和机遇。看到一个致富的人，他们会说，"他是多么走运啊！"看到另一个成为知识精英的人，他们高呼，"命运对他是多么垂青啊！"看到一个圣徒般品质高尚、为众人敬仰的人，他们又会说，"机遇总是在他需要的时刻助他一臂之力。"他们没有看到这些成功的人曾经经历过的苦痛折磨，失败奋争，他们付出的勇敢和努力，他们所执著的信念，他们所作出的牺牲，以及他们所征服的几乎是不可征服的困难。他们不知道黑暗与心痛，他们只看到光亮与欢乐，并称之为"运气"；他们看不到长时间艰苦的旅程，只看到美好的目标，并称之为"好福气"；他们不了解过程，只看到结果，并称之为"机遇"。

在人类所做的一切事情中都包含了努力和结果，努力程度的衡量标准就是结果，而不是机遇。"天赋、力量、物质、智力和精神的财富都是努力的结果：它们是完成的思想，是取得的成就，是实现的理想。"

你心中怀有的梦想，你一直珍藏于心的理想——这是你生活的基础，是你的未来。

每天给自己一个希望

我们若是把目光只放在眼前，那么未来就难以掌握，我们若是想获得长久的快乐，那么就要忍受暂时的痛苦。

当我们不顺心时，就应该调整自己的心态，看看自己是不是站错了方向。当你看着太阳的时候，你不会看见阴影。向后看，只会使你丧失信心，向前看，才会使你充满自信。当前景不太光明的时候，试着向上看——那儿总是好的，你一定会获得成功。

我们若是把目光只放在眼前，那么未来就难以掌握，我们若是想获得长久的快乐，那么就要忍受暂时的痛苦。大多数人在做决定时都只考虑眼前而不考虑未来，结果没得到快乐却得到痛苦。事实上，人世间一切有意义的事若想成功，那就必须忍受一时的痛苦。你必须熬过眼前的恐怖和引诱，按照自己的价值观或标准把目光放在未来。本来任何事都不会使我们痛苦，而真正使我们痛苦的是对于痛苦的恐怖。

哲学家蒙田说："若结果是痛苦的话，我会竭力避开眼前的快乐；若结果是快乐的话，我会百般忍耐暂时的痛苦。"

　　人生要想永远快乐，必须做一项重要的决定，就是善用人生所给你的一切。如果你确实明白自己努力的目标，如果你真愿意奋力去做，如果你知道什么方法有效，如果你能适时调整做法并好好运用上天给你的天赋，那么人生就没有任何做不到的事。本田宗一郎创办本田汽车公司的事迹，就证明了这一点。

　　1938年本田先生还是一名学生时，就变卖了所有家当，全心投入研究心目中所认为理想的汽车活塞环。他夜以继日地工作，与油污为伍，累了，倒头就睡在工厂里。他一心一意期望早日把产品制造出来，卖给丰田汽车公司。为了继续这项工作，他甚至变卖妻子的首饰。最后产品终于出来了，被送到丰田去，但是却被认为品质不合格而打了回来。为了求取更多的知识，他重回学校苦修两年，这期间，他经常为了自己的设计而被老师或同学嘲笑，被认为不切实际。

　　他无视这一切痛苦，仍然咬紧牙关朝目标前进，终于在两年后取得了丰田公司的购买合约，完成了他长久以来的心愿。此后一切并不那么一帆风顺，他又碰上了新问题。当时因为第二次世界大战，一切物资吃紧，政府禁卖水泥给他建造工厂。他是否就此放手了呢？没有。他是否怨天尤人了呢？他是否认为美梦破碎了呢？一点都没有！相反，他决定另谋它途，和工作伙伴研究出新的水泥制造方法，建好了自己的工厂。战争期间，这座工厂遭到美国空军两次轰炸，毁掉了大部分的制造设备，本田先生是怎么做的呢？他立即召聚了一些工人，去捡拾美军飞机所丢弃的汽油桶，作为本田工厂制造用的材料。在此之后，他们又碰上了地震，整个工厂被夷平，这时，本田先生不得不把制造活塞环的技术卖给丰田公司。

　　本田先生实在是个了不起的人，他清楚地知道迈向成功该怎么走，除了要有好的制造技术，还得对所做的事深具信心与毅力，不断尝试并多次调整方向，虽然目标还不见踪影，但他始终没有放弃。

第二次世界大战结束后，日本遭逢严重的汽油短缺，本田先生根本无法开着车出门买家里所需的食物。在极度沮丧下，他不得不试着把马达装在脚踏车上。他知道如果成功，邻居们一定会央求他给他们装部摩托脚踏车。果然，他装了一部又一部，直到手中的马达用光了。他想到，何不开一家工厂，专门生产所发明的摩托车？可惜的是他缺乏资金。

他决定无论如何要想出个办法来，最后决定求助于日本全国18000家脚踏车店。他给每一家脚踏车店用心写了封言辞恳切的信，告诉他们如何借着他发明的产品，在振兴日本经济上扮演一个角色。结果说服了其中的5000家，凑齐了所需的资金。然而当时他所生产的摩托车既大且笨重，只能卖给少数的摩托车迷。为了扩大市场，本田先生动手把摩托车改得更轻巧，一经推出便赢得满堂彩。

今天，本田汽车公司在日本及美国共雇有员工超过10万人，是日本最大的汽车制造公司之一，其在美国的销售量仅次于丰田。

本田汽车之所以能够有今天的辉煌，是因为本田先生深知，每次面对困境所作的决定或所采取的行动，有时只能应付眼前的状况，然而要想成功，就必须把眼光放远。成功和失败都不是一夜造成的，而是一步一步积累的结果。决定给自己制定更高的追求目标、决定掌握自我而不受控于环境、决定把眼光放远、决定采取何种行动、决定继续坚持下去，这种种决定做得好你便能成功，做得不好你便会失败。把你的目光放远大些，没有哪个人或企业是因为短视而成功的。

在这个世界上，有许多事情是我们难以预料的。我们不能控制际遇，却可以掌握自己；我们无法预知未来，却可以把握现在；我们不知道自己的生命到底有多长，但我们却可以安排当下的生活；我们左右不了变化无常的天气，却可以调整自己的心情。只要活着，就有希望，只要每天给自己一个希望，我们的人生就一定不会逊色。

有位医生素以医术高明享誉医务界，事业蒸蒸日上。不幸的是，就在某一天，他被诊断患有癌症，这对他不啻当头一棒。他曾一度情绪低落，最终他不但接受了这个事实，而且心态也发生了变化，变得更宽容、更谦和、更懂得珍惜所拥有的一切。在勤奋工作之余，他从没有放弃与病魔搏斗。就这样，他平安度过了好几个年头。有人惊讶于他的事迹，就问他是什么神奇的力量在支撑着他。这位医生笑盈盈地答道：是希望。几乎每天早晨，我都给自己一个希望，希望我能多救治一个病人，希望我的笑容能温暖每个人。

每天给自己一个希望，就是给自己一个目标，给自己一点动力。希望是什么？是引爆生命潜能的导火索，是激发生命激情的催化剂。每天给自己一个希望，我们将活得生机勃勃、激昂澎湃，哪里还有时间去叹息、去悲哀，将生命浪费在一些无聊小事上？生命是有限的，希望是无限的，只要我们不忘每天给自己一个希望，我们就一定能够拥有丰富多彩的人生。